ENSINO FUNDAMENTAL

MATEMÁTICA

Marcos Miani

8º ano

1ª EDIÇÃO
SÃO PAULO
2012

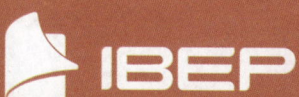

Coleção Eu Gosto M@is
Matemática – 8º ano
© IBEP, 2012

Diretor superintendente	Jorge Yunes
Gerente editorial	Célia de Assis
Editora	Mizue Jyo
Assistentes editoriais	Marcella Mônaco
	Simone Silva
Revisão	André Tadashi Odashima
	Berenice Baeder
	Luiz Gustavo Bazana
	Maria Inez de Souza
Assessoria pedagógica	Ana Rebeca Miranda Castillo
Coordenadora de arte	Karina Monteiro
Assistentes de arte	Marilia Vilela
	Tomás Troppmair
Coordenadora de iconografia	Maria do Céu Pires Passuello
Assistentes de iconografia	Adriana Correia
	Wilson de Castilho
Ilustrações	Jorge Valente
	Jotah
	Osvaldo Sequetim
Produção editorial	Paula Calviello
Produção gráfica	José Antonio Ferraz
Assistente de produção gráfica	Eliane M. M. Ferreira
Capa	Equipe IBEP
Projeto gráfico	Equipe IBEP
Editoração eletrônica	N-Publicações

CIP-BRASIL. CATALOGAÇÃO-NA-FONTE
SINDICATO NACIONAL DOS EDITORES DE LIVROS, RJ

M566m

Miani, Marcos
   Matemática : 8º ano / Marcos Miani. - 1.ed. - São Paulo : IBEP, 2012.
   il. ; 28 cm   (Eu gosto mais)

   ISBN 978-85-342-3414-6 (aluno) - 978-85-342-3418-4 (mestre)

   1. Matemática (Ensino fundamental) - Estudo e ensino. I. Título. II. Série.

12-5711.   CDD: 372.72
                                                      CDU: 373.3.016:510

13.08.12   17.08.12   038070

1ª edição – São Paulo – 2012
Todos os direitos reservados

Av. Alexandre Mackenzie, 619 - Jaguaré
São Paulo - SP - 05322-000 - Brasil - Tel.: (11) 2799-7799
www.editoraibep.com.br   editoras@ibep-nacional.com.br

Impressão Serzegraf - Setembro 2016

Apresentação

Prezado(a) aluno(a)

A Matemática está presente em diversas situações do nosso dia a dia: na escola, em casa, nas artes, no comércio, nas brincadeiras etc.

Esta coleção foi escrita para atender às necessidades de compreensão deste mundo que, juntos, compartilhamos. E, principalmente, para garantir a formação criteriosa de estudantes brasileiros ativos e coparticipantes em nossa sociedade.

Para facilitar nossa comunicação e o entendimento das ideias e dos conceitos matemáticos, empregamos uma linguagem simples, sem fugir do rigor necessário a todas as ciências.

Vocês, jovens dinâmicos e propensos a conhecer os fatos históricos, com suas curiosidades sempre enriquecedoras, certamente gostarão da seção *Você sabia?*, que se destina a textos sobre a história da Matemática; gostarão, também, da seção *Experimentos, jogos e desafios*, com atividades que exigem uma solução mais criativa.

Com empenho, dedicação e momentos também prazerosos, desejamos muito sucesso neste nosso curso.

O autor

Sumário

Capítulo 1 – Números reais 7
Números racionais 7
   O conjunto dos números racionais 7
Números racionais na representação decimal 8
   Fração geratriz 9
   Regra prática para transformar uma dízima periódica simples em fração 9
   Regra prática para transformar uma dízima periódica composta em fração 10
Números irracionais 11
   Conjunto dos números irracionais 13
Números reais 15
   Conjunto dos números reais 15
   Algumas propriedades das operações no conjunto dos números reais 15
   Adição 15
   Subtração 15
   Multiplicação 16
   Divisão 16
   Representação de números reais na reta numérica 17
   Comparação de números reais 17
   Raiz quadrada aproximada 18
   Operações com números reais 20
   A potenciação 20
   A radiciação 21

Capítulo 2 – Cálculo algébrico 23
Expressões algébricas 23
   Representando números desconhecidos 23
   Fórmulas 24
   Equações 24
   Valor numérico de uma expressão algébrica 26
   As expressões algébricas e as equações 27
   Trabalhando com fórmulas 29
Monômios 30
   Monômios semelhantes 31
   Adição algébrica de monômios 32
   Multiplicação e divisão de monômios 34
   Multiplicação 34
   Divisão 34
   Potenciação de monômios 35
Polinômios 36
   Adição algébrica de polinômios 38
   Multiplicação de polinômios 40
   Divisão de polinômios por monômios 41
   Potenciação de polinômios 43

Capítulo 3 – Ampliando o estudo da geometria 45
Retomando algumas noções básicas da geometria 45
   Ponto, reta e plano 45
   Retas paralelas e retas concorrentes 45
   Semirreta 46
   Segmento de reta 46
   Medida de um segmento de reta 46
   Segmentos congruentes 47
Ângulos 48
   Conceito e elementos 48
   Medida de um ângulo 48
   Ângulos congruentes 49
   Ângulos consecutivos e ângulos adjacentes 49
   Bissetriz de um ângulo 50
   Ângulos complementares e ângulos suplementares ... 52
Construindo retas paralelas e retas perpendiculares 53
   Retas paralelas 53
   Reta perpendicular a uma reta dada passando por um ponto dado 54
Ponto médio e mediatriz de um segmento 56
   Ponto médio 56
   Mediatriz de um segmento 56
   Traçado da mediatriz de um segmento 56
Raciocínio dedutivo 58
   Fazendo demonstrações 60
Duas retas cortadas por uma transversal 61
Ângulos formados por retas paralelas cortadas por uma transversal 62
   Ângulos correspondentes 62
   Ângulos alternos 63
   Ângulos colaterais 64
Polígonos 67
   Polígono convexo e polígono não convexo 68
   Elementos de um polígono 68
   Nomenclatura 69
   Perímetro de um polígono 69
   Polígono regular 71

Soma das medidas dos ângulos internos
de um triângulo... 73
Soma das medidas dos ângulos internos
de um polígono 74
Medida do ângulo interno de um polígono regular.. 74
Soma das medidas dos ângulos externos
de um polígono 74
Medida do ângulo externo de um polígono regular .. 75
Número de diagonais de um polígono.................. 78

Capítulo 4 – Produtos notáveis e fatoração 81
Produtos notáveis 81
Quadrado da soma de dois termos 81
Quadrado da diferença de dois termos................ 83
Produto da soma pela diferença
de dois termos... 86
Fatoração 88
Fator comum.. 89
Fatoração por agrupamento 92
Fatoração da diferença de dois quadrados........... 94
Fatoração do trinômio quadrado perfeito............. 95
Fatorações combinadas 97
Fatoração na resolução de equação-produto 98

Capítulo 5 – Frações algébricas e equações fracionárias 99
O que são frações algébricas? 99
Simplificação de frações algébricas............... 101
Adição e subtração de frações algébricas.. 103
Outras operações 104
Multiplicação de frações algébricas 104
Divisão de frações algébricas........................... 105
Potenciação de frações algébricas..................... 105
Simplificação de expressões algébricas 105
Equações fracionárias.................................. 107
Solução de uma equação fracionária.................. 108
Resolução de equações fracionárias 109

Capítulo 6 – Equações e sistemas de equações 113
Equações literais... 113
Equações do 1º grau com duas incógnitas... 114
Determinando soluções de equações
do 1º grau com duas incógnitas 114
Plano cartesiano 115
Solução de uma equação do 1º grau com duas incógnitas no plano cartesiano 118
Representação de equações do 1º grau
no plano cartesiano 118
Sistema de equações do 1º grau com duas incógnitas 120
Método da substituição.................................... 121
Método da adição.. 121
Representação no plano cartesiano de um sistema de duas equações do 1º grau com duas incógnitas 122
Sistema possível: determinado
ou indeterminado 123
Sistema impossível.. 123
Sistema de equações fracionárias 125

Capítulo 7 – Triângulos.......................... 129
Rigidez do triângulo e elementos dos triângulos 129
Elementos dos triângulos 130
Condição de existência de um triângulo............. 130
Medianas, alturas e bissetrizes de um triângulo... 132
Mediana... 132
Altura 133
Bissetriz 134
Congruência de triângulos 135
Casos de congruência de triângulos................... 137
A congruência de triângulos retângulos.............. 138
Propriedades dos triângulos 140
Soma dos ângulos internos............................... 140
Relação entre o ângulo externo e
os ângulos internos não adjacentes 140
Propriedades do triângulo isósceles................... 142
Relação entre lados e ângulos
de um triângulo.. 145

Capítulo 8 – Quadriláteros..................... 146
Elementos de um quadrilátero e soma das medidas dos ângulos internos................. 146
Elementos 146
Soma das medidas dos ângulos internos
de um quadrilátero.. 146
Paralelogramos... 147
Propriedades dos paralelogramos 148
Retângulos, losangos, quadrados e suas propriedades 150
Propriedades do retângulo 150
Propriedades do losango 150
Propriedades do quadrado................................ 151
Trapézios 153
Propriedades do trapézio 154
Propriedade do trapézio isósceles 154
Propriedade da base média de um trapézio........ 154

Capítulo 9 – Circunferência e círculo...... 157
Circunferência, cordas, arcos e círculos......... 157
Circunferência 157
Corda e diâmetro 158
Arco de circunferência..................................... 158

Semicircunferência 158
Propriedades geométricas................................ 158
Três pontos não colineares determinam
uma circunferência 159
Círculo.. 159

Posições relativas 161
Posições relativas de ponto e circunferência....... 161
Posições relativas de reta e circunferência......... 162
Distância de um ponto a uma reta..................... 162
Posições relativas de duas circunferências 163
Circunferências tangentes................................ 164
Circunferências secantes 164
Circunferências nem tangentes nem secantes 164

Propriedades que envolvem
retas tangentes a uma circunferência............166

Ângulos de circunferências
e suas medidas..169
Ângulo central 169
Ângulo inscrito... 171
Ângulos cujos vértices não
estão na circunferência.................................... 173

Capítulo 10 – Estatística
e probabilidade 175

Gráficos de barras ou de
colunas múltiplas 175

Gráfico de setores..177
Interpretando gráficos de setores 177
Construindo gráficos de setores........................ 177

Gráficos de linhas simples 181
Construção de gráficos de linhas...................... 181

Gráficos de linhas múltiplas 183

Pictogramas..184

Probabilidades 187
Calculando probabilidades 187

Atividades complementares 191

Capítulo 1 — NÚMEROS REAIS

▶ Números racionais

Observe estas divisões:

$$1 : 2 \qquad 3 : (-4) \qquad (-1) : 3$$

O quociente de cada divisão acima é um **número racional**. Um número racional pode ser escrito na forma fracionária ou na forma decimal. Veja:

$$1 : 2 = \frac{1}{2} \text{ ou } 0{,}5 \qquad 3 : (-4) = -\frac{3}{4} \text{ ou } -0{,}75 \qquad (-1) : 3 = -\frac{1}{3} \text{ ou } -0{,}333\ldots$$

> Todo **número racional** é quociente de uma divisão de números inteiros, sendo o divisor diferente de zero.

Observações

- Todo número natural também é racional.

    Exemplo: 18 é um número racional, pois $18 = 18 \div 1$.

- Todo número inteiro também é racional.

    Exemplo: -10 é um número racional, pois $-10 = (-20) \div 2$.

Conjunto dos números racionais

O conjunto dos números racionais é formado por todos os números que podem ser escritos na forma de fração com numerador e denominador inteiros e denominador diferente de zero.

Indicando o conjunto dos números racionais por $\mathbb{Q}$, temos:

$$\mathbb{Q} = \left\{ \frac{a}{b},\ \text{com } a \text{ e } b \text{ inteiros e } b \neq 0 \right\}$$

ATIVIDADES

1 Dos números abaixo, escreva os que representam:

$-\dfrac{1}{2}$ -1 $0,4$ 5 -25 $\dfrac{3}{5}$

a) um número natural _____

b) um número inteiro _____

c) um número racional _____

2 Existe algum número natural que não seja racional? Justifique sua resposta.

_____
_____
_____
_____

3 Represente o número 15 como quociente de dois números inteiros.

_____

4 Se eu dividir três chocolates entre quatro pessoas, que fração de cada chocolate cada pessoa irá receber? _____

5 O que estes números têm em comum?

$\dfrac{1}{4}$ $0,25$ $\dfrac{2}{8}$ $\dfrac{4}{16}$

_____
_____
_____

▶ Números racionais na representação decimal

Um número racional escrito na forma fracionária pode ser representado na forma decimal. Para tanto, basta dividir o numerador pelo denominador. Em alguns casos a representação decimal é finita. Exemplos:

$$\dfrac{1}{2} = 1 \div 2 \qquad \begin{array}{r|l} 10 & 2 \\ 0 & 0,5 \end{array}$$

$$\dfrac{1}{2} = 0,5$$

$$-\dfrac{3}{4} = -3 \div 4 \qquad \begin{array}{r|l} 30 & 4 \\ 20 & 0,75 \\ 0 & \end{array}$$

$$-\dfrac{3}{4} = -0,75$$

Em outros casos, a representação decimal é infinita. Veja dois exemplos:

EXEMPLO 1

$$\dfrac{1}{3} = 1 \div 3 \qquad \begin{array}{r|l} 10 & 3 \\ 10 & 0,333 \\ 10 & \\ 1 & \end{array}$$

As reticências indicam que o algarismo 3 continuará sendo repetido infinitamente.

O número racional $\dfrac{1}{3}$ tem representação decimal infinita: 0,333…

O quociente de 1 por 3, quando representado na forma decimal (0,333...), é uma **dízima periódica simples**.

Na dízima 0,333..., o algarismo 3, que se repete, chama-se **período**.

Para abreviar a escrita de uma dízima periódica, coloca-se um traço sobre o período.

No exemplo, 0,333... é abreviado para $0,\overline{3}$.

> **EXEMPLO 2**
>
> $-\dfrac{2}{15} = (-2) : 15$
>
> $-\dfrac{2}{15} = -0,1333...$

```
 20  | 15
 50    0,1333
 50
   50
    5
```

O número racional $-\dfrac{2}{15}$ tem representação decimal infinita: $-0,1333...$

O quociente de -2 por 15, quando representado na forma decimal ($-0,1333...$), é uma **dízima periódica composta**.

Na dízima periódica composta, o período não começa logo após a vírgula.

$-0,1333...$ é abreviado para $-0,1\overline{3}$.

Fração geratriz

Nos dois últimos exemplos percebemos que as frações $\dfrac{1}{3}$ e $-\dfrac{2}{15}$ deram origem a dízimas periódicas. Frações que geram dízimas periódicas são chamadas frações geratrizes.

Regra prática para transformar uma dízima periódica simples em fração

Veja como transformamos algumas dízimas periódicas simples em frações.

$0,\underset{\text{período com 1 algarismo}}{333...} = \dfrac{3 \leftarrow \text{período}}{9 \leftarrow \text{um algarismo 9}}$

$0,\underset{\text{período com 2 algarismos}}{212121...} = \dfrac{21 \leftarrow \text{período}}{99 \leftarrow \text{dois algarismos 9}}$

$\underset{\text{parte inteira}}{1},555... = 1\dfrac{5 \leftarrow \text{período}}{9 \leftarrow \text{um algarismo 9}} \qquad 1,555... = \dfrac{14}{9}$

Para escrever uma dízima periódica simples na forma de fração seguimos os seguintes passos:

> - a parte inteira é igual à parte inteira do número decimal;
> - na parte fracionária, o numerador é igual ao período da dízima e o denominador será formado por tantos noves quantos forem os algarismos da dízima.

Regra prática para transformar uma dízima periódica composta em fração

Observe algumas transformações.

$$0,1\widehat{66}\ldots = \frac{16-1}{90} \qquad 0,1666\ldots = \frac{15}{90}$$

- parte não periódica: 1
- período: 6
- um algarismo 0
- um algarismo 9

$$0,2\widehat{16}\,16\,16\ldots = \frac{216-2}{990} = 0,2161616\ldots = \frac{214}{990}$$

- parte não periódica: 2
- período: 16
- um algarismo 0
- dois algarismos 9

$$2,2\widehat{7}777\ldots = 2\,\frac{27-2}{90} = 2,2777\ldots = 2\,\frac{25}{90} = \frac{205}{90}$$

- parte não periódica: 2
- período: 7
- um algarismo 0
- um algarismo 9

Observando as transformações acima, podemos escrever uma regra prática para transformar uma dízima periódica composta em fração:

> - A parte inteira será igual à parte inteira do número decimal.
> - Na parte decimal, o numerador é igual à diferença entre o número formado pela parte não periódica com o período e o período e o denominador será formado por tantos noves quantos forem os algarismos do período, seguidos por tantos zeros quantos forem os algarismos da parte não periódica.

ATIVIDADES

6 Escreva os números fracionários na forma decimal.

a) $\dfrac{5}{10}$

b) $\dfrac{13}{100}$

c) $\dfrac{284}{1\,000}$

d) $\dfrac{2\,345}{1\,000}$

e) $\dfrac{5\,385}{100}$

7 Efetue a divisão.

$2 \div 9$

a) O quociente encontrado tem representação decimal infinita? _____

b) Esse quociente é uma dízima periódica? _____

c) Em caso afirmativo, qual é o período dessa dízima? _____

8 Use o método prático para encontrar a fração geratriz das dízimas.

a) 0,444… _____

b) 0,131313… _____

c) 1,666… _____

d) 10,111… _____

e) 2,1737373… _____

f) 1,0555… _____

9 Em cada item, identifique o menor número.

a) $\dfrac{1}{2}$ ou 0,6 _____

b) $\dfrac{3}{5}$ ou -10 _____

c) $-1,5$ ou $\dfrac{5}{9}$ _____

d) $1\dfrac{1}{4}$ ou 1,3 _____

10 Calcule o resultado das expressões, representando-o na forma decimal.

a) $1,2 + 1,\overline{2}$

b) $3,242424… + \dfrac{24}{99}$

c) $20 + 0,\overline{5}$

d) $-1,2727… - 1,3636…$

11 Escreva uma dízima periódica que seja maior que 2,5 e menor que 2,6.

12 Escreva as dízimas periódicas 0,999…, 1,999…, 4,999… na forma fracionária.

▸ Números irracionais

As raízes quadradas "não exatas" de números naturais são exemplos de números irracionais. Vamos obter, por exemplo, a representação decimal do número $\sqrt{3}$ por aproximações sucessivas:

$\sqrt{3} = \boxed{?}$
$1^2 = 1$ (menor do que 3)
$2^2 = 4$ (maior do que 3)
$\}$ $\sqrt{3}$ está entre 1 e 2.

11

Para obter a representação decimal de $\sqrt{3}$, com uma casa decimal, calculamos: $1,1^2$; $1,2^2$; $1,3^2$... até $1,9^2$.

$\sqrt{3} = 1,\boxed{?}$ $\begin{array}{l} 1,7^2 = 2,89 \text{ (menor do que 3)} \\ 1,8^2 = 3,24 \text{ (maior do que 3)} \end{array}$ } $\sqrt{3}$ está entre 1,7 e 1,8.

Para obter a representação decimal de $\sqrt{3}$ com duas casas decimais, calculamos: $1,71^2$; $1,72^2$ até $1,79^2$.

$\sqrt{3} = 1,7\boxed{?}$ $\begin{array}{l} 1,73^2 = 2,9929 \text{ (menor do que 3)} \\ 1,74^2 = 3,0276 \text{ (maior do que 3)} \end{array}$ } $\sqrt{3}$ está entre 1,73 e 1,74.

Se continuássemos o processo, não chegaríamos nem a uma representação decimal finita, nem a uma dízima periódica. A representação decimal de $\sqrt{3}$ é esta:

$$\sqrt{3} = 1,7320508...$$

Veja outros exemplos de números irracionais.

- $\sqrt{2} = 1,4142135...$
- $\sqrt{5} = 2,236097...$
- $2,010010001...$

> Números cuja representação decimal é infinita, porém não periódica, são **números irracionais**.

EXPERIMENTOS, JOGOS E DESAFIOS

O número π

Com um compasso desenhe, em um papel grosso, um círculo com 4 cm de diâmetro e recorte-o.

Contorne o círculo com um barbante e meça o comprimento desse barbante. Com isso você obtem um valor aproximado para o comprimento da circunferência de diâmetro de 4 cm. Anote esse valor no quadro abaixo. Repita o processo para um círculo com diâmetro de 6 cm e de 10 cm.

Calcule o quociente $\dfrac{C}{d}$ para cada uma dessas circunferências.

d (em cm)	C (em cm)	$\dfrac{C}{d}$
4		
6		
10		

C = comprimento
d = diâmetro

Nos três casos o número obtido é aproximadamente igual a que número natural? _____

Dizemos que é "aproximadamente igual" porque a razão entre o comprimento da circunferência e a medida de seu diâmetro é um número irracional:

3,1415962...

Ele é representado pela letra grega π (lê-se: "pi").

O valor de π depende do comprimento da circunferência? _____

Conjunto dos números irracionais

Os números que têm uma representação decimal infinita e não periódica são números irracionais.
Exemplos de números irracionais:

a) 0,020020002...
b) 3,123334444...
c) $\sqrt{18} = 4,2426406...$

> Os números que não podem ser escritos como razão de dois números inteiros com o divisor diferente de zero formam o conjunto dos **números irracionais**.

Indicamos esse conjunto como I.

ATIVIDADES

13 Classifique a representação decimal destes números em finita, infinita e periódica, ou infinita e não periódica.

a) $\dfrac{1}{2}$
b) $\dfrac{4}{3}$
c) $\sqrt{8}$
d) $\sqrt{4}$
e) $\dfrac{8}{5}$
f) $\dfrac{3}{4}$
g) $\dfrac{1}{9}$
h) 2,14114111411114...

14 Considere os números:

$-2; \dfrac{1}{2}; \sqrt{12}; 0,222...; -2,35$ e 0.

Identifique quais deles são:

a) naturais _____
b) inteiros _____
c) racionais _____
d) irracionais _____

15 Identifique como racional ou irracional estes números.

a) – 10 _____
b) $\dfrac{1}{2}$ _____
c) 2,030303... _____
d) 2,030030003... _____
e) $\sqrt{12}$ _____

16 Escreva um número irracional que esteja compreendido entre:

a) 2 e 9
_____
b) 4 e 5
_____

17 Descubra o segredo desta sequência:

$1, \sqrt{2}, \sqrt{3}, 2, \sqrt{5}, \sqrt{6}, \sqrt{7}, \sqrt{8}, 3, \sqrt{10} ...$

a) Escreva os 6 termos seguintes dessa sequência.
_____
_____

b) Quais dos termos escritos no item a são números irracionais?
_____
_____

18 Classifique as sentenças em verdadeiras (V) ou falsas (F).

( ) Todo número racional é irracional.
( ) Todo número natural é racional.
( ) Todo número irracional é racional.
( ) Todo número inteiro é racional.
( ) Todo número natural é irracional.
( ) Todo número inteiro é irracional.

VOCÊ SABIA? **A cronologia do π**

Desde os tempos de Salomão os judeus já usavam um valor aproximado para π, o que se pode verificar no versículo 23 do capítulo 7 do "Primeiro livro de Reis" da Bíblia.

> "Fez também o mar de fundição*, redondo, de dez côvados** de uma borda até a outra borda, e de cinco de altura; e um fio de trinta côvados era a medida de sua circunferência."

Como o diâmetro era de 10 côvados e o comprimento da circunferência era igual a 30 côvados, podemos escrever:

$$\frac{C}{d} = \pi \longrightarrow \frac{30}{10} = \pi \longrightarrow \pi \cong 3.$$

Porém, foram descobertos outros valores aproximados para o π. Veja:

Ano	Povo	Valor aproximado para o π
2 000 a.C.	Egípcios	$\left(\frac{4}{3}\right)^4$
240 a.C.	Gregos (Arquimedes)	$\frac{223}{71} < \pi < \frac{22}{7}$
150 d.C.	Gregos (Ptolomeu)	$\frac{377}{120}$
480 d.C.	Chineses (Tsu Chung-Chih)	$\frac{355}{113}$
530 d.C.	Hindus (Aryabhata)	$\frac{62\,832}{20\,000}$
1150	Hindus (Bhaskara)	$\frac{3\,927}{1\,250}$
1429	Persas (Al-Kashi)	Calculou π até a 16ª casa decimal pelo método clássico.

A partir de 1429 vários matemáticos escreveram π, aumentando sempre o número de casas decimais.

Em 2002, o matemático japonês Yasumasa Kanada e sua equipe, da Universidade de Tóquio, calcularam o π com 1 241 100 000 000 casas decimais, com o auxílio de um programa de computador especialmente desenvolvido para esse fim.

* Mar de fundição: uma bacia circular em que os sacerdotes usavam a água do mar em purificações.
** Côvado era uma unidade de medida de comprimento.

▶ Números reais

Todo número racional e todo número irracional é um número real.

Exemplos de números reais:

| 1,333... | 3 | –1 | $-\dfrac{1}{4}$ | $\dfrac{3}{5}$ | $\sqrt{2}$ | 0,25 | π |

Conjunto dos números reais

Da reunião do conjunto dos números racionais com o conjunto dos números irracionais, obtém-se o conjunto dos números reais. Indica-se esse conjunto pela letra $\mathbb{R}$.

No conjunto dos números naturais nem sempre é possível efetuar subtração e divisões. Veja:
- 4 – 8 = ? (não tem resposta no conjunto dos números naturais).
- 1 ÷ 2 = ? (não tem resposta no conjunto dos números naturais).

No conjunto dos números inteiros nem sempre é possível dividir dois números inteiros. Veja:
- (–3) ÷ 4 = ? (não tem resposta no conjunto dos números inteiros).

No conjunto dos números reais é possível efetuar qualquer adição, subtração, multiplicação e divisão com números reais (exceto a divisão por zero).

Veja os exemplos:

a) $-35,6 + 4,555\ldots = -\dfrac{356}{10} + \dfrac{41}{9} = \dfrac{-3\,204 + 410}{90} = -\dfrac{2\,794}{90} = -\mathbf{\dfrac{1\,397}{45}}$

b) $\dfrac{9,\overline{45}}{3} = \dfrac{\dfrac{104}{11}}{3} = \dfrac{104}{11} \cdot \dfrac{1}{3} = \mathbf{\dfrac{104}{33}}$

Algumas propriedades das operações no conjunto dos números reais

Adição

Sendo a, b, e c números reais quaisquer, temos:
- Propriedade comutativa: a + b = b + a
- Propriedade associativa: (a + b) + c = a + (b + c)
- Existência do elemento neutro: a + 0 = 0 + a = a
- Existência do elemento oposto: a + (– a) = 0

Subtração
- Adicionando um mesmo número real ao minuendo e ao subtraendo, a diferença não se altera.

Multiplicação

Sendo a, b e c números reais quaisquer, temos:

- Propriedade comutativa: $a \cdot b = b \cdot a$
- Propriedade associativa: $(a \cdot b) \cdot c = a \cdot (b \cdot c)$
- Existência do elemento neutro: $a \cdot 1 = 1 \cdot a = a$
- Existência do elemento inverso: $a \cdot \dfrac{1}{a} = 1$, com $a \neq 0$
- Distributiva: $a \cdot (b + c) = a \cdot b + a \cdot c$
  $a \cdot (b - c) = a \cdot b - a \cdot c$

Divisão

- Multiplicando por um mesmo número real não nulo o dividendo e o divisor, o quociente não se altera.

ATIVIDADES

19 Considere os números:

$-\sqrt{2}\ ;\ \dfrac{1}{5};\ -0{,}25;\ -1;\ 3;\ \sqrt{8};\ -1{,}6666\ldots;\ \pi;$
$1{,}232332333\ldots$

Diga quais desses números são:

a) naturais _____

b) inteiros _____

c) racionais _____

d) irracionais _____

e) reais _____

20 Escreva três números:

a) naturais maiores que -20
_____

b) inteiros menores que -10
_____

c) racionais maiores que 0,5 e menores que 0,6
_____

d) irracionais menores que $\sqrt{2}$
_____

e) reais maiores que $-\pi$ e menores que π
_____

21 Sabendo que o produto de 16 por 236 é 3 776, sem efetuar os cálculos, escreva o produto das multiplicações:

a) $1{,}6 \cdot 236$ _____

b) $16 \cdot 23{,}6$ _____

c) $16 \cdot 2{,}36$ _____

d) $1{,}6 \cdot 23{,}6$ _____

e) $0{,}16 \cdot 23{,}6$ _____

f) $0{,}16 \cdot 2{,}36$ _____

22 Recebi R$ 50,00 de mesada e gastei $\dfrac{4}{5}$ dessa quantia. Depositei o restante na poupança, para comprar uma bola com a mesada do próximo mês. Quantos reais depositei na poupança?
_____

23 Resolva as expressões:

a) $\sqrt{4} \cdot 0{,}666\ldots$

b) $-3{,}5 + 1{,}0222\ldots$

24 Um caminhão pode transportar até 5,4 toneladas de carga. Quantas viagens, no mínimo, ele deverá fazer para transportar 18 500 kg de areia?

25 As letras x, y e z representam números reais (x ≠ 0). Complete cada sentença com uma expressão que indique a propriedade aplicada.

a) x + y = _____ (Comutativa)

b) 1 · y = _____ (Elemento neutro)

c) (x + y) + c = x + _____ (Associativa)

d) 0 + _____ = z (Elemento neutro)

e) x · (y + z) = _____ + x · z (Distributiva)

f) y + _____ = 0 (Elemento oposto)

g) $x \cdot \dfrac{1}{x}$ = _____ (Elemento inverso)

h) _____ · z = x · (y · z) (Associativa)

26 Simplifique as expressões.

x e y representam números reais (x ≠ 0).

a) x · (y + 2) − 2x _____

b) 3x − 3(x + y) _____

c) 3 · x · y − 3 · y · x _____

d) $x \cdot \dfrac{1}{x} - 1 + x \cdot (y - 2) - x \cdot y + 2x$

_____

_____

Representação de números reais na reta numérica

Já representamos os números racionais na reta numérica. Veja a representação dos números $-2; -1; -\dfrac{1}{2}; 0; 1; 1,2$ e 2:

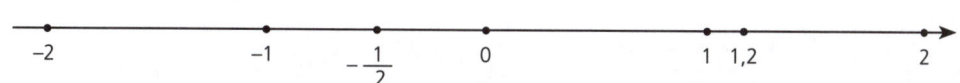

Os números reais também podem ser representados na reta numérica. Veja alguns exemplos:

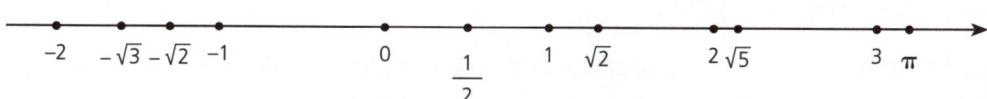

Comparação de números reais

Existem duas maneiras de comparar números reais.

■ **Usando a reta real**

Na reta real, quanto mais à direita está um ponto, maior é o número que esse ponto representa. Exemplos:

a) Comparando os números 1 e $\sqrt{2}$.

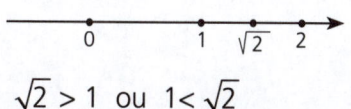

$\sqrt{2} > 1$ ou $1 < \sqrt{2}$

b) Comparando os números π e 4.

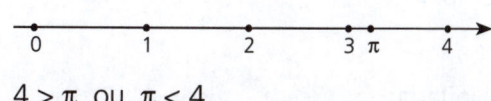

$4 > \pi$ ou $\pi < 4$

17

■ **Usando as representações decimais**

Inicialmente, escrevemos os números reais em sua forma decimal (finita, infinita e periódica ou com aproximação) e, então, os comparamos.

Exemplos:

a) Qual número é maior: π ou $\sqrt{3}$?

$\left.\begin{array}{l}\pi \cong 3,14 \\ \sqrt{3} \cong 1,73\end{array}\right\}$ $\pi > \sqrt{3}$

b) Qual número é menor: $\sqrt{5}$ ou $\dfrac{221}{99}$?

$\left.\begin{array}{l}\sqrt{5} \cong 2,236 \\ \dfrac{221}{99} = 221 \div 99 = 2,2323\ldots\end{array}\right\}$ $\dfrac{221}{99} < \sqrt{5}$

ATIVIDADES

27) Identifique o número maior.

a) $\sqrt{4}$ ou π _____
b) $\sqrt{2}$ ou -3 _____
c) $2,5$ ou $\sqrt{8}$ _____
d) $-\sqrt{2}$ ou $-\pi$ _____

28) Observe a reta numérica:

Diga que pontos representa cada número.

a) $\sqrt{3}$ _____   d) $-\sqrt{6}$ _____

b) $-\dfrac{1}{5}$ _____   e) π _____

c) $1\dfrac{1}{2}$ _____   f) $0,\overline{6}$ _____

Raiz quadrada aproximada

Para calcular uma raiz quadrada podemos usar uma calculadora. Veja os exemplos:

a) $\sqrt{4}$

Teclas digitadas: [4] [√]   Visor: 2

b) $\sqrt{0,04}$

Teclas digitadas: [.] [0] [4] [√]   Visor: 0,2

Porém, em vários casos, o número do qual queremos extrair a raiz quadrada não é quadrado perfeito e a raiz quadrada não é um número racional.

Por exemplo:

$\sqrt{3} = $?

Teclas digitadas: [3] [√]   Visor: 1,7320508

O número $\sqrt{3} = 1,7320508...$ é irracional. Ele tem representação decimal infinita e não apresenta um período. Trabalhando com uma parte das casas decimais, obtemos uma **raiz aproximada** do número. Assim:

$\sqrt{3} \cong 1,7 \longrightarrow$ aproximação até os décimos.

$\sqrt{3} \cong 1,73 \longrightarrow$ aproximação até os centésimos e assim por diante.

Sem usar uma calculadora, podemos calcular a raiz quadrada aproximada de 3 por tentativas. Observe:

- 3 está compreendido entre os números quadrados perfeitos 1 e 4.
- Como $1 = 1^2$ e $4 = 2^2$, o número procurado está entre 1 e 2.
- Vamos descobri-lo, fazendo tentativas:

$1,1^2 = 1,1 \cdot 1,1 = 1,21 < 3$

$1,2^2 = 1,2 \cdot 1,2 = 1,44 < 3$

$1,3^2 = 1,3 \cdot 1,3 = 1,69 < 3$

$1,4^2 = 1,4 \cdot 1,4 = 1,96 < 3$

$1,5^2 = 1,5 \cdot 1,5 = 2,25 < 3$

$1,6^2 = 1,6 \cdot 1,6 = 2,56 < 3$

$1,7^2 = 1,7 \cdot 1,7 = 2,89 < 3$

$1,8^2 = 1,8 \cdot 1,8 = 3,24 > 3$

Logo, $\sqrt{3}$ é maior que 1,7 e menor que 1,8.

A raiz quadrada aproximada de 3, até os décimos, pode ser representada tanto pelo número 1,7 como pelo número 1,8.

Para termos um único valor, escolhemos sempre o menor dos números.

Logo, $\sqrt{3} \cong 1,7$ (aproximação até os décimos).

Podemos obter uma aproximação da raiz quadrada de 3 até os centésimos. Observe:

$1,71^2 = 2,9241 < 3$

$1,72^2 = 2,9584 < 3$

$1,73^2 = 2,9929 < 3$

$1,74^2 = 3,0276 > 3$

Logo, $\sqrt{3} \cong 1,73$ (aproximação até os centésimos).

ATIVIDADES

29 Classifique as sentenças em verdadeiras (V) ou falsas (F).

( ) $\sqrt{2}$ é maior que 1.

( ) $\sqrt{2}$ é maior que 2.

( ) $\sqrt{2}$ é menor que 2.

( ) $\sqrt{2}$ é um número racional.

( ) $\sqrt{2}$ é um número irracional.

( ) $\sqrt{2}$ é maior que 1 e menor que 2.

30 A raiz quadrada de 26 está compreendida entre os números naturais consecutivos 5 e 6.

Veja como obtivemos esse dado:

$\sqrt{25} < \sqrt{26} < \sqrt{36} \rightarrow 5 < \sqrt{26} < 6$

Agora é com você.

As raízes quadradas abaixo estão compreendidas entre quais números naturais consecutivos?

a) $\sqrt{34}$ _____

b) $\sqrt{120}$ _____

c) $\sqrt{413}$ _____

d) $\sqrt{1120}$ _____

31 Escreva os números $\sqrt{30}$, 8, $\sqrt{41}$ e 6 em ordem decrescente.

_____

32 Ricardo usou uma calculadora para calcular $\sqrt{26}$ e obteve o número 5,0990195. Esse número representa a raiz quadrada aproximada de 26 com 7 casas decimais. Com base nisso, responda:

a) O número $\sqrt{26}$ é racional ou irracional?

_____

b) Qual é o valor aproximado de $\sqrt{26}$ com duas casas decimais?

_____

33 Calcule, com uma casa decimal, a raiz quadrada aproximada dos números:

a) 7 _____

b) 27 _____

c) 68 _____

d) 159 _____

34 Determine a raiz quadrada dos números abaixo, com aproximação para os décimos:

a) 2,4 _____

b) 17,5 _____

Operações com números reais

A potenciação

Observe o cálculo de algumas potências:

a) $(-2)^4 = (-2) \cdot (-2) \cdot (-2) \cdot (-2) = 16$

b) $\left(-\dfrac{1}{3}\right)^3 = \left(-\dfrac{1}{3}\right) \cdot \left(-\dfrac{1}{3}\right) \cdot \left(-\dfrac{1}{3}\right) = -\dfrac{1}{27}$

c) $(1,2)^2 = 1,2 \cdot 1,2 = 1,44$

De modo geral, temos:

$$a^n = \underbrace{a \cdot a \cdot a \cdot \ldots \cdot a}_{n \text{ fatores}}, \text{ com a real e } n > 1$$

Observação

Lembre-se de que, se o expoente for 0 ou 1, temos $a^0 = 1$ (com $a \neq 0$) e $a^1 = a$.

Exemplos:

a) $\left(-\dfrac{3}{4}\right)^0 = 1$

b) $0,5^1 = 0,5$

A radiciação

Observe o cálculo de raízes, cujo radicando é um número positivo:

a) $\sqrt{36} = 6$, pois $6^2 = 36$.

b) $\sqrt[3]{8} = 2$, pois $2^3 = 8$.

c) $\sqrt[4]{\dfrac{1}{81}} = \dfrac{1}{3}$, pois $\left(\dfrac{1}{3}\right)^4 = \dfrac{1}{81}$.

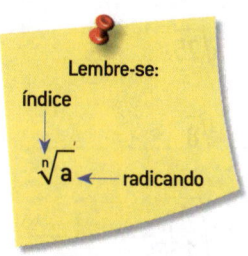

Lembre-se:
índice
$\sqrt[n]{a}$ ← radicando

Acompanhe agora o cálculo de outras raízes cujo radicando é um número negativo:

a) Qual é a raiz cúbica de -27?
$\sqrt[3]{-27} = -3$, pois $(-3)^3 = -27$.

b) Qual é a raiz quinta de $-\dfrac{32}{243}$?

$\sqrt[5]{-\dfrac{32}{243}} = -\dfrac{2}{3}$, pois $\left(-\dfrac{2}{3}\right)^5 = -\dfrac{32}{243}$.

c) Qual é a raiz sétima de $-0,0000001$?

$\sqrt[7]{-0,0000001} = \sqrt[7]{-\dfrac{1}{10\,000\,000}} = -\dfrac{1}{10}$, pois $\left(-\dfrac{1}{10}\right)^7 = -\dfrac{1}{10\,000\,000}$.

Observação

No conjunto dos números reais, quando o radicando é um número negativo, não podemos determinar uma raiz de índice par.

Veja, por exemplo:

- $\sqrt{-36} = $?
- $\sqrt[4]{-16} = $?

Um número real quando elevado a um número par (expoente par) dá como resultado um número positivo.

ATIVIDADES

35 Calcule.

a) $\left(-\dfrac{1}{2}\right)^2$ _____

b) $(-0,3)^2$ _____

c) $\left(\dfrac{1}{4}\right)^1$ _____

d) $\left(-\dfrac{3}{5}\right)^1$ _____

e) $(-0,3)^3$ _____

f) $(-1,5)^0$ _____

g) $\left(-\dfrac{2}{3}\right)^4$ _____

h) $\left(-\dfrac{7}{3}\right)^0$ _____

36 Calcule mentalmente.

a) $\sqrt{25}$ _____ f) $\sqrt[5]{-32}$ _____

b) $\sqrt[3]{8}$ _____ g) $\sqrt{\dfrac{4}{25}}$ _____

c) $\sqrt{\dfrac{1}{16}}$ _____ h) $\sqrt[3]{-125}$ _____

d) $\sqrt[3]{\dfrac{1}{8}}$ _____ i) $\sqrt{121}$ _____

e) $\sqrt[4]{16}$ _____ j) $\sqrt[3]{-64}$ _____

37 Um quadrado tem 0,36 cm² de área.

a) Qual é a medida de seu lado?

_____

_____

b) Qual é o seu perímetro?

_____

_____

38 Escreva o número que:

a) elevado ao quadrado dá 16

_____

b) elevado ao cubo dá –125

_____

c) elevado à quarta potência dá 625

_____

d) elevado à quinta potência dá –32

_____

39 A quarta potência de $\dfrac{3}{5}$ é $\dfrac{81}{625}$. Qual é a raiz quarta de $\dfrac{81}{625}$?

_____

40 Assinale o(s) cálculo(s) errado(s).

( ) $\sqrt[4]{-16} = -2$

( ) $\sqrt[3]{-8} = -2$

( ) $\sqrt{-8} = -2$

( ) $\sqrt[4]{16} = 2$

41 Complete com números racionais que tornam as sentenças verdadeiras.

a) $\sqrt[5]{\dfrac{32}{7776}} = $ _____ , pois $\left(\dfrac{2}{6}\right)^5 = \dfrac{32}{7776}$.

b) $\left(-\dfrac{2}{7}\right)^3 = -\dfrac{8}{343}$, logo $\sqrt[3]{-\dfrac{8}{343}} = $ _____.

42 Resolva as expressões numéricas.

a) $2 - \sqrt[3]{-8}$

_____

_____

_____

b) $\sqrt[5]{-32} + \sqrt{3 \cdot 5 + 1}$

_____

_____

c) $\sqrt{\dfrac{36}{4}} \cdot \sqrt[3]{-64}$

_____

_____

_____

d) $\dfrac{\sqrt[3]{-1\,000}}{\sqrt{36} + \sqrt{16}}$

_____

_____

_____

Capítulo 2

CÁLCULO ALGÉBRICO

▶ Expressões algébricas

Existem vários modos de comunicar as ideias: gestos, linguagem falada, linguagem escrita etc.

A Matemática tem uma linguagem universal que transmite ideias de um modo simplificado e preciso.

Podemos usar os algarismos e os sinais de operações (+, –, ·, ÷, $\sqrt{}$, $\sqrt[3]{}$ etc.) para expressar frases escritas na linguagem verbal. Exemplos:

Linguagem verbal	Linguagem matemática
Quatro adicionado a um dá cinco	4 + 1 = 5
O dobro de três menos um é igual a cinco	2 · 3 – 1 = 5

Nas sentenças matemáticas, além de sinais, usam-se letras. Essas letras são usadas para representar números.

As sentenças matemáticas são usadas principalmente em generalizações (fórmulas e propriedades matemáticas) e nas resoluções de problemas (equações, inequações, sistemas etc.). Veja algumas situações de uso de letras em Matemática.

Representando números desconhecidos

Podemos escrever sentenças da linguagem verbal em linguagem matemática.

Vamos representar dois números reais quaisquer por **x** e **y**. Então:

Linguagem verbal	Linguagem matemática
■ A soma desses números	x + y
■ A diferença entre esses números	x – y
■ O produto desses números	x · y ou y · x ou xy ou yx

Vamos agora representar um número real por Z. Então:

Linguagem verbal	Linguagem matemática
■ O dobro de um número	2 · z
■ A terça parte de um número	$\dfrac{z}{3}$
■ A soma de um número com seu consecutivo	z + (z + 1)

23

Fórmulas

Podemos usar expressões algébricas para representar, por meio de fórmulas, por exemplo, propriedades e regularidades dos números, das figuras geométricas e das medidas.

EXEMPLO 1

Vamos considerar que **x** representa a medida do comprimento de um retângulo e **y** a medida da largura desse retângulo.

O perímetro desse retângulo é dado por **2p = x + x + y + y** ou **2p = 2x + 2y**.

A área desse retângulo é representada por **A = x · y**.

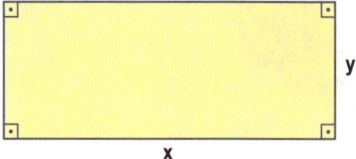

EXEMPLO 2

A propriedade distributiva da multiplicação em relação à adição pode ser expressa assim:

a · (b + c) = a · b + a · c; com a, b e c reais.

Equações

Podemos também "traduzir" um problema da linguagem verbal para a linguagem matemática e resolvê-lo em seguida. Exemplo:

Rodrigo tinha uma certa quantia no banco. Tirou de sua conta R$ 50,00, ficando com um saldo de R$ 1 400,00. Quantos reais Rodrigo tinha antes de efetuar esse saque?

Linguagem verbal	Linguagem matemática
Rodrigo tinha uma certa quantia no banco	x
Tirou cinquenta reais	x − 50
Ficou com um saldo de R$ 1 400,00	x − 50 = 1 400

A letra x nessa equação é a incógnita.

Para saber quantos reais Rodrigo tinha no banco, precisamos resolver a equação e obter o valor de **x**.

As sentenças **x + y**, **x − y**, **x · y**, **x ÷ y**, **x + (x + 1)**, **a · (b + c)**, **2x + 2y** e **x − 50** são exemplos de expressões algébricas.

O que são expressões algébricas?

As **expressões algébricas** indicam operações matemáticas que apresentam letras e números ou somente letras.

Nas expressões algébricas, as letras são chamadas **variáveis**.

Observações:

- Quando uma expressão algébrica contém variáveis no radicando é chamada expressão algébrica **irracional**. Exemplos:

$$\sqrt{2 \cdot x^2 y^3 - 5} \qquad \frac{\sqrt{x \cdot y}}{2} \qquad \sqrt{x + y} \qquad \sqrt{(2x + y)^3}$$

- Quando uma expressão algébrica não contém variáveis no radicando, é chamada **racional**. Essa expressão ainda pode ser classificada em racional inteira ou racional fracionária.

Expressão racional inteira: não contém variáveis no denominador	Expressão racional fracionária: contém variáveis no denominador
$2x - 3y$; $\dfrac{3}{5} \cdot y$; $\dfrac{x \cdot z}{5}$; $\dfrac{3y + 2t}{8}$	$\dfrac{2x}{y}$; $\dfrac{2}{z}$; $\dfrac{a+b}{c}$; $\dfrac{2x+1}{y}$

ATIVIDADES

1 Escreva as frases em linguagem matemática:

a) O dobro de um número adicionado a quatro.

_____

b) A soma do triplo de um número com o dobro de outro número.

_____

c) O quociente de um número por outro número (diferente de zero).

_____

d) A diferença entre o quadrado de um número e quatro.

_____

e) A terça parte de um número adicionada ao dobro de outro número.

_____

f) A raiz quadrada de um número.

_____

g) O quadrado da soma de dois números.

_____

h) A soma do quadrado de um número com o quadrado de outro número.

_____

2 Sabendo que x representa um número real, escreva uma sentença verbal para cada expressão numérica:

a) $x - 2$ _____

b) $3x + 1$ _____

c) $\dfrac{x}{2} + \dfrac{x}{4}$ _____

d) $4x - \dfrac{x}{3}$ _____

3 Escreva em linguagem matemática as propriedades:

a) A ordem dos fatores não altera o produto.

_____

b) A ordem das parcelas não altera a soma.

_____

c) O número 1 é o elemento neutro da multiplicação. _____

4 Observe a sequência de figuras e responda.

Figura 1	Figura 2	Figura 3	Figura 4
. .	. . . .	. . . . . .	. . . .

...

Figura	Número de pontos
1	2
2	4
3	6
⋮	⋮

a) Quantos pontos terá a figura 5? _____

E a 6? _____

b) Cada figura, a partir da 2, terá quantos pontos a mais que a anterior? _____

c) Qual é a expressão algébrica que representa o número de pontos da figura de posição n?
_____

5 Um vendedor ganha R$ 500,00 fixos mais R$ 3,50 por tênis ou sapato vendido. Escreva uma expressão algébrica que represente o salário mensal ganho por um vendedor que vendeu x tênis em um mês.
_____

Valor numérico de uma expressão algébrica

Nas expressões algébricas, as letras são chamadas **variáveis**.

> Quando substituímos a variável ou as variáveis de uma expressão algébrica por números e efetuamos os cálculos indicados, obtemos o **valor numérico** dessa expressão.

Veja um exemplo de como podemos encontrar o valor numérico de uma expressão algébrica.

- Qual é o valor numérico da expressão $\dfrac{(B + b) \cdot h}{2}$ para: B = 4 cm, b = 2 cm, h = 3 cm ?

Essa expressão algébrica representa a área do trapézio.

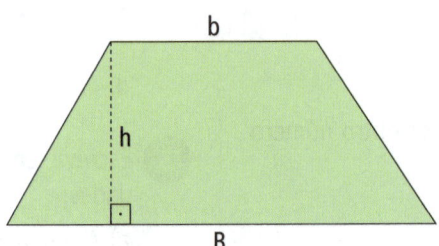

O valor numérico dessa expressão depende dos valores atribuídos a B, b e h.

Para B = 4 cm, b = 2 cm, h = 3 cm, o valor numérico da expressão é:

$$\dfrac{(4 + 2) \cdot 3}{2} = \dfrac{6 \cdot 3}{2} = \dfrac{18}{2} = 9 \text{ cm}^2.$$

ATIVIDADES

6 Escreva uma expressão algébrica que represente a área deste paralelogramo.

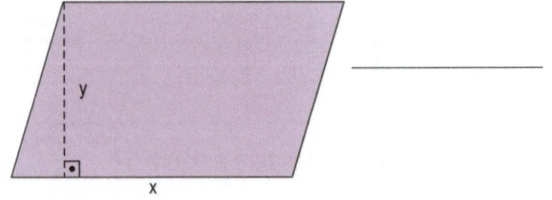

a) Se x = 2 cm e y = 3 cm, qual é a área desse paralelogramo?
_____

b) Se x for igual a 1,5 cm e y for igual a 2,1 cm, qual será a área do paralelogramo?
_____

26

7 Calcule o valor numérico das expressões algébricas a seguir para x = 2,5.

a) 3 · x _____

b) 7 – x _____

c) 2x – 5 _____

d) 4 x² – 5 _____

8 Esta figura é formada por um retângulo e um triângulo.

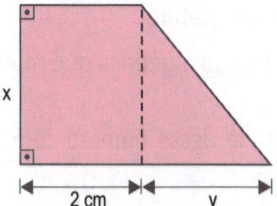

A expressão 2x representa a área do retângulo e a expressão $\frac{x \cdot y}{2}$ a área do triângulo.

a) Qual é a área do retângulo para x = 4,6 cm?

_____

b) Qual é a área do triângulo para x = 1,5 cm e y = 0,5 cm?

_____

9 Use a letra x para representar o preço de uma camisa e y para representar o preço de uma calça. Escreva a expressão que representa o preço pago por três camisas e quatro calças.

_____

a) Se o preço de uma camisa for R$ 40,00 e o de uma calça for R$ 80,00, qual será o valor da compra?

_____

b) Se x = 35 e y = 45, qual será o valor da compra?

_____
_____

As expressões algébricas e as equações

Considere o trapézio a seguir.

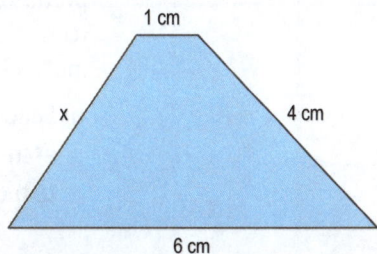

a) Qual é a expressão algébrica que representa o perímetro desse trapézio?

b) Para x = 2 cm, qual é o valor numérico dessa expressão?

c) Qual é o valor de x para que o perímetro desse trapézio seja igual a 24 cm?

Solução

a) O perímetro desse trapézio é dado por: x + 1 + 4 + 6 ou x + 11

b) Para x = 2, temos: x + 11 = 2 + 11 = 13

c) x + 11 = 24

x + ~~11~~ – ~~11~~ = 24 – 11

x = 13

ATIVIDADES

10 Pensei em um número. Adicionei 3 e tripliquei o resultado. Subtraí 5 unidades desse resultado.

a) Representando por x o número pensado, escreva uma expressão algébrica que represente essa situação. _____

b) Se o resultado final for 37, qual foi o número pensado?

_____
_____

11 Complete os quadros.

a)

x	x – 2
–1	
	4
	$\frac{5}{2}$
0,4	

b)

x	2x – 5
–5	
	15
$\frac{3}{2}$	
	–7,5

12 Encontre o valor de x para que a expressão $\frac{x}{2} - \frac{x+1}{4}$ tenha valor numérico igual a $\frac{3}{8}$.

_____

13 Os ângulos internos de um triângulo medem x, x – 20 e 3x (medidas em graus).

a) Qual é a expressão algébrica que representa a soma dos ângulos internos desse triângulo?

_____

b) Quais são as medidas, em graus, dos ângulos internos desse triângulo?

Lembre-se: a soma dos ângulos internos de um triângulo é igual a 180°.

_____
_____
_____

14 Considere x um número natural:

a) Escreva uma expressão algébrica que represente a frase:
A adição da metade desse número com o dobro desse número.

_____

b) Para qual valor de x essa expressão tem valor numérico igual a $\frac{3}{4}$?

_____
_____

15 Uma indústria, para produzir um determinado produto, gasta um valor fixo de R$ 50 000,00 (com aluguel, pagamento de funcionários etc.) e mais R$ 5,70 por unidade produzida.

a) Sendo x a quantidade de unidades produzidas, escreva uma expressão algébrica que represente o custo total de produção.

_____

b) Se durante um mês foram produzidas 1 000 unidades desse produto, qual foi o custo dessa produção?

_____
_____

c) Se o custo mensal de uma produção foi de R$ 169 700,00, quantas unidades foram produzidas?

_____
_____
_____

Trabalhando com fórmulas

A densidade de um corpo é a razão entre a massa desse corpo e o seu volume. É indicada pela fórmula:

$$d = \frac{m}{V}$$

m: em g
V: em cm³
d: em g/cm³

Vamos usar essa fórmula para resolver um problema. Uma peça de chumbo tem 5 kg de massa e seu volume é igual a 440 cm³. Qual é a densidade do chumbo?

$$d = \frac{m}{V}$$

$$d = \frac{5 \text{ kg}}{440 \text{ cm}^3}$$

$$d = \frac{5\,000 \text{ g}}{440 \text{ cm}^3} \longrightarrow d = 11{,}36 \text{ g/cm}^3$$

ATIVIDADES

16 Use a fórmula $A = \frac{b \cdot h}{2}$ para calcular a área do triângulo que tem base (b) igual a 5 cm e altura (h) igual a 12 cm.

_____

17 Use a fórmula da densidade para responder:

a) Qual é a densidade do álcool sabendo que 1 000 cm³ de álcool têm massa de 789 g?

_____
_____

b) Sabendo que a densidade da prata é de 10,5 g/cm³, qual é a massa de um anel que ocupa 0,75 cm³?

_____
_____

c) O ósmio é o metal de maior densidade: 22,6 g/cm³. Qual é o volume de um pedaço de ósmio cuja massa é de 271,2 g?

_____

18 Em uma certa cidade, os taxistas cobram R$ 0,75 por quilômetro rodado, mais R$ 8,50 de bandeirada.

a) Usando a letra p para representar o preço de uma corrida e q para representar a quantidade de quilômetros rodados, escreva uma fórmula que relacione essas grandezas.

_____
_____
_____

b) Qual é o valor de uma corrida de 16,8 km?

_____
_____
_____
_____

c) Se uma pessoa pagou R$ 70,00 por uma corrida, quantos quilômetros o táxi percorreu?

_____
_____

19 Na maioria dos países, usa-se como unidade de medida de temperatura a escala Celsius (°C), porém em países de língua inglesa usa-se a escala Fahrenheit (°F).

Esta fórmula mostra a relação entre as duas escalas; Celsius (T_c) e Fahrenheit (T_F)

$$\frac{T_c}{5} = \frac{T_F - 32}{9}$$

Use essa fórmula para determinar:

a) O correspondente, na escala Fahrenheit, à temperatura de 35 °C.

_____

_____

b) O correspondente, na escala Celsius, à temperatura de 104 °F.

_____

EXPERIMENTOS, JOGOS E DESAFIOS

O tamanho do pé e o número do sapato

Será que o comprimento do pé de uma pessoa que calça sapato número 42 tem 42 centímetros de comprimento?

Para responder a essa pergunta, utiliza-se uma fórmula:

$N = \frac{5 \cdot p}{4} + 7$, em que: N é o número do sapato e p é o comprimento do pé, em centímetros.

Substituindo N por 42, na fórmula, temos:

$42 = \frac{5p}{4} + 7$

Resolvendo a equação obtemos p = 28, ou seja, uma pessoa cujo pé mede 28 cm de comprimento calça 42.

Agora é a sua vez. Em casa, você poderá contornar o seu pé, medir o comprimento dele (distância entre o maior dos dedos e o calcanhar), substituir esse valor na fórmula e fazer os cálculos necessários para encontrar um valor próximo ao número que você calça.

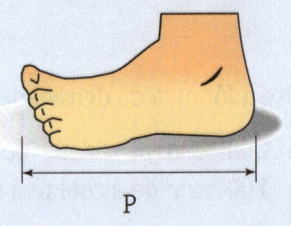

P

▶ Monômios

O que são **monômios**?

Para entender o monômio, acompanhe o texto abaixo.

Considere o quadrado ao lado. Veja as expressões algébricas que representam o perímetro (2P) e a área (A) desse quadrado.

perímetro: 4x

área: x^2

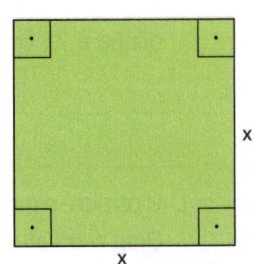

As expressões 4x e $1x^2$ são exemplos de monômios. Observe que elas apresentam somente multiplicações de números e letras, cujos expoentes são números naturais.

30

De modo geral, monômio é toda expressão algébrica inteira que apresenta apenas um número, ou apenas uma letra ou uma multiplicação de números e letras.

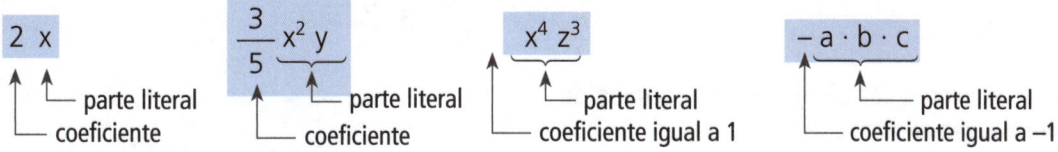

Monômios semelhantes

Observe os quadrados abaixo. As expressões que representam suas áreas são monômios.

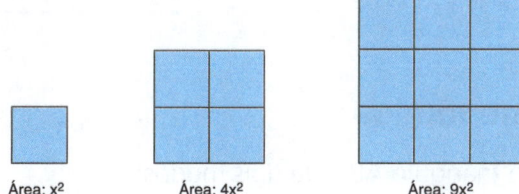

Observe que a parte literal desses monômios é a mesma.

> Quando dois ou mais monômios apresentam a mesma parte literal são chamados **monômios semelhantes**.

ATIVIDADES

20 Escreva um monômio que represente:

a) o triplo de x _____

b) a metade de x _____

c) o dobro do cubo de y _____

d) a terça parte do quadrado de z _____

21 Escreva a parte literal e o coeficiente dos monômios:

a) $\dfrac{5x^2}{3}$

b) $-0{,}5\, a \cdot b^2$

c) $-\dfrac{x^2 y}{5}$

d) $\dfrac{4}{9} z^2 y^3$

e) $t^4 \cdot u^5$

22 Sabendo-se que a área de um paralelogramo é dada pela multiplicação da sua base pela altura, determine o monômio que representa a área deste paralelogramo.

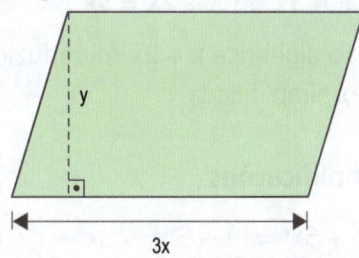

a) Qual é o coeficiente desse monômio?

b) Qual é a parte literal desse monômio?

23 Explique com suas palavras por que as expressões algébricas $4 \cdot \sqrt{y}$ e $\dfrac{x}{y}$ não são monômios.

_____
_____

24 Os monômios $5xy^2$ e $5x^2y$ são semelhantes? Justifique sua resposta.

_____

25 Separe as expressões abaixo em três grupos de monômios semelhantes.

$\frac{1}{2}x^3y^2$ $0,5x^2y^3$ $-xy$ $-x^3y^2$ xy

$\frac{x^2y^3}{2}$ $3x^3y^2$ x^2y^3 $4xy$

26 Escreva três monômios semelhantes a $-\frac{1}{3}xy^3z$.

_____
_____
_____
_____
_____

Adição algébrica de monômios

Podemos calcular a área do triângulo ABC de dois modos:

MODO 1

$A = A_1 + A_2$

$A = \frac{2x}{2} + \frac{4x}{2} = \mathbf{1x + 2x}$

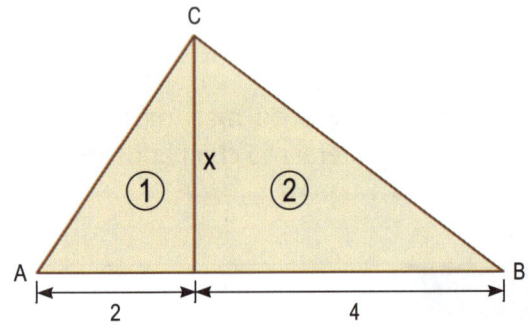

MODO 2

$A = \frac{(2+4)x}{2} = \frac{6x}{2} = \mathbf{3x}$

As duas expressões encontradas representam a área do triângulo ABC. Portanto, elas são iguais.

1x + 2x = 3x ou **x + 2x = 3x**.

A adição algébrica **x + 2x** foi reduzida a um único monômio: **3x**. Dizemos também que essa adição algébrica foi simplificada.

Outras simplificações

a) $3x^2 + 5x^2 = (3+5)x^2 = 8x^2$

b) $-2y + 3y - 4y + 5y = (-2+3-4+5)y = 2y$

c) $-\frac{2}{5}ab - \frac{1}{5}ab + \frac{3}{10}ab = \left(-\frac{2}{5} - \frac{1}{5} + \frac{3}{10}\right) \cdot ab = \left(\frac{-4-2+3}{10}\right)ab = -\frac{3}{10}ab$

> Para simplificar uma expressão que apresenta monômios semelhantes, basta adicionar algebricamente os coeficientes desses monômios e manter a parte literal.

ATIVIDADES

27 Reduza a um só monômio cada uma das expressões:

a) $4y - 3y - 5y$ _____

b) $3xy^2 + 4xy^2 - 10xy^2 + 3xy^2$ _____

c) $3a^2b^2 - \dfrac{1}{2}a^2b^2$ _____

d) $\dfrac{1}{3}x^2 + \dfrac{2}{5}x^2 - \dfrac{4}{15}x^2$ _____

e) $0,4abc + 1,3abc - 0,7abc$ _____

28 A expressão algébrica $3x + 2x^2$ não pode ser reduzida. Por quê? _____

29 Observe a figura e responda.

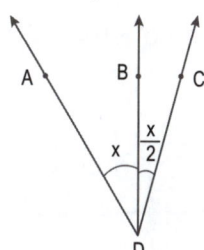

a) Qual é o monômio que representa a medida do ângulo $A\widehat{D}C$? _____

b) Se $x = 30°$, qual é o valor do ângulo $B\widehat{D}C$? E do ângulo $A\widehat{D}C$? _____

c) Se $m(A\widehat{D}C) = 60°$, qual é o valor de x? _____

30 Escreva um monômio que represente o perímetro de cada figura.

a)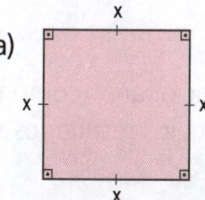

b)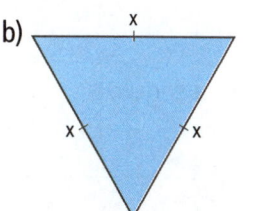

c)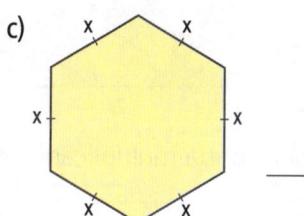

31 Observe as figuras da questão anterior.

a) Sendo $x = 2,5$ cm, qual é o perímetro de cada figura? _____

b) Se o perímetro do quadrado for 16,8 cm, qual é o valor de x? _____

c) Se no triângulo $x = 1,5$ cm, qual é o seu perímetro? _____

32 Que monômio devemos adicionar ao monômio $(-3xy^3)$ para obter o monômio $-6xy^3$? _____

33 Escreva a expressão algébrica abaixo na forma de um único monômio:

$\dfrac{-3}{4}xyz^3 + \dfrac{1}{2}xyz^3 + xyz^3$ _____

a) Qual é o valor numérico desse monômio para $x = 1, y = 2$ e $z = 3$? _____

b) Qual é o valor numérico desse monômio para $x = -1; y = \dfrac{2}{3}$ e $z = \dfrac{-1}{2}$? _____

33

Multiplicação e divisão de monômios

Multiplicação

Considere o retângulo a seguir.

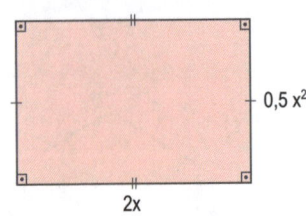

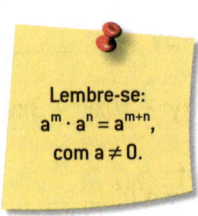

Lembre-se:
$a^m \cdot a^n = a^{m+n}$,
com $a \neq 0$.

Sua área pode ser obtida multiplicando-se a medida do comprimento pela largura.

$A = (2x) \cdot (0,5x^2) = \underline{2 \cdot 0,5} \cdot x \cdot x^2 = 1 \cdot x^3 = x^3$

$A = x^3$

Portanto, o monômio que representa a área desse retângulo é x^3.

Veja outros exemplos de multiplicação de monômios:

a) $(2ab^2) \cdot (3ab^3c) = 2 \cdot 3 \cdot a \cdot a \cdot b^2 \cdot b^3 \cdot c = 6 \cdot a^2 \cdot b^5 \cdot c$

b) $(-5a^3b) \cdot (-4a^3b^4) \cdot (-1ab) = (-5) \cdot (-4) \cdot (-1) \cdot a^3 \cdot a^3 \cdot a \cdot b \cdot b^4 \cdot b = -20 \cdot a^7 \cdot b^6$

c) $\left(-\dfrac{1}{2}x^4\right) \cdot \dfrac{4}{3}xy^3 = -\dfrac{1}{2} \cdot \dfrac{4}{3} \cdot x^4 \cdot x \cdot y^3 = -\dfrac{2}{3} \cdot x^5y^3$

Divisão

Vamos dividir um monômio por outro monômio, considerando este último diferente de zero.

Exemplos:

a) Qual é o resultado da divisão de $-12x^3$ por $3x$?

Podemos indicar essa divisão de dois modos: $-\dfrac{12x^3}{3x}$ ou $(-12x^3) \div 3x$.

$-\dfrac{12x^3}{3x} = -\dfrac{12}{3} \cdot \dfrac{x^3}{x} = -4 \cdot x^2$

Lembre-se:
$a^m \div a^n = a^{m-n}$,
com $a \neq 0$.

O resultado da divisão é $-4x^2$.

b) Vamos calcular $6a^2b^7 \div 2a^3b^5$

$6a^2b^7 \div 2a^3b^5 = \dfrac{6}{2} \cdot \dfrac{a^2}{a^3} \cdot \dfrac{b^7}{b^5} = 3 \cdot \dfrac{1}{a} \cdot b^2 = \dfrac{3b^2}{a}$

Observe que no item b o resultado é uma expressão algébrica racional fracionária (comumente chamada fração algébrica). Neste momento, efetuaremos divisões de monômios cujos resultados sejam sempre uma expressão algébrica racional inteira.

ATIVIDADES

34 Calcule mentalmente o resultado das operações de monômios (no caso das divisões, o quociente é diferente de zero).

a) $2y \cdot 3y$ _____

b) $\left(\dfrac{1}{3} \cdot x\right) \cdot (3x^2)$ _____

c) $(5y^2) \cdot (5y^2)$ _____

d) $(2x) \cdot (3x) \cdot (4x)$ _____

e) $(-4x) \div 2$ _____

f) $(-9y^2) \div (-3y)$ _____

g) $25xy^2 \div (5xy^2)$ _____

35 Sendo $x = \dfrac{1}{2} ab^2 + \dfrac{3}{2} ab^2$ e $y = -4ab^2 - 2ab^2 + ab^2$, calcule:

a) $x \cdot y$ _____

b) $\dfrac{x}{y}$, com $y \neq 0$ _____

36 No quadrado a seguir, x e y são números reais positivos.

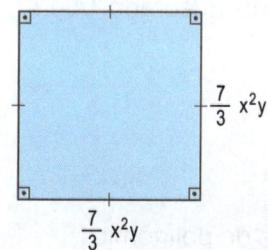

a) Que monômio representa a área desse quadrado?
_____

b) Se $x = 2$ cm e $y = 3$ cm, qual é a área desse quadrado?
_____

37 A área de um retângulo é representada por $15xy^3$ e sua base, por $5xy^2$. Que monômio representa sua altura?

Lembre-se: $A = b \cdot h$

_____
_____

38 Simplifique as expressões algébricas:

a) $\left(\dfrac{1}{2} x^2y^2 + \dfrac{3}{4} x^2y^2\right) \cdot \left(-x^2y^2 + \dfrac{1}{5} x^2y^2\right)$

_____
_____
_____
_____
_____

b) $\left(\dfrac{2}{3} ab^2\right) \cdot \left(\dfrac{3}{4} a^2b^2\right) + \left(\dfrac{1}{2} a^4b^6\right) \div \left(\dfrac{1}{4} ab^2\right)$

_____
_____
_____
_____
_____

Potenciação de monômios

Vamos calcular algumas potências.

a) Qual é o resultado de $(-3x^2y)^2$?

$(-3x^2y)^2 = (-3)^2 \cdot (x^2)^2 \cdot y^2 = 9x^4y^2$

b) Vamos calcular $\left(\dfrac{2}{3} ab^3\right)^3$

$\left(\dfrac{2}{3} ab^3\right)^3 = \left(\dfrac{2}{3}\right)^3 \cdot a^3 \cdot (b^3)^3 = \dfrac{8}{27} a^3b^9$

ATIVIDADES

39 Calcule.
a) $(a^4)^2$ _____
b) $(-2x^3)^2$ _____
c) $(-3y^2)^3$ _____
d) $\left(-\dfrac{1}{3}x^2y^4\right)^2$ _____
e) $(0{,}2xy^2)^2$ _____
f) $(-xy^5z^3)^4$ _____
g) $\left(-\dfrac{ab^3}{2}\right)^2$ _____
h) $(0{,}1x^8)^2$ _____

40 Determine.
a) o quadrado de $(-3)x^2y^9$ _____
b) o cubo de $\dfrac{1}{2}x^2y^5$ _____

41 Calcule:
a) o cubo de $2x^4y^3$ _____
b) o quociente da divisão do resultado do item a por $4x^2y^9$ _____

42 A medida do lado de um quadrado é representada por $\dfrac{1}{2}ab$. Qual é a expressão que representa a área desse quadrado? _____

▶ Polinômios

A figura ao lado é formada por um retângulo e um quadrado.

A expressão que representa o perímetro da figura é:
$2{,}5x + 2{,}5x + y + 4x + y + 1{,}5x + 2{,}5x = 13x + 2y$.

A expressão $13x + 2y$ é a **forma reduzida** do polinômio $2{,}5x + 2{,}5x + y + 4x + y + 1{,}5x + 2{,}5x$.

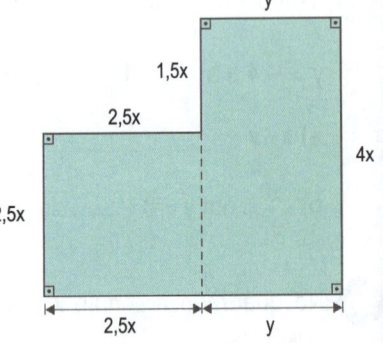

Para encontrar a área dessa figura, vamos determinar a área do quadrado ($A_\square$) e do retângulo ($A_\square$) que a compõem e adicioná-las.

$A_\square = 2{,}5x \cdot 2{,}5x = 6{,}25x^2$
$A_\square = y \cdot 4x = 4xy$

$A = A_\square + A_\square$
$A = 6{,}25x^2 + 4xy$

As expressões algébricas **13x + 2y** e **6,25x² + 4xy** são exemplos de polinômios.

Os monômios que formam o polinômio são chamados **termos do polinômio**.

Alguns polinômios recebem nomes especiais: **monômio, binômio, trinômio**.

NOME	MONÔMIO	BINÔMIO	TRINÔMIO
Número de termos	1	2	3
Exemplos	$2x^2$; $\dfrac{3}{5}xy$; $-4x^2$; -4	$3x + 5$; $-4xy + 3z$; $8x + 4y$	$x^2 + 3x + 1$; $-4xy^2 + 3x - 1$

> Toda adição algébrica de monômios denomina-se **polinômio**.

ATIVIDADES

43 Paulo tem x centímetros de altura. Pedro tem 54 cm a mais que Paulo. Escreva um polinômio que represente a altura, em centímetros, de Pedro.

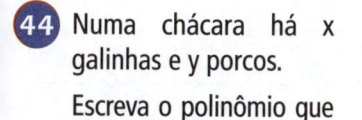

44 Numa chácara há x galinhas e y porcos.

Escreva o polinômio que representa:

a) o número de animais dessa chácara. _____

b) o número de pés de galinhas e de porcos juntos. _____

45 Escreva cada polinômio abaixo na forma mais simples, ou seja, na forma reduzida:

a) $3x^2 - 2x + 5x - 2x^2 + 1$ _____

b) $4x^3 - 2x^2 + x - x^2 + 1$ _____

c) $-2xy + 3y^2 + 2xy - 3y^2$ _____

d) $6x^3y - y^3 + 2x^3y - y^3$ _____

e) $3x + 1 - 6x - 1 + 4 - 2x$ _____

46 Observe a figura:

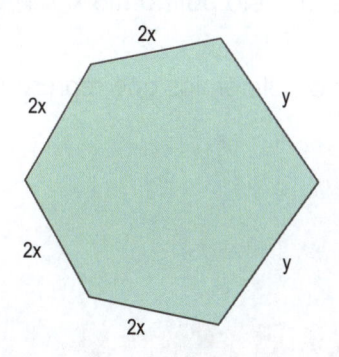

a) Escreva o polinômio que representa o perímetro da figura. _____

b) Escreva esse polinômio na forma reduzida.

_____

c) O polinômio obtido é um binômio ou um trinômio? _____

d) Se x = 2 cm e y = 1,5 cm, qual é o perímetro dessa figura? _____

47 Observe a figura abaixo:

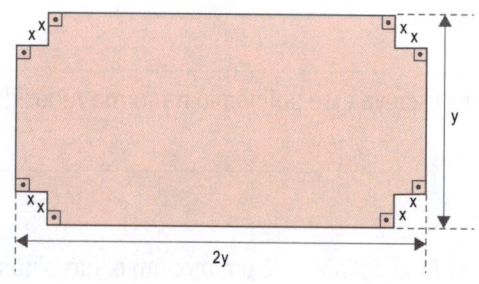

a) Que polinômio representa sua área?

b) Qual é a forma reduzida desse polinômio?

c) Se x = 1 cm e y = 4 cm, qual é a área dessa figura?

48 Classifique as expressões algébricas em monômios, binômios ou trinômios:

a) $\dfrac{1}{2}xyzt$ _____

b) $\dfrac{1}{2}xy + \dfrac{1}{2}zt$ _____

c) $x^3 + 2x^2 + x$ _____

d) $-0,5$ _____

e) $x^2 + 3x + 1$ _____

f) $x - 0,5$ _____

49 Esta figura é a planificação de um bloco retangular.

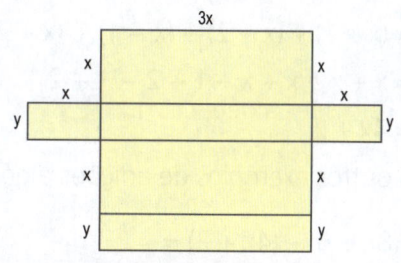

a) Que polinômio representa a área total dessa figura?

_____

b) Qual é a forma reduzida desse polinômio?

_____

c) Esse polinômio é um monômio, um binômio ou um trinômio? _____

37

50 Cláudio tem x reais, Felipe tem o dobro dessa quantia. Daniela tem a metade da quantia de Cláudio. Douglas tem y reais, Fabiana tem o triplo da quantia de Douglas e Ângela tem 50 reais.

a) Que polinômio representa a quantia que as seis pessoas possuem juntas?
_____
_____

b) Escreva esse polinômio na forma reduzida.
_____
_____

c) Esse polinômio é um monômio, um binômio ou um trinômio? _____
_____

Adição algébrica de polinômios

A adição algébrica de polinômios envolve adições e/ou subtrações de polinômios.

Considere esta situação.

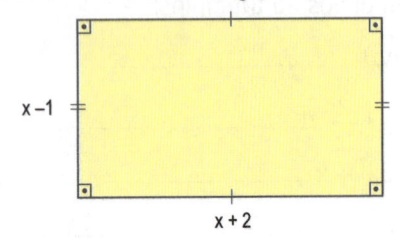

[Retângulo com lados $x-1$ e $x+2$]

Nesse retângulo, as medidas de dois de seus lados são representadas pelo polinômio $x - 1$, com $x > 1$, e as outras duas medidas pelo polinômio $x + 2$.

Para determinar o perímetro desse retângulo adicionamos os quatro polinômios que representam as medidas dos seus lados:

$2P = (x - 1) + (x + 2) + (x - 1) + (x + 2)$

$2P = x + x + x + x - 1 + 2 - 1 + 2$

$2P = 4x + 2$

Veja outros exemplos de adições algébricas de polinômios:

a) $(8x + 6) - (4x + 2) =$
$= 8x + 6 - 4x - 2$
$= 8x - 4x + 6 - 2$
$= 4x + 4$

Lembre-se:
$-(4x + 2) = -1 \cdot (4x + 2) =$
$= -4x - 2$.

b) $(5x - 2xy - 7y) - (3x - xy + y) =$
$= 5x - 2xy - 7y - 3x + xy - y =$
$= \underbrace{5x - 3x}_{2x} - \underbrace{2xy + xy}_{-xy} - \underbrace{7y - y}_{8y} =$

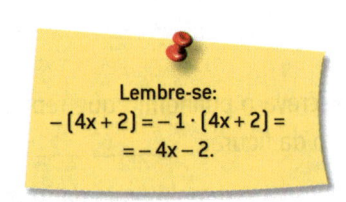

c) $(3x^2 - 4x^2y + 5) + (-2x^2 - 5x^2y - 1) - (-3xy^2 + 7) =$
$= 3x^2 - 4x^2y + 5 - 2x^2 - 5x^2y - 1 + 3xy^2 - 7 =$
$= 3x^2 - 2x^2 - 4x^2y - 5x^2y + 5 - 1 - 7 + 3xy^2 =$
$= x^2 - 9x^2y - 3 + 3xy^2$

38

ATIVIDADES

51 Efetue as adições algébricas.

a) $(x + 3y - 3z) + (x - 3y + 4z) - (-x - z)$

b) $(x^2y^3z^4 + xyz - x^2yz^3) - (-x^2y^3z^4 - xyz - x^2yz^3)$

c) $(-x^2 + x^3 - 1) + (-x^2 - x^3 + 4) + (-x^2 - x - 3) - 5$

d) $\left(x + \dfrac{1}{2}y - z\right) - \left(2x - \dfrac{1}{2}y + z\right)$

52 Escreva um polinômio que indique o perímetro de cada figura:

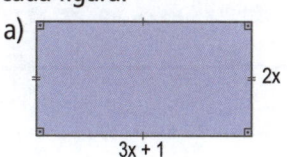

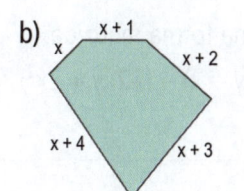

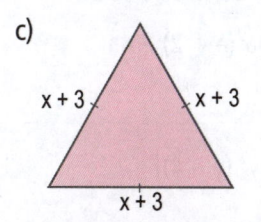

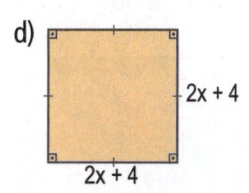

a) retângulo com lados $2x$ e $3x + 1$

b) pentágono com lados x, $x+1$, $x+2$, $x+3$, $x+4$

c) triângulo com lados $x+3$, $x+3$, $x+3$

d) quadrado com lado $2x + 4$

53 Sendo $x = -4x^2 + x - 1$ e $y = -3x^2 + 2x + 5$, calcule:

a) $x + y$

b) $x - y$

54 Adicionando um polinômio ao polinômio $4x^3 - 3x + 1$, obtemos o polinômio $7x^3 - 5x + 4$. Qual é o polinômio adicionado?

55 Simplifique as expressões algébricas.

a) $x + (x + 2x) + (-2x + 4)$

b) $[(4x^2 - 3x + 1) - (3x + 1)] \div 2x$, com $x \neq 0$

c) $x \cdot [(3x^3 - 2x) + (-2x^3 - x) - (-x - x - x)]$

Multiplicação de polinômios

Qual é a área do paralelogramo ABCD?

[Paralelogramo ABCD com altura $x+1$ e base $3x+1$]

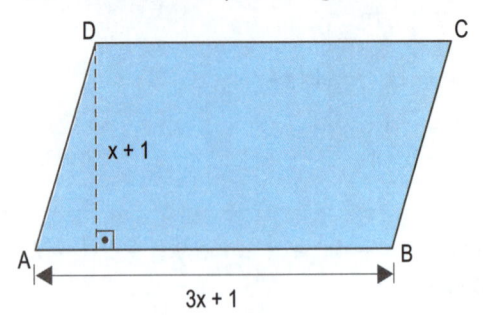

Para calcular a área do paralelogramo ABCD, multiplicamos o polinômio $3x + 1$ pelo polinômio $x + 1$.

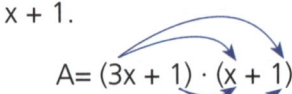

$A = (3x + 1) \cdot (x + 1)$

$A = 3x^2 + 3x + x + 1$

$A = 3x^2 + 4x + 1$

> Usamos a propriedade distributiva da multiplicação em relação à adição.

Logo, a área do paralelogramo ABCD é representada pelo polinômio $3x^2 + 4x + 1$.

Acompanhe outras multiplicações:

a) $2x(x + 1) = 2x^2 + 2x$

b) $\dfrac{1}{2} y^2 \left(2x + \dfrac{1}{3}\right) = xy^2 + \dfrac{1}{6} y^2$

ATIVIDADES

56 Encontre o produto das multiplicações.

a) $x(x - 1)$

b) $x^2(x^3 + x^2 + 1)$

c) $xy \cdot (3x + 2y)$

d) $\dfrac{2}{3} a \cdot \left(\dfrac{3}{2} a^3 - \dfrac{3}{4}\right)$

57 Escreva os polinômios na forma reduzida.

a) $2ay(1-x) + 2x(ay + y + x) - (+2xy + 2x^2)$

b) $3 \cdot (x^2 + 3x + 1) - 2 \cdot (x^2 - x + 2)$

c) $4a(a^2 + a + 1) - 4a^2(a + 2) - 4a$

d) $2y - [2y(1 - y) + y^2(y - 4)]$

58 Efetue as multiplicações e simplifique:

a) $(x-1) \cdot (x+1)$ _____

b) $(2x+3)(x+4)$ _____

c) $(a-2x)(3x+a)$ _____

d) $(xy+2z)(xy-2z)$ _____

59 Escreva o polinômio que representa a área deste retângulo.

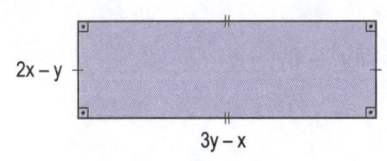

(retângulo com lados $2x - y$ e $3y - x$)

_____

60 Escreva o polinômio que representa a área deste quadrado.

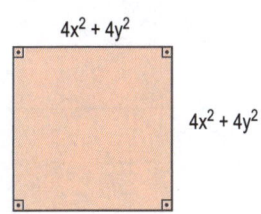

(quadrado com lado $4x^2 + 4y^2$)

_____

61 Calcule a área do quadrado da questão anterior para:

$x = 1$ cm e $y = 1$ cm.

_____

62 Observe as medidas deste bloco retangular.

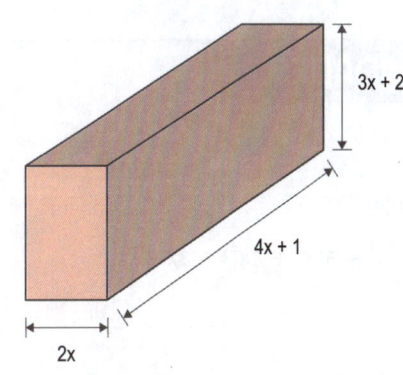

(bloco retangular com dimensões $3x + 2$, $4x + 1$ e $2x$)

a) Que polinômio representa o volume desse bloco retangular?

_____

b) Se $x = 1$ m, qual é o valor numérico desse polinômio?

_____

Divisão de polinômios por monômios

Os exemplos a seguir envolvem a divisão de um polinômio por um monômio.

EXEMPLO 1

Observe os polinômios que representam a medida da área e do comprimento deste retângulo.

Área: $16x^4 + 4x^3 - 1x$

Comprimento: $2x$

Que polinômio representa a medida da largura desse retângulo?

Para responder dividimos o polinômio que representa a sua área ($16x^4 + 4x^3 - 1x$) pelo monômio que representa o seu comprimento ($2x$).

$$\frac{16x^4 + 4x^3 - 1x}{2x} = \frac{16x^4}{2x} + \frac{4x^3}{2x} - \frac{1x}{2x} = 8x^3 + 2x^2 - \frac{1}{2}$$

Logo, a largura desse retângulo é representada pelo polinômio $8x^3 + 2x^2 - \frac{1}{2}$.

41

EXEMPLO 2

Observe a simplificação da expressão $\dfrac{20x^2y^3 - 4x^3y^2}{2xy^2}$.

$$\dfrac{20x^2y^3 - 4x^3y^2}{2xy^2} = \dfrac{20x^2y^3}{2xy^2} - \dfrac{4x^3y^2}{2xy^2} = 10xy - 2x^2y^0 = 10xy - 2x^2.$$

ATIVIDADES

63 Calcule:

a) $(a^3x^2 + a^2x^3 + ax^4) \div ax^2$

b) $(-3a^5b^4 + 6a^5b^5 + 9a^2b^3) \div (-2a^2b^2)$

c) $(-60x^6 + 6x^5 + 12x^4 + 18x) \div 6$

d) $(-50x^5 + 5x^4 - 10x^3) \div (-5x^3)$

64 Qual é o quociente da divisão de $7x^3y^2z^4 + 14x^5y^3z^6$ por $7xy^2z^3$?

65 Simplifique as expressões algébricas, considerando $x \neq 0$ e $y \neq 0$.

a) $\dfrac{4x^2y^2 + 5x^3y^3}{xy}$

b) $\dfrac{2y^3 + 8y^2 - y}{2y}$

c) $\dfrac{4x^3 + 6x^4 + 8x^5}{x^2}$

d) $\dfrac{6x^3y^3 - 4x^2y^2 - 2x^5y^5}{2x^2y^2}$

66 Sabendo que a área do retângulo ABCD é representada pelo polinômio $8x^2 + 6x + 2$, qual é o polinômio que representa a área do triângulo ABC?

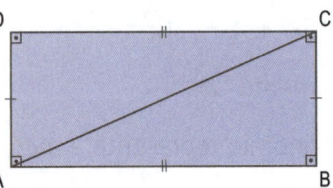

Dica: a área do triângulo é metade da área do retângulo.

Potenciação de polinômios

A situação a seguir envolve a potenciação de polinômios.

Observe o polinômio que representa a medida de cada lado do quadrado a seguir:

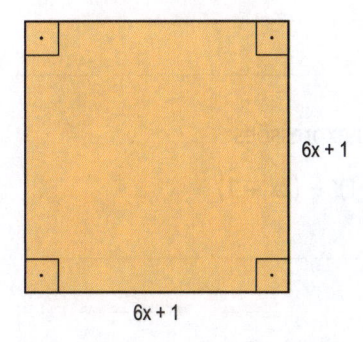

[quadrado com lados $6x + 1$]

Qual é o polinômio que representa a área desse quadrado?

Para determinar a área desse quadrado, efetuamos $(6x + 1)^2$.

$(6x + 1)^2 = (6x + 1) \cdot (6x + 1) = 36x^2 + 6x + 6x + 1 = 36x^2 + 12x + 1$

A área do quadrado é representada pelo polinômio $36x^2 + 12x + 1$.

Observe o cálculo de outras potências:

a) $(-3a^4)^2 = (-3a^4) \cdot (-3a^4) = (-3) \cdot (-3) \cdot a^4 \cdot a^4 = 9a^8$

b) $(x - 2)^3 = (x - 2) \cdot (x - 2) \cdot (x - 2) =$

$= (x^2 - 2x - 2x + 4) \cdot (x - 2) =$

$= x^3 - 2x^2 - 4x^2 + 8x + 4x - 8 =$

$= x^3 - 6x^2 + 12x - 8$

ATIVIDADES

67 Use a definição de potência para calcular:

a) $(-2a^3)^2$ _____

b) $(3x^2y^3)^3$ _____

c) $(2x - 1)^3$ _____

68 Encontre uma expressão que represente a área deste paralelogramo:

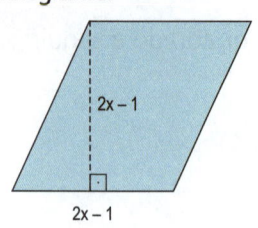

2x – 1
2x – 1

_____

_____

69 Observe o polinômio que representa a medida de cada aresta do cubo a seguir

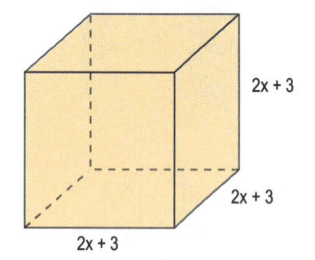

2x + 3
2x + 3
2x + 3

Escreva o polinômio que representa o volume desse cubo.

_____

_____

_____

70 Simplifique as expressões:

a) $3x^2 + (x + 1)^2 - (2x + 1)$

_____

_____

_____

b) $(x + 3)^3 - (x - 1)^3$

_____

_____

_____

EXPERIMENTOS, JOGOS E DESAFIOS

Descubra seu índice de massa corporal

Você sabe o que é índice de massa corporal (IMC)?

O IMC é um dos índices usados pela Organização Mundial da Saúde para avaliar o grau de obesidade de uma pessoa, isto é, para indicar se ela está acima ou abaixo do peso "ideal".

O IMC é calculado dividindo-se a massa (em quilograma) pela altura (em metros) ao quadrado de uma pessoa.

$$IMC = \frac{massa\ corporal}{altura \times altura} \text{ ou } IMC = \frac{M}{a^2}$$

Ao obter o valor do ICM por essa fórmula, a pessoa compara esse valor com os da tabela e verifica se está acima ou abaixo do peso saudável.

Categoria	IMC
Abaixo do peso	Abaixo de 18,5
Peso normal	18,5 - 24,9
Sobrepeso	25,0 - 29,9
Obesidade grau I	30,0 - 34,9
Obesidade grau II	35,0 - 39,9
Obesidade grau III	40,0 e acima

Peso saudável equivale a peso normal.

Exemplo:

Um adolescente com 53 kg e 1,50 m tem um índice de:

$$IMC = \frac{53}{(1,5)^2} = \frac{53}{2,25} \cong 23,5$$

Agora é com você. Qual é o seu IMC?

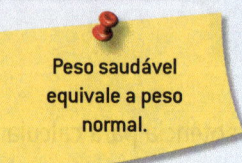

Capítulo 3

AMPLIANDO O ESTUDO DA GEOMETRIA

▶ Retomando algumas noções básicas da geometria

Ponto, reta e plano

Ponto, **reta** e **plano** são conceitos primitivos, ou seja, não são definidos.

O ponto não tem dimensão e é representado por uma letra maiúscula.

•A
ponto A

A reta é ilimitada nos dois sentidos, não tem espessura e é representada por letras minúsculas do nosso alfabeto.

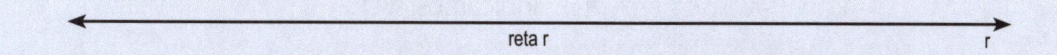

reta r

O plano não tem fronteiras e é representado por letras gregas minúsculas.

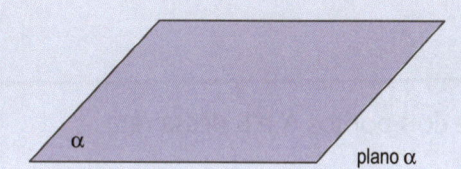

plano α

Retas paralelas e retas concorrentes

Duas retas em um plano podem ser:

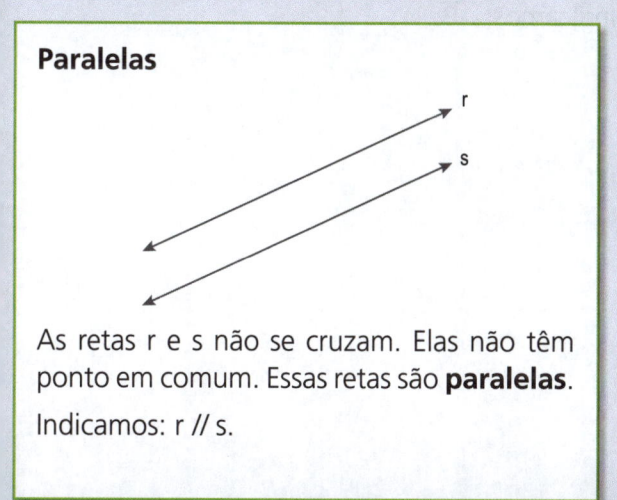

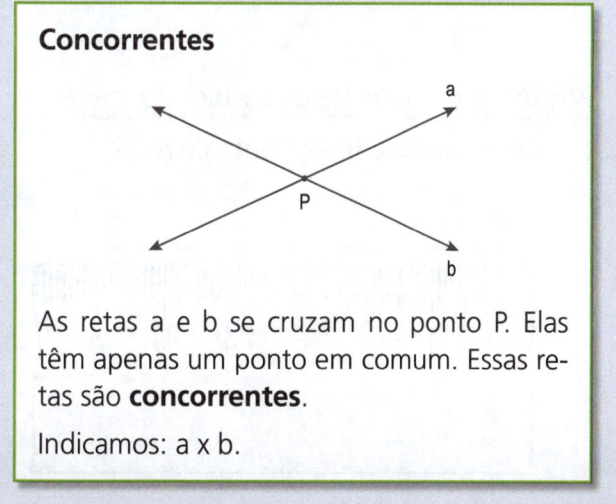

Paralelas

As retas r e s não se cruzam. Elas não têm ponto em comum. Essas retas são **paralelas**.
Indicamos: r // s.

Concorrentes

As retas a e b se cruzam no ponto P. Elas têm apenas um ponto em comum. Essas retas são **concorrentes**.
Indicamos: a x b.

45

Observação

■ Quando o ângulo formado por duas retas concorrentes for 90°, elas são chamadas **retas perpendiculares**.

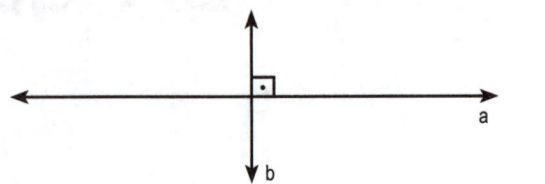

Indica-se:
a ⊥ b

Semirreta

Considere a reta r e um ponto B dessa reta.

O ponto B divide a reta r em duas partes, chamadas semirretas.

■ Semirreta de origem em B e que passa por D.

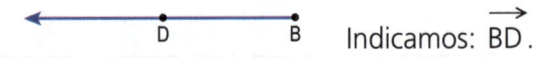

Indicamos: $\overrightarrow{BD}$.

■ Semirreta de origem em B e que passa por C.

Indicamos: $\overrightarrow{BC}$.

Segmento de reta

Considere agora a reta r e dois pontos A e B dessa reta.

Os pontos A, B e todos os outros pontos da reta que estão entre elas formam um **segmento de reta**. Os pontos A e B são denominados extremos do segmento.

Indicamos: $\overline{AB}$.

Medida de um segmento de reta

Como medir um segmento de reta?

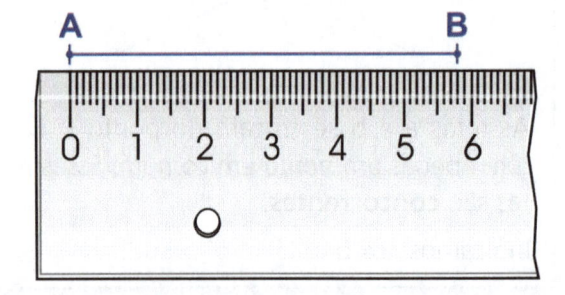

Um segmento é limitado e, portanto, pode ser medido. Para medir o seu comprimento, usamos o comprimento de outro segmento tomado como unidade de medida. Essa unidade de medida pode ser o metro, o centímetro, o milímetro etc.

Observe o segmento $\overline{AB}$ acima.

A medida do segmento $\overline{AB}$ é 5,8 cm. Indicamos: med($\overline{AB}$) = 5,8 cm ou m($\overline{AB}$) = 5,8 cm ou AB = 5,8 cm.

Segmentos congruentes

Quando dois segmentos de reta têm a mesma medida, tomadas numa mesma unidade de medida, dizemos que são **segmentos congruentes**. Exemplo:

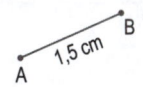

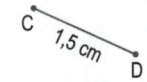

Os segmentos $\overline{AB}$ e $\overline{CD}$ são congruentes. Indicamos $\overline{AB} \cong \overline{CD}$.

ATIVIDADES

1) Classifique estas retas em paralelas ou concorrentes.

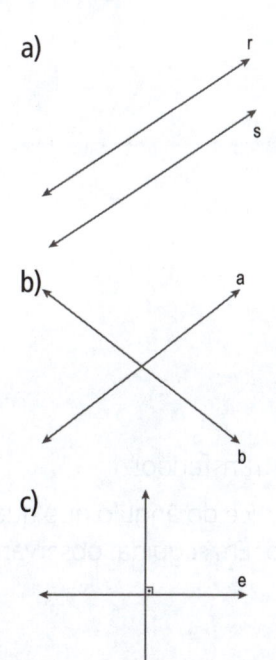

a)
b)
c)

2) Considere um ou mais pontos pertencentes a um plano.
   a) Por um ponto de um plano, quantas retas podem ser traçadas? _____

   b) Por dois pontos desse plano, quantas retas podem ser traçadas? _____

3) O segmento comum a duas faces de um poliedro é chamado **aresta**. Quantas arestas há em cada um dos poliedros abaixo?

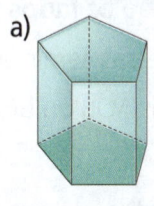

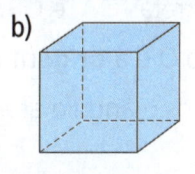

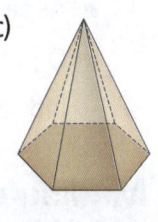

a)   b)   c)

_____ _____ _____

4) Observe este cubo e indique os pares de retas:

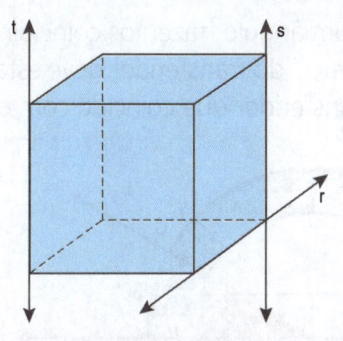

a) paralelas _____
b) concorrentes _____

47

5 Na reta s marque três pontos distintos: A, B e C. Quantos segmentos de reta são determinados por esses pontos? Quais são eles?

s

6 Na reta r marque 4 pontos distintos A, B, C e D, sendo m($\overline{AB}$) = 3 cm; m($\overline{BC}$) = 4 cm; m($\overline{CD}$) = 3 cm; B um ponto interno ao segmento $\overline{AC}$ e C um ponto interno ao segmento $\overline{BD}$.

r

Dos segmentos determinados por esses pontos, quais são congruentes?

_____

▶ Ângulos

Conceito e elementos

No ângulo desenhado a seguir, podemos destacar os seguintes elementos:

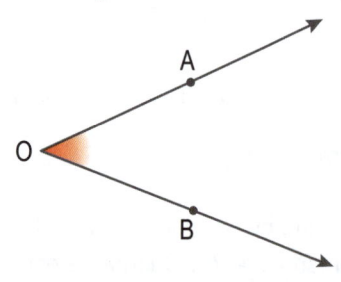

- As semirretas $\overrightarrow{OA}$ e $\overrightarrow{OB}$ são os **lados** do ângulo.
- O ponto O é a **origem** dessas semirretas. Esse ponto é o **vértice** do ângulo.
  Indicamos o ângulo assim: AÔB ou BÔA.

Medida de um ângulo

A unidade de medida mais usada para medir ângulos é o **grau**.

Para medir um ângulo, normalmente, usamos um instrumento chamado transferidor.

Para medir um ângulo, fazemos coincidir o centro do transferidor com o vértice do ângulo que queremos medir. O "zero" do transferidor deve estar sobre um dos lados desse ângulo. Em seguida, observamos o número no transferidor que coincide com o outro lado do ângulo.

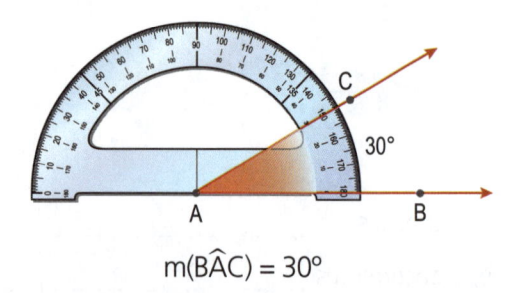

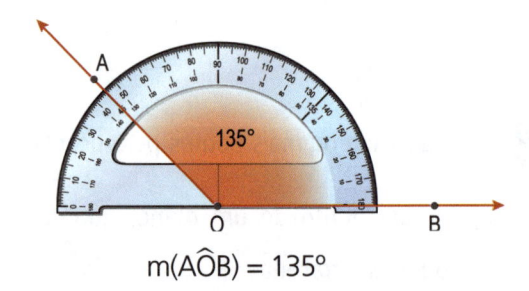

m(BÂC) = 30°   m(AÔB) = 135°

48

Alguns ângulos têm nomes especiais.

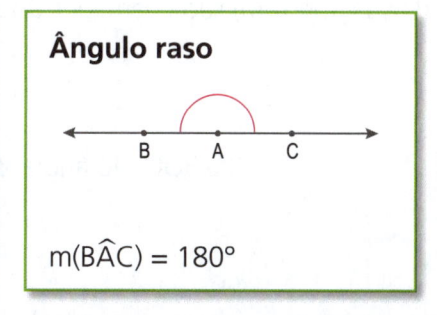

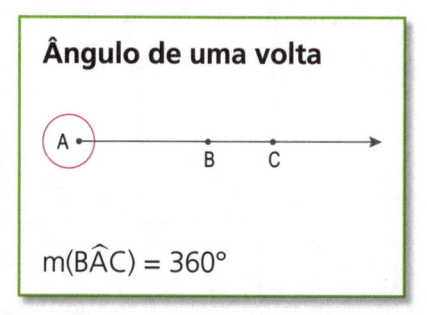

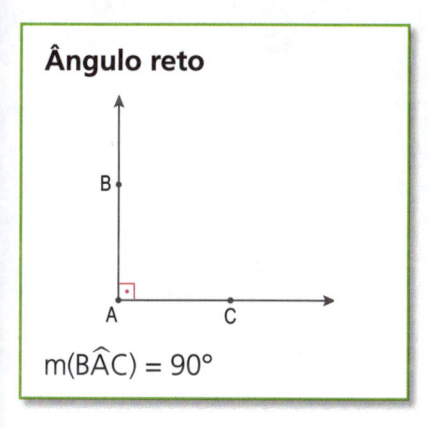

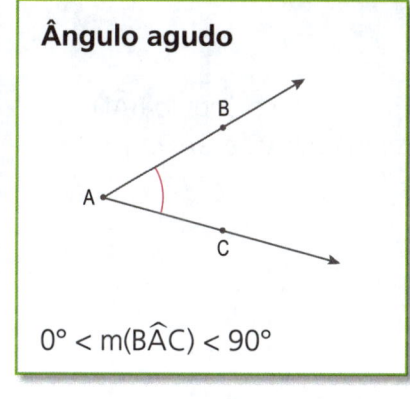

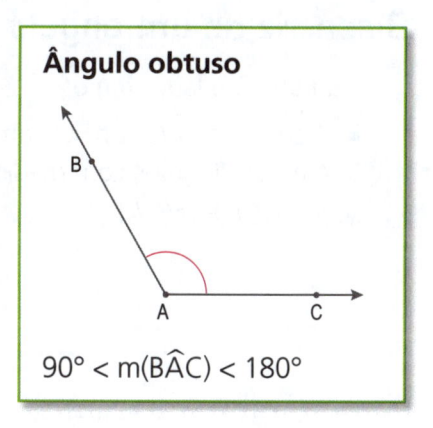

Ângulo nulo	**Ângulo raso**	**Ângulo de uma volta**
A • B • C • →	← B • A • C • →	A • B • C • →
m(BÂC) = 0°	m(BÂC) = 180°	m(BÂC) = 360°

Ângulo reto	**Ângulo agudo**	**Ângulo obtuso**
m(BÂC) = 90°	0° < m(BÂC) < 90°	90° < m(BÂC) < 180°

Ângulos congruentes

> Quando dois ângulos têm a mesma medida são chamados **ângulos congruentes**.

Por exemplo, os ângulos AB̂C e DÊF são congruentes:

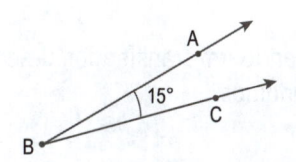

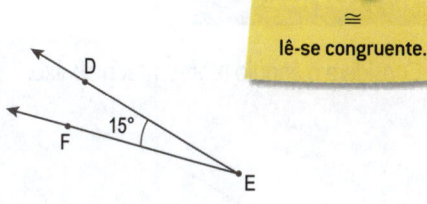

m(AB̂C) ≅ m(DÊF)

≅ lê-se congruente.

Ângulos consecutivos e ângulos adjacentes

Dois ângulos que têm o mesmo vértice e um lado comum são chamados **ângulos consecutivos**.

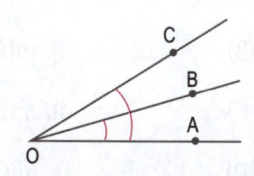

AÔB e AÔC são ângulos consecutivos.

49

Dois ângulos consecutivos que não têm pontos comuns na região delimitada por seus lados (ou seja, na região que contém a indicação de sua abertura) são chamados **ângulos adjacentes**.

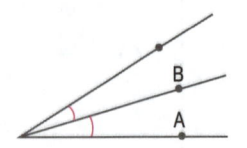

AÔB e BÔC são ângulos adjacentes.

Bissetriz de um ângulo

Na figura ao lado, temos:

- A semirreta $\vec{AC}$ com origem em A divide o ângulo BÂD em dois ângulos com medidas iguais: BÂC e CÂD.
- m(BÂC) = m(CÂD)

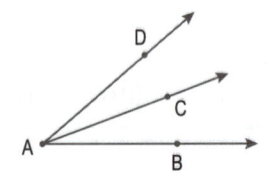

$\vec{AC}$ é a bissetriz do ângulo BÂD.

> A semirreta com origem no vértice de um ângulo e que o divide em dois ângulos com medidas iguais é chamada **bissetriz** desse ângulo.

ATIVIDADES

7 Considere o ângulo representado abaixo.

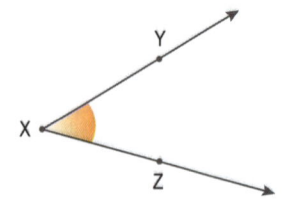

a) Quais são seus lados? _____

b) Qual é o vértice desse ângulo? _____

c) Como podemos indicar esse ângulo?

_____

8 Utilizando um transferidor, determine as medidas dos ângulos.

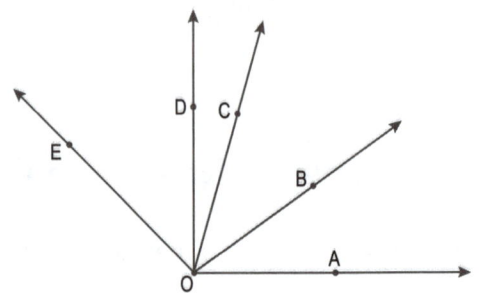

a) m(AÔB) _____   d) m(AÔE) _____

b) m(AÔC) _____   e) m(BÔD) _____

c) m(AÔD) _____   f) m(CÔE) _____

50

9 Indique os pares de ângulos congruentes.

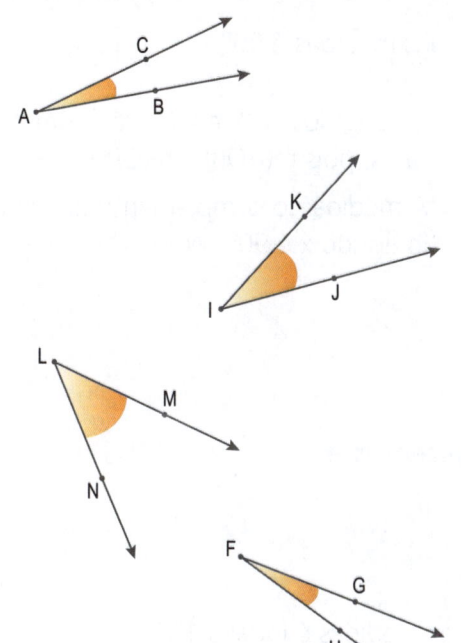

_____
_____

10 Classifique os ângulos deste polígono em reto, agudo ou obtuso.

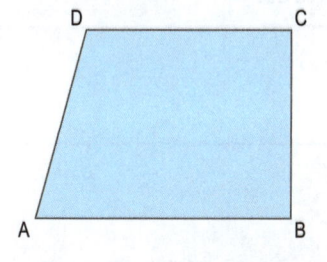

_____
_____

11 Determine, em graus, a medida de cada ângulo y nas figuras.

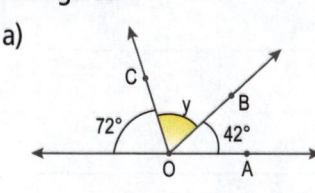

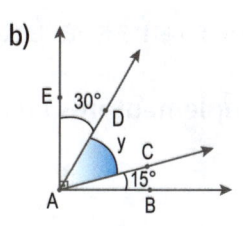

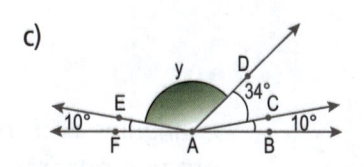

a)

_____

b)

_____
_____

c)

_____
_____

12 Sabendo que $\vec{AC}$ é bissetriz de $B\hat{A}D$ e que $\vec{AD}$ é bissetriz de $B\hat{A}F$, determine a medida de $D\hat{A}F$.

_____
_____
_____

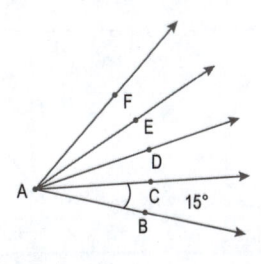

13 Sabendo que $\vec{OC}$ é bissetriz do ângulo $B\hat{O}D$, determine as medidas de x e y.

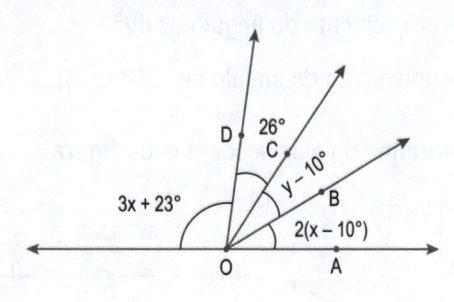

_____
_____
_____

51

Ângulos complementares e ângulos suplementares

Dois ângulos são **complementares** quando a soma de suas medidas é 90°.

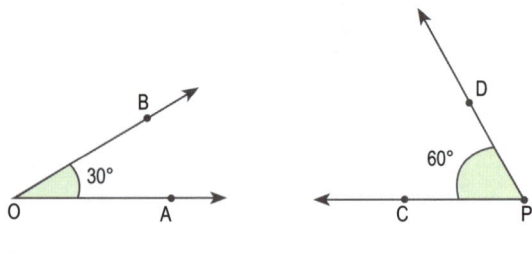

Os ângulos AÔB e CP̂D são complementares, pois m(AÔB) + m(CP̂D) = 90°.

A medida do complemento de um ângulo agudo x é 90° − x.

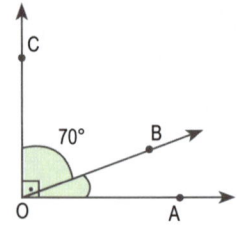

Os ângulos AÔB e BÔC são **adjacentes** e **complementares**.

Dois ângulos são **suplementares** quando a soma de suas medidas é igual a 180°.

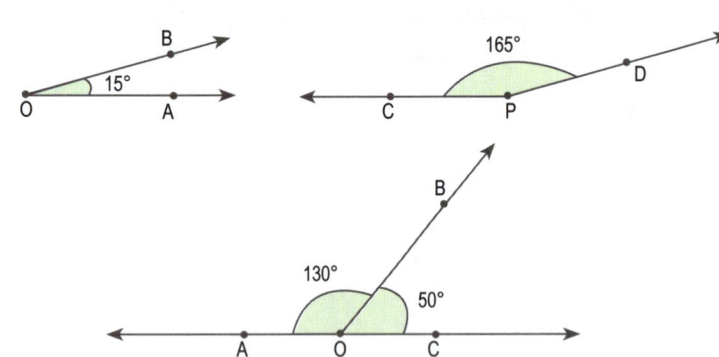

Os ângulos AÔB e CP̂D são suplementares, pois m(AÔB) + m(CP̂D) = 180°.

A medida do suplemento de um ângulo x é 180° − x.

Os ângulos AÔB e BÔC são **adjacentes** e **suplementares**.

ATIVIDADES

14 Determine a medida do:

a) complemento do ângulo de 60° _____

b) suplemento do ângulo de 135° _____

15 Determine o valor de x em cada figura.

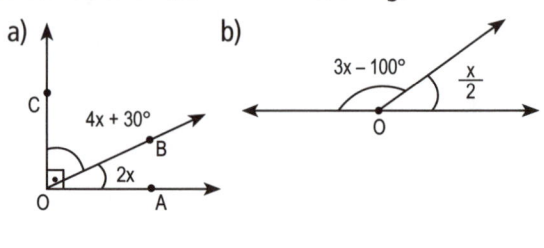

a) 4x + 30°, 2x

b) 3x − 100°, $\frac{x}{2}$

16 A medida de um ângulo é igual à metade da medida do seu complemento. Quanto mede esse ângulo?

52

17 A medida do suplemento de um ângulo é igual ao triplo da medida do complemento desse ângulo. Qual é a medida desse ângulo?

_____
_____
_____
_____
_____

18 O quádruplo da medida do complemento de um ângulo é igual à medida do seu suplemento. Qual é a medida desse ângulo?

_____
_____
_____
_____
_____

19 A diferença entre a medida do suplemento de um ângulo e a medida do próprio ângulo é 100°.

a) Quanto mede esse ângulo?

_____
_____
_____
_____
_____

b) Qual é a medida do complemento desse ângulo?

_____
_____
_____
_____

▶ Construindo retas paralelas e retas perpendiculares

Podemos traçar retas paralelas e retas perpendiculares utilizando régua e compasso.

Retas paralelas

1. Traçamos uma reta s e um ponto A fora dessa reta. Marcamos um ponto B sobre a reta s.

Com centro em B e abertura igual à medida de $\overline{AB}$, traçamos um arco que corta a reta s nos pontos C e D.

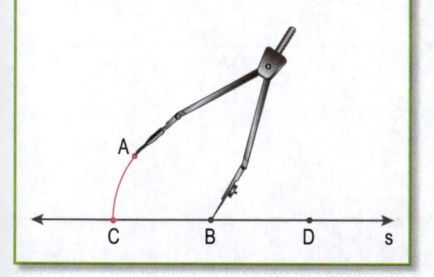

2. Com centro em D e abertura igual à medida de $\overline{AC}$, traçamos um arco que corta o arco anterior em E.

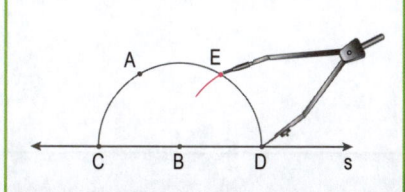

3. Traçamos a reta r, que passa por A e por E.

Essa reta é paralela à reta s.

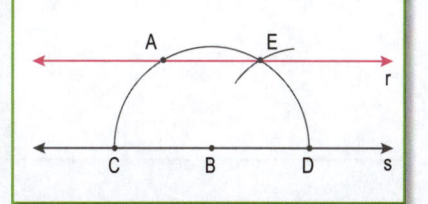

53

Reta perpendicular a uma reta dada passando por um ponto dado

a) O ponto não pertence à reta:

1. Traçamos uma reta s e marcamos um ponto A fora dessa reta.

Com centro em A, traçamos um arco que corta a reta s nos pontos B e C.

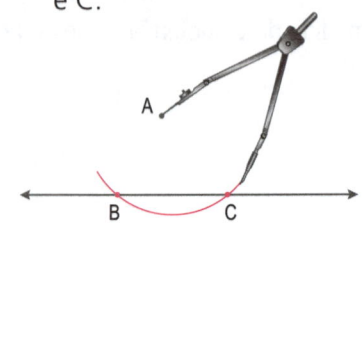

2. Com centro em B e abertura igual à medida de $\overline{AB}$, traçamos um arco e, com a mesma abertura e centro em C, traçamos outro arco.

Esses dois arcos se interceptam em D.

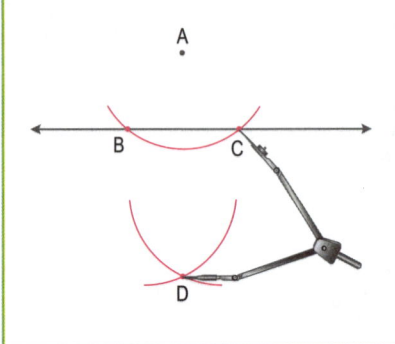

3. Traçamos a reta t que passa por A e por D. Ela é perpendicular à reta s.

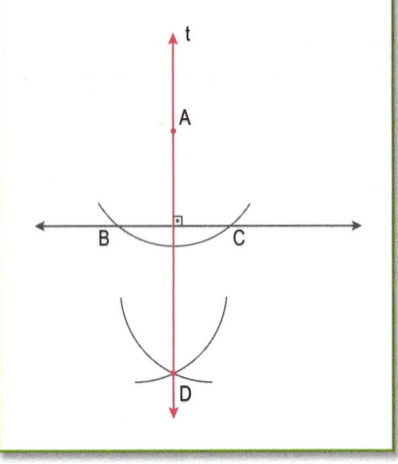

b) O ponto pertence à reta:

1. Traçamos uma reta s e marcamos um ponto A sobre essa reta.

Com centro em A traçamos um arco que corta a reta em B e C.

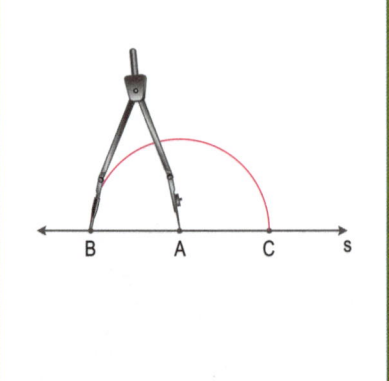

2. Com abertura maior que a medida de AB e centro em B, traçamos um arco e, com a mesma abertura e centro em C, outro arco.

Esses dois arcos se cortam em D.

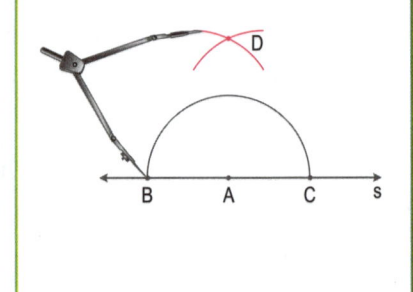

3. Traçamos a reta t que passa por A e por D. Ela é perpendicular à reta s.

54

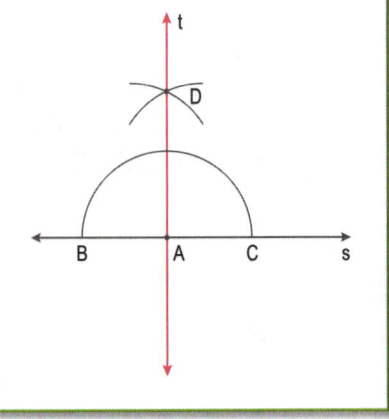

ATIVIDADES

20 Faça as construções a seguir.

a) Pelo ponto A, trace uma reta perpendicular à reta a.

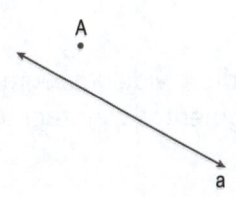

b) Pelo ponto B, trace uma reta paralela à reta b.

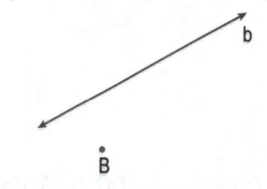

c) Pelo ponto C, trace uma reta perpendicular à reta c.

21 Desenhe uma reta s e um ponto P fora dela. Trace por P a reta paralela à reta s.

22 Desenhe um quadrado ABCD seguindo os seguintes passos.

Trace um segmento $\overline{AB}$ que será o lado do quadrado. Trace por A o segmento $\overline{AD}$ perpendicular a $\overline{AB}$ e, por B, o segmento $\overline{BC}$ perpendicular a $\overline{AB}$. Una C com D para obter o quadrado.

23 Usando régua e compasso, trace por C uma reta paralela a $\overline{AB}$ e, por B, uma paralela a $\overline{AC}$. Essas duas retas se cruzam num ponto, que deve ser indicado como D.

Qual foi a figura formada pelos pontos ABCD?

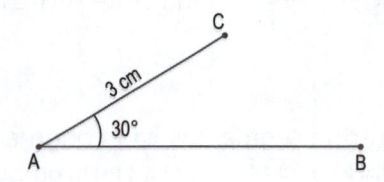

24 Desenhe uma reta s horizontal e um ponto P nessa reta.

Usando um transferidor, trace por P a reta r que forma com a reta s um ângulo de 30°. Marque em r um ponto Q distinto de P.

A seguir, trace a reta t perpendicular à reta r e que passa por Q.

25 Siga as instruções e desenhe um retângulo ABCD.

- Trace o segmento $\overline{AB}$ com 3 cm de comprimento.
- Trace por A o segmento $\overline{AC}$ com 2 cm de comprimento e perpendicular a $\overline{AB}$.
- Trace por B o segmento $\overline{BD}$ com 2 cm de comprimento e perpendicular a $\overline{AB}$.
- Trace o segmento $\overline{CD}$.

55

▶ Ponto médio e mediatriz de um segmento

Ponto médio

O ponto M divide o segmento $\overline{AB}$ em dois segmentos congruentes: $\overline{AM}$ e $\overline{MB}$.

Indica-se $\overline{AM} \cong \overline{MB}$.

> O **ponto médio** divide um segmento em dois segmentos congruentes.

Quando dois segmentos são congruentes as suas medidas são iguais. Na figura anterior, temos $\overline{AM} \cong \overline{MB}$, logo m($\overline{AM}$) = m($\overline{MB}$). Dizemos, então, que M é o ponto médio do segmento $\overline{AB}$.

Mediatriz de um segmento

Na figura abaixo, a reta $\overleftrightarrow{CD}$ é perpendicular ao segmento $\overline{AB}$ e passa pelo ponto médio (M) desse segmento.

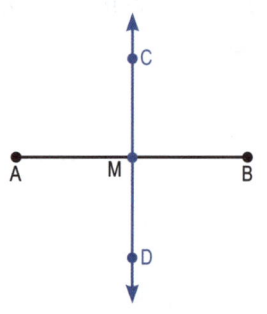

> A **mediatriz** de um segmento é a reta perpendicular que passa pelo ponto médio desse segmento.

Na representação anterior, $\overleftrightarrow{CD}$ é a mediatriz do segmento $\overline{AB}$.

Traçado da mediatriz de um segmento

1. Traçamos um segmento $\overline{XY}$. Utilizando um compasso, com abertura maior que a metade da medida de $\overline{XY}$ e com centro em X, traçamos um arco abaixo e outro acima de $\overline{XY}$.

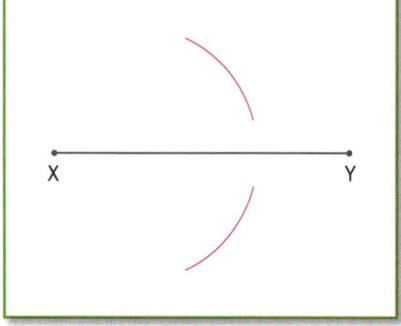

2. Com a mesma abertura e centro em Y, traçamos um arco que corta os arcos anteriores em Z e em T.

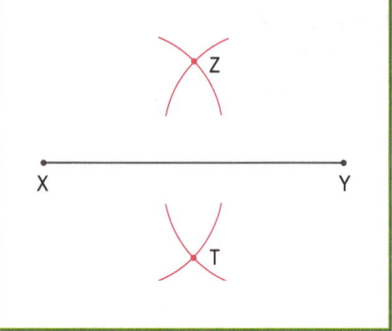

3. Traçamos a reta que passa pelos pontos Z e T. Essa reta corta o segmento $\overline{XY}$ em A.

O ponto A é o ponto médio do segmento $\overline{XY}$. A reta $\overleftrightarrow{ZT}$ é a mediatriz de $\overline{XY}$.

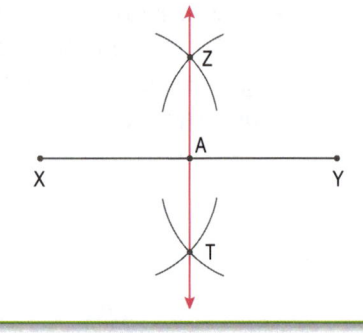

ATIVIDADES

26) Na figura abaixo, M é o ponto médio de $\overline{AB}$; N é o ponto médio de $\overline{BC}$ e P é o ponto médio de $\overline{CD}$.

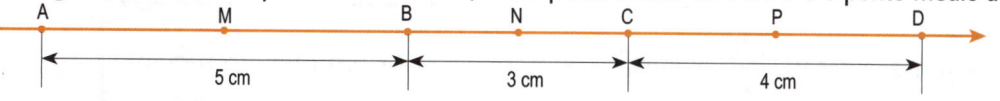

A — M — B — N — C — P — D
AM a B = 5 cm; BC = 3 cm; CD = 4 cm

a) Quanto mede $\overline{NP}$? _____

b) Quanto mede $\overline{MC}$? _____

c) Quanto mede $\overline{AN}$? _____

d) Quanto mede $\overline{MP}$? _____

27) Trace uma reta s. Nela, marque os pontos A, B, C, sendo m($\overline{AB}$) = 4,5 cm; m($\overline{BC}$) = 4,5 cm e B um ponto interno de $\overline{AC}$.

Qual é o ponto médio do segmento $\overline{AC}$?

Faça as construções no caderno.

_____
_____
_____

28) Desenhe uma reta r. Sobre ela marque cinco pontos distintos A, B, C, D e E, sendo m($\overline{AB}$) = 7 cm, m($\overline{BC}$) = 6 cm, B interno de $\overline{AC}$, D ponto médio de $\overline{AB}$ e E ponto médio de $\overline{BC}$.

a) Qual é a medida de $\overline{AC}$? _____

b) Quanto mede $\overline{AD}$? _____

c) Quanto mede $\overline{EC}$? _____

d) Qual é a medida de $\overline{DE}$? _____

29) Desenhe um segmento $\overline{AB}$ com 5 cm de comprimento. A seguir, trace a mediatriz desse segmento. Essa mediatriz divide o segmento $\overline{AB}$ em dois segmentos congruentes.

Qual é a medida de cada um desses segmentos?

_____

30) Trace a mediatriz dos segmentos $\overline{AB}$ e $\overline{BC}$ do triângulo abaixo.

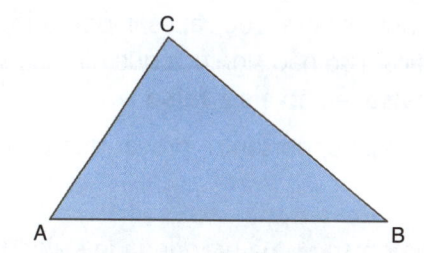

EXPERIMENTOS, JOGOS E DESAFIOS

A mediatriz e o retângulo

Observe, na figura, as mediatrizes dos segmentos $\overline{AB}$ e $\overline{BC}$ do retângulo ABCD.

- Quantos retângulos foram formados com o traçado das mediatrizes?

Cuidado, não são quatro!

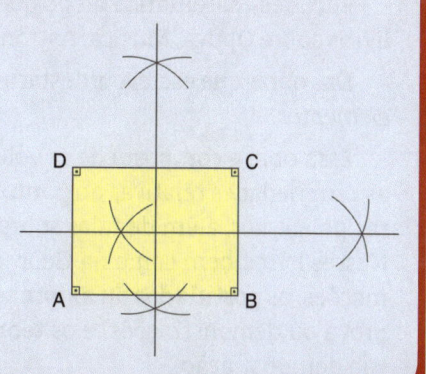

57

▶ Raciocínio dedutivo

Considere esta afirmação:

> Dada a expressão $\frac{120}{x} + x$, se substituirmos x por um número natural diferente de zero, obtemos um novo número natural.

Substituindo **x** por 1, 2, 3, 4, 5 e 6 obtemos os seguintes resultados.

$\frac{120}{1} + 1 = 121$ (121 é natural).

$\frac{120}{2} + 2 = 62$ (62 é natural).

$\frac{120}{3} + 3 = 43$ (43 é natural).

$\frac{120}{4} + 4 = 34$ (34 é natural).

$\frac{120}{5} + 5 = 29$ (29 é natural).

$\frac{120}{6} + 6 = 26$ (26 é natural).

Observando esses resultados temos a impressão de que a afirmação é verdadeira, mas veja o que acontece quando substituímos x por 7.

$\frac{120}{7} + \frac{7}{1} = \frac{120 + 49}{7} = \frac{169}{7}$ ($\frac{169}{7}$ não é natural).

A afirmação é falsa.

Isso nos mostra que, apesar de vários "exemplos" confirmarem a veracidade de uma sentença matemática, isso não significa que ela seja sempre verdadeira. Se um único exemplo mostrar que a sentença é **falsa**, então ela é **falsa**.

É necessário, portanto, provar que uma propriedade é verdadeira por meio de uma demonstração.

> Demonstrar uma propriedade é deduzi-la com base em outras propriedades já conhecidas.

VOCÊ SABIA?   Euclides e a Geometria

Euclides, matemático grego que viveu entre 300 a.C. e 200 a.C., escreveu livros sobre Óptica, Música, Astronomia e Matemática.

Das obras que escreveu, destaca-se um tratado de Geometria chamado *Os elementos*.

Essa obra é composta de 13 volumes. Nos seis primeiros, escreveu sobre as propriedades relativas ao ponto, à reta, ao plano, aos triângulos e às figuras poligonais, além de falar sobre o estudo das proporções na Geometria. Nesses livros, bem como na Geometria em geral, existem dois tipos de afirmações: os **postulados** ou **axiomas** (afirmações aceitas sem necessidade de prova ou demonstrações) e os **teoremas** (afirmações aceitas somente após sua demonstração).

Euclides de Alexandria.

Observe alguns postulados da Geometria de Euclides:
- Por um ponto passam infinitas retas.

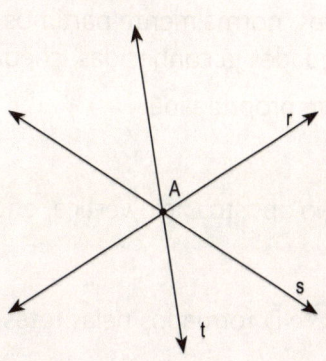

- Dois pontos distintos determinam uma reta.

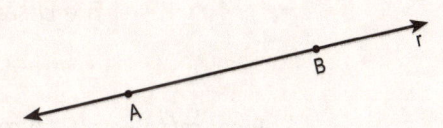

- Bastam três pontos não colineares para determinar um e somente um plano.

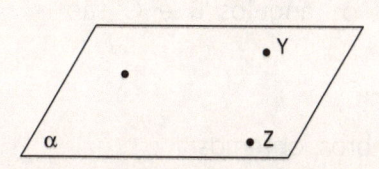

- Considerando dois pontos X e Y de uma reta s, sempre existe um ponto T dessa reta, tal que X, Y e T se sucedem.

Consequência da afirmação anterior:
- Dados X e T dessa reta, sempre existe outro ponto Z dessa reta, tal que X, T e Z se sucedem nessa ordem. E assim por diante.

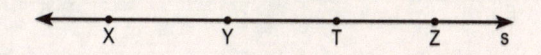

Com esse postulado, podemos afirmar que a reta é infinita.
Nos volumes 7, 8 e 9 de seu tratado *Os elementos*, Euclides escreveu sobre os números naturais, no 10º volume, sobre os números irracionais e, nos três últimos, sobre a Geometria no espaço.

Fazendo demonstrações

Para demonstrar propriedades, normalmente partimos de uma **hipótese**, e com base nos postulados, nas definições e nas propriedades já conhecidas, chegamos à **tese**.

Vamos demonstrar a seguinte propriedade:

> Se dois ângulos são opostos pelo vértice, então eles são **congruentes**.

Considere os ângulos $\hat{A}$, $\hat{B}$, $\hat{C}$ e $\hat{D}$ formados pelas retas concorrentes r e s.

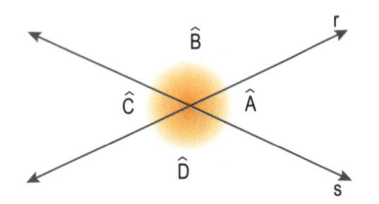

Hipótese: $\begin{cases} \hat{A} \text{ e } \hat{C} \text{ são ângulos opostos pelo vértice.} \\ \hat{B} \text{ e } \hat{D} \text{ são ângulos opostos pelo vértice.} \end{cases}$

Tese: $m(\hat{A}) = m(\hat{C})$ e $m(\hat{B}) = m(\hat{D})$

Podemos afirmar que:

- $m(\hat{A}) + m(\hat{B}) = 180°$, pois os ângulos $\hat{A}$ e $\hat{B}$ são adjacentes e suplementares.
- $m(\hat{B}) + m(\hat{C}) = 180°$, pois os ângulos $\hat{B}$ e $\hat{C}$ são adjacentes e suplementares.

Então: $m(\hat{A}) + m(\hat{B}) = m(\hat{B}) + m(\hat{C})$

Subtraindo $m(\hat{B})$ dos dois membros, obtemos:

$$m(\hat{A}) = m(\hat{C})$$

Do mesmo modo, provamos que $m(\hat{B}) = m(\hat{D})$.

Portanto, $m(\hat{A}) = m(\hat{C})$ e $m(\hat{B}) = m(\hat{D})$, que é a tese.

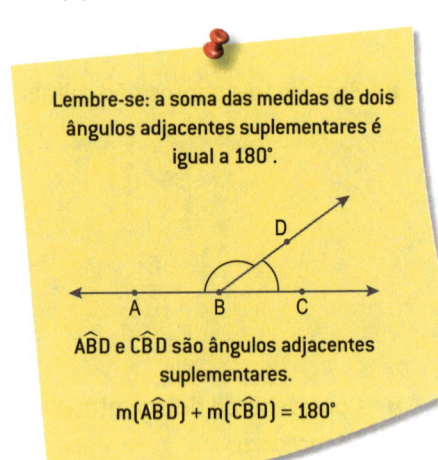

> Lembre-se: a soma das medidas de dois ângulos adjacentes suplementares é igual a 180°.
>
> $A\hat{B}D$ e $C\hat{B}D$ são ângulos adjacentes suplementares.
>
> $m(A\hat{B}D) + m(C\hat{B}D) = 180°$

ATIVIDADES

31 Os ângulos $A\hat{O}C$ e $C\hat{O}B$ da figura são suplementares.

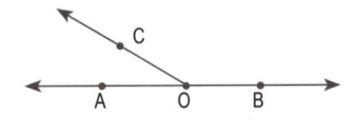

Complete os espaços para demonstrar que as bissetrizes desses ângulos sempre formam um ângulo de 90°.

Para iniciar a demonstração traçamos as bissetrizes desses ângulos. Representamos as medidas dos ângulos $A\hat{O}E$ e $E\hat{O}C$ por x e as medidas dos ângulos $B\hat{O}D$ e $D\hat{O}C$ por y.

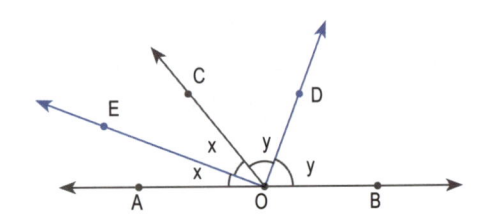

$\overrightarrow{OD}$ é bissetriz de $B\hat{O}C$.

Logo, $m(B\hat{O}D) = m(D\hat{O}C) = y$.

_____ é bissetriz de $A\hat{O}C$.

Logo, $m(A\hat{O}E) = m(E\hat{O}C) =$ _____.

$2x + 2y = 180°$

$x + y =$ _____

60

Duas retas cortadas por uma transversal

Considere as retas r e s de um plano e uma reta t que corta essas retas.

A essa reta t, concorrente com r em A e com s em B, chamamos de **reta transversal** a r e s.

A reta t forma com as retas r e s oito ângulos.

Podemos estabelecer algumas relações entre esses ângulos.

- $\hat{b}$ e $\hat{d}$ são o.p.v. → m($\hat{b}$) = m($\hat{d}$)
- $\hat{c}$ e $\hat{a}$ são o.p.v. → m($\hat{c}$) = m($\hat{a}$)
- $\hat{e}$ e $\hat{g}$ são o.p.v. → m($\hat{e}$) = m($\hat{g}$)
- $\hat{f}$ e $\hat{h}$ são o.p.v. → m($\hat{f}$) = m($\hat{h}$)
- $\hat{b}$ e $\hat{c}$ são adjacentes suplementares → m($\hat{b}$) + m($\hat{c}$) = 180°
- $\hat{c}$ e $\hat{d}$ são adjacentes suplementares → m($\hat{c}$) + m($\hat{d}$) = 180°
- $\hat{g}$ e $\hat{h}$ são adjacentes suplementares → m($\hat{g}$) + m($\hat{h}$) = 180°
- $\hat{h}$ e $\hat{e}$ são adjacentes suplementares → m($\hat{h}$) + m($\hat{e}$) = 180°

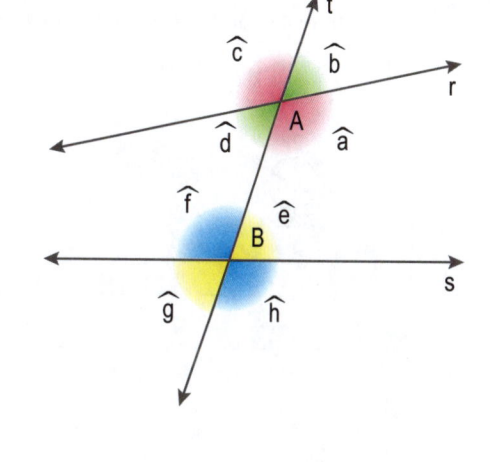

Podemos usar essas relações na resolução de problemas. Veja um exemplo:

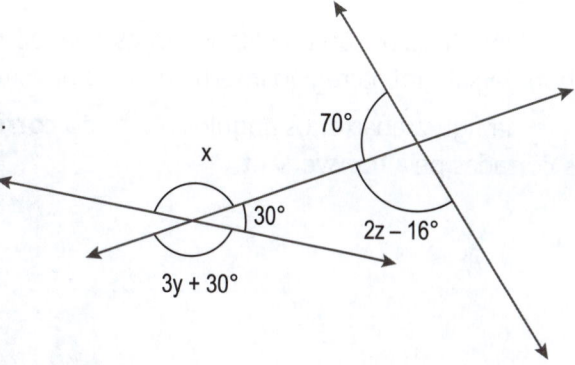

- Determine os valores de x, y e z na figura.

Determinando o valor de x:

x + 30° = 180° (ângulos adjacentes suplementares).

x = 150°

Determinando o valor de y:

x = 3y + 30° (o.p.v.)

150° = 3y + 30°

3y = 120°

y = 40°

Determinando o valor de z:

2z − 16° + 70° = 180° (ângulos adjacentes suplementares).

2z = 180° − 54°

z = 63°

ATIVIDADES

32 Determine os valores de x, y e z em cada figura.

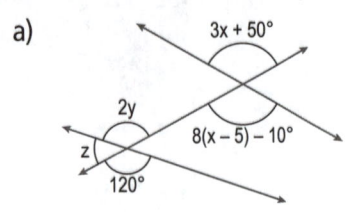

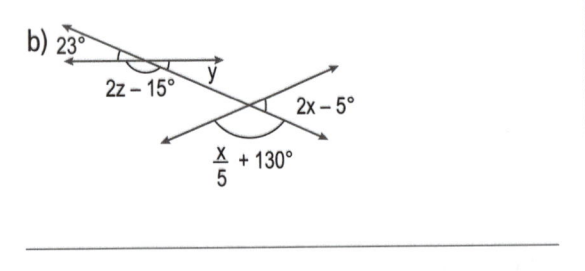

a)

(ângulos: 3x + 50°, 2y, z, 120°, 8(x − 5) − 10°)

b)

(ângulos: 23°, 2z − 15°, y, 2x − 5°, $\frac{x}{5} + 130°$)

33 Determine as medidas dos ângulos $\hat{a}, \hat{b}, \hat{c}, \hat{d}, \hat{e}$ e $\hat{f}$ formados pelas retas x, y e z.

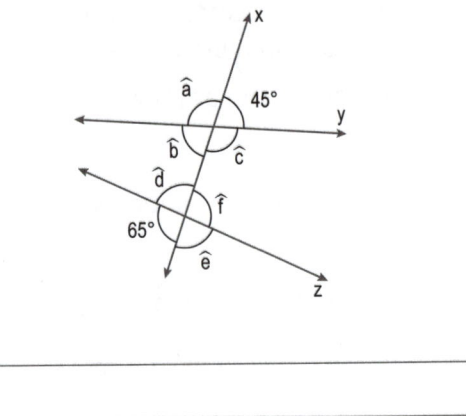

(ângulos indicados: 45°, 65°)

▶ Ângulos formados por retas paralelas cortadas por uma transversal

Vamos estudar: ângulos alternos internos e alternos externos, ângulos correspondentes, ângulos colaterais internos e colaterais externos e algumas propriedades.

Ângulos correspondentes

Dois ângulos são correspondentes quando não são adjacentes e estão em um mesmo lado da reta transversal, um na região interna e outro na externa às retas paralelas.

Na figura abaixo, os ângulos $\hat{a}$ e $\hat{b}$ são **correspondentes**. Eles são formados por retas paralelas **r** e **s** cortadas pela transversal **t**.

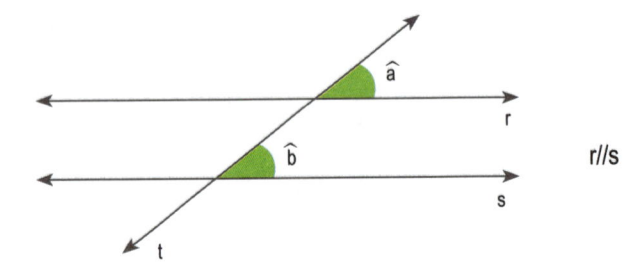

r // s

Neste livro adotaremos como postulado que:

> Dois ângulos **correspondentes** são **congruentes**.

Existem outros pares de ângulos que também recebem nomes especiais.

Ângulos alternos

Dois ângulos são alternos quando não são adjacentes e estão em "lados opostos" em relação a transversal.

Na figura abaixo, os ângulos $\hat{a}$ e $\hat{b}$ são chamados ângulos **alternos internos**. Os ângulos $\hat{c}$ e $\hat{d}$ são chamados ângulos **alternos externos**.

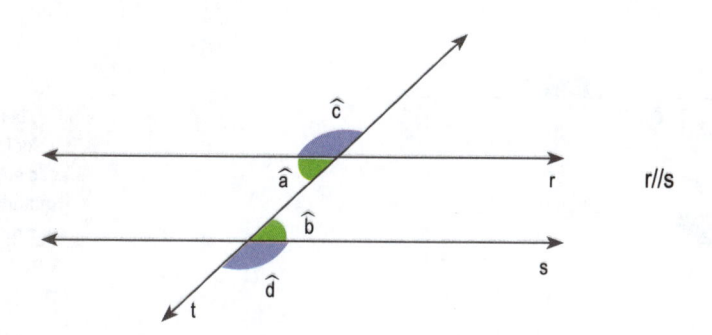

Vamos escolher um desses pares ($\hat{a}$ e $\hat{b}$) e demonstrar que são congruentes.

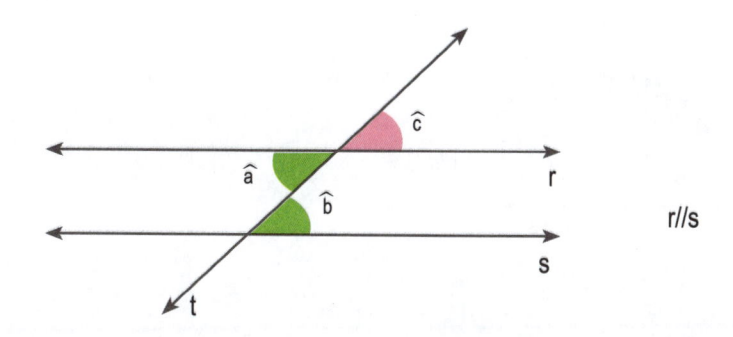

Demonstração

Os ângulos $\hat{a}$ e $\hat{c}$ são opostos pelo vértice (o.p.v.), pois os lados de um são semirretas opostas aos lados do outro. Por isso, os ângulos $\hat{a}$ e $\hat{c}$ são congruentes.

Por outro lado, os ângulos $\hat{c}$ e $\hat{b}$ são congruentes, pois são ângulos correspondentes. Então, $\hat{a}$ é congruente a $\hat{b}$.

Da mesma forma, prova-se que $\hat{c} \cong \hat{d}$.

> Dois **ângulos alternos** são **congruentes**.

Ângulos colaterais

Dois ângulos são colaterais quando não são adjacentes e estão no "mesmo lado" da reta transversal.

Os ângulos $\hat{c}$ e $\hat{d}$ da figura abaixo são chamados ângulos **colaterais internos** e $\hat{a}$ e $\hat{b}$ são chamados ângulos **colaterais externos**.

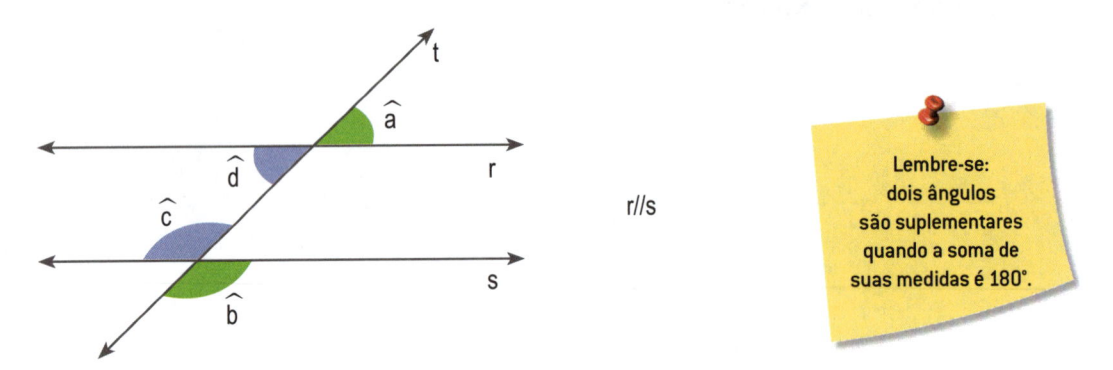

Lembre-se: dois ângulos são suplementares quando a soma de suas medidas é 180°.

Vamos escolher um dos pares de ângulos colaterais ($\hat{a}$ e $\hat{b}$) e provar que são suplementares.

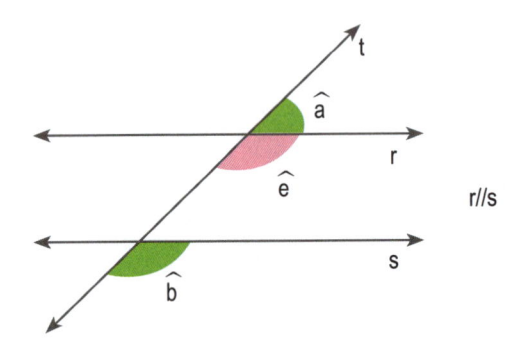

Como m($\hat{a}$) + m($\hat{e}$) = 180°; $\hat{e}$ é congruente a $\hat{b}$, pois são correspondentes, então m($\hat{a}$) + m($\hat{b}$) = 180°. Logo, os ângulos $\hat{a}$ e $\hat{b}$ são suplementares.

> Dois **ângulos colaterais** são **suplementares**.

Essas propriedades podem ser utilizadas na resolução de problemas. Veja alguns exemplos.

EXEMPLO 1

Determine os valores de x e y.

Como a//b e x e y são correspondentes, então: $x = 18°$.

Como x e 2y – 30° são suplementares, então: x + 2y – 30° = 180°.

Resolvendo a equação:

x + 2y – 30° = 180°

18° + 2y – 30° = 180°

2y = 192° → $y = 96°$

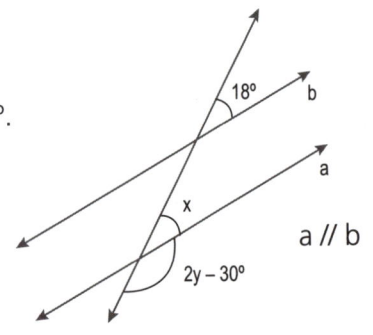

EXEMPLO 2

Sendo r//s, determine a medida de a.

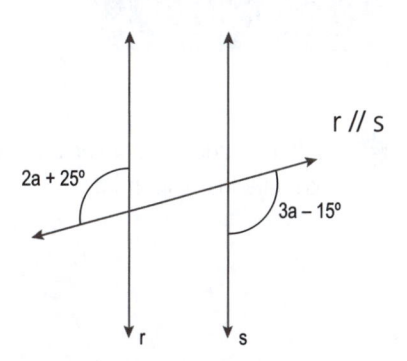

Como r//s e 2a+25° e 3a−15° são alternos externos, então 2a + 25° = 3a − 15°

Resolvendo a equação:

3a − 15° = 2a + 25°   →   **a = 40°**

EXEMPLO 3

Sendo A = $\frac{x}{2}$ e B = 3(x − 10°), determine as medidas de A e B.

Como a//b e A e B são colaterais externos, então A + B = 180°.

Como A = $\frac{x}{2}$, B = 3(x −10°) e A + B = 180°, então $\frac{x}{2}$ + 3(x−10°) = 180°.

Resolvendo a equação:

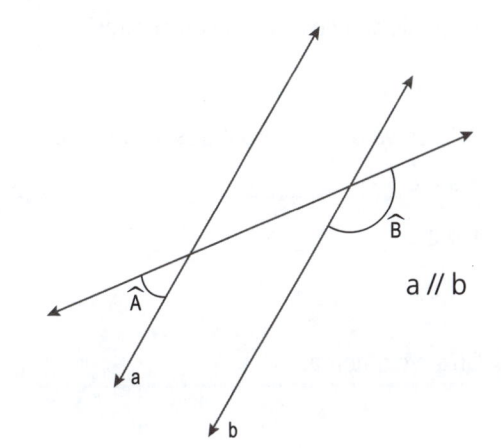

$\frac{x}{2}$ + 3(x − 10°) = 180°

x + 6(x − 10°) = 360°

x + 6x − 60° = 360°

7x = 420°

x = $\frac{420°}{7}$

x = 60°

Substituindo o valor de x em A = $\frac{x}{2}$:

A = $\frac{x}{2}$

A = $\frac{60°}{2}$

A = 30°

Substituindo o valor de x em B = 3(x −10):

B = 3(x − 10)

B = 3 · (60 − 10)

B = 3 · 50

B = 150°

ATIVIDADES

34 Sabendo que r//s e observando os pares de ângulos assinalados, responda:

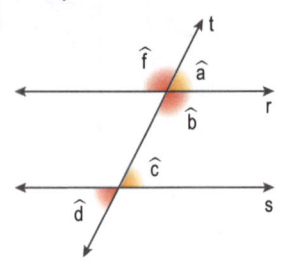

a) Quais ângulos são opostos pelo vértice?
_____

b) Quais ângulos são suplementares?
_____

c) Escreva o nome dos pares de ângulos:
- $\hat{a}$ e $\hat{c}$ _____
- $\hat{b}$ e $\hat{c}$ _____
- $\hat{a}$ e $\hat{d}$ _____

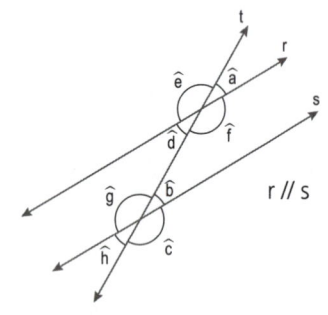

35 Observe a figura.

r // s

Classifique os pares de ângulos em correspondentes, alternos internos, alternos externos, colaterais internos ou colaterais externos.

a) $\hat{a}$ e $\hat{b}$ _____
b) $\hat{a}$ e $\hat{c}$ _____
c) $\hat{b}$ e $\hat{d}$ _____
d) $\hat{c}$ e $\hat{e}$ _____
e) $\hat{f}$ e $\hat{b}$ _____
f) $\hat{d}$ e $\hat{h}$ _____

36 Sendo r//s, determine o valor de y.

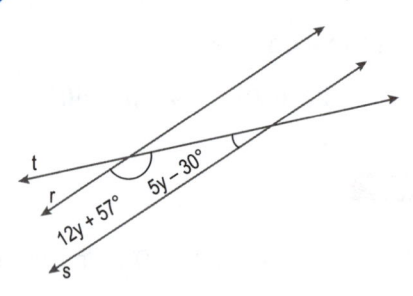

($12y + 57°$, $5y - 30°$)

_____

37 Duas retas paralelas r e s são cortadas por uma transversal t.

a) Dois dos ângulos formados por essas retas são alternos internos e são representados em graus por 2x e 3x – 35°. Qual é o valor de x?

_____

b) Outros dois ângulos são colaterais internos e são representados, em graus, por $y - 15°$ e $\dfrac{y}{3} + 15°$. Qual é o valor de y?

_____
_____
_____
_____
_____

38 Sendo r//s, determine os valores de a, b, c e d.

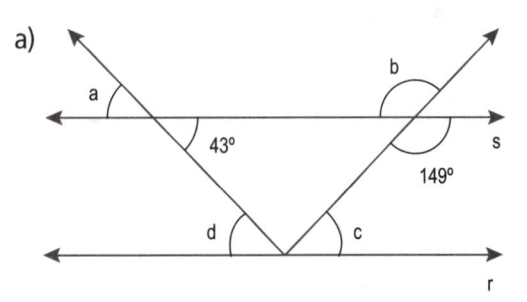

a)

(43°, 149°)

b)

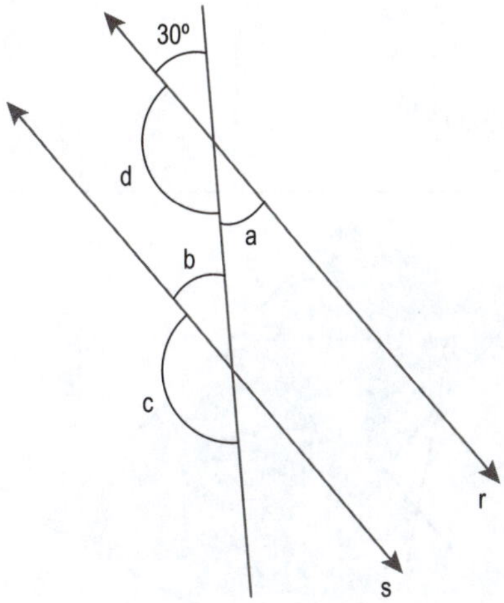

c)

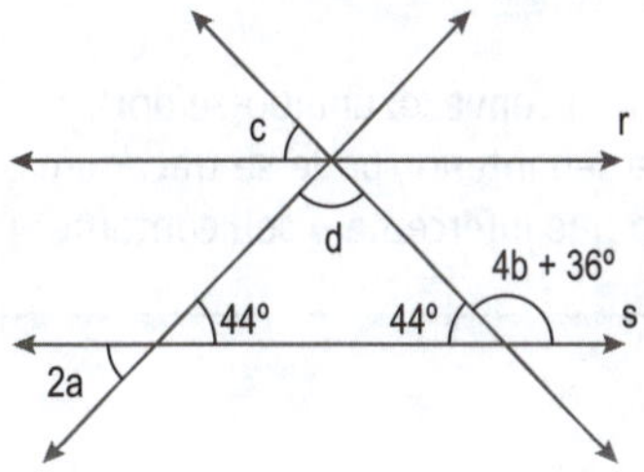

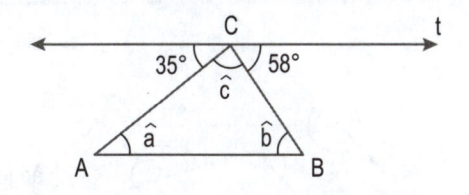

40 Sabendo que a//b, calcule o valor dos ângulos x e y.

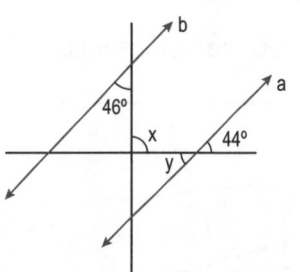

41 Sabendo que r//s, calcule o valor do ângulo x.

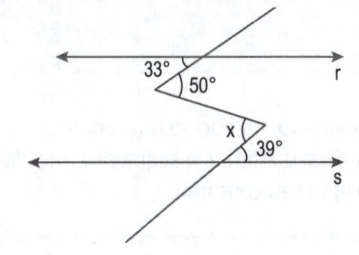

39 Pelo vértice C do triângulo ABC, traçamos a reta t paralela ao segmento $\overline{AB}$ do triângulo. De acordo com as indicações da figura, calcule a + b + c.

42 No triângulo ABC, foi traçado $\overline{MN}$ // $\overline{BC}$. De acordo com as indicações da figura, calcule x + y.

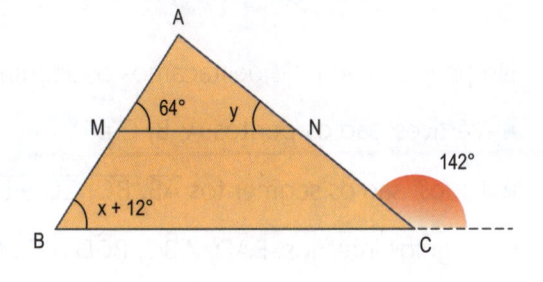

▶ Polígonos

Polígono é uma figura geométrica plana formada por uma linha poligonal fechada e pelos pontos interiores à poligonal.

| Polígonos | Não polígonos |

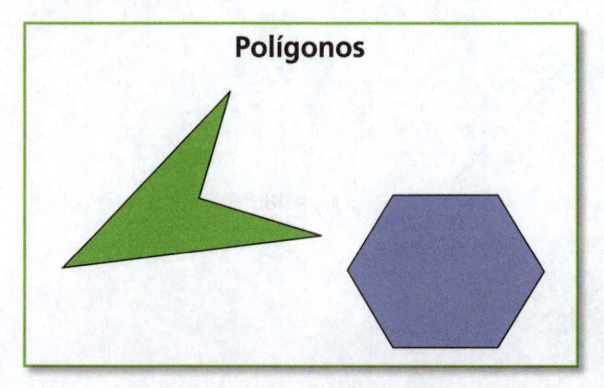

67

Polígono convexo e polígono não convexo

Um polígono pode ser classificado em convexo ou não convexo.

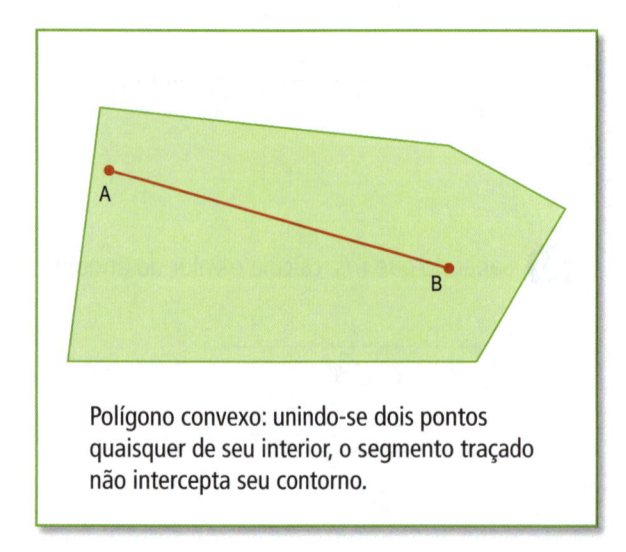

Polígono convexo: unindo-se dois pontos quaisquer de seu interior, o segmento traçado não intercepta seu contorno.

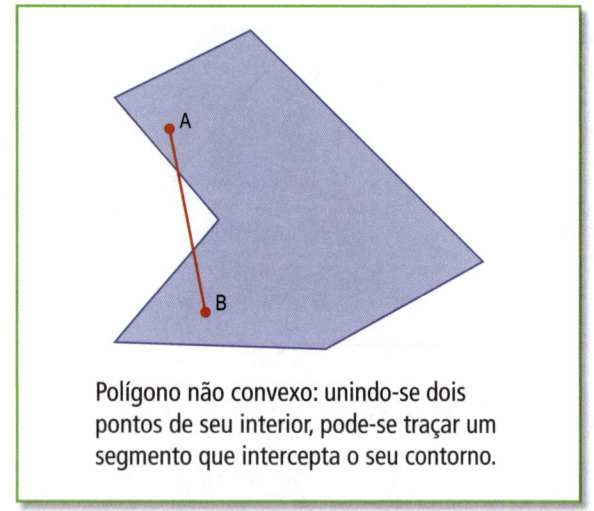

Polígono não convexo: unindo-se dois pontos de seu interior, pode-se traçar um segmento que intercepta o seu contorno.

Observação

Neste livro, quando mencionarmos a palavra polígono, estaremos considerando o **polígono convexo**.

Elementos de um polígono

No polígono ao lado destacamos os seguintes elementos:

- Vértices: são os pontos A, B, C e D.
- Lados: são os segmentos $\overline{AB}$, $\overline{BC}$, $\overline{CD}$ e $\overline{DA}$.
- Ângulos internos: $B\hat{A}D$, $A\hat{B}C$, $B\hat{C}D$ e $C\hat{D}A$.
- Diagonais: são os segmentos $\overline{AC}$ e $\overline{BD}$.
- Ângulos externos: $B\hat{A}E$, $C\hat{B}F$, $D\hat{C}G$, $A\hat{D}H$.

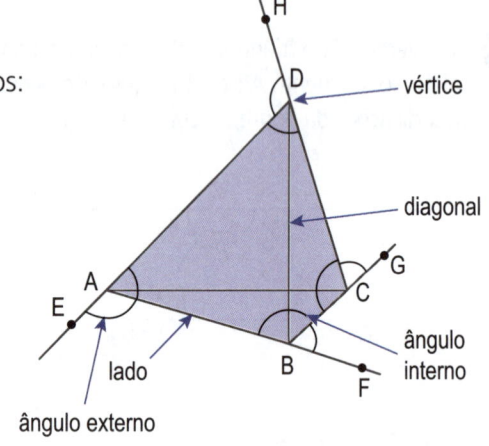

Observação

A soma das medidas de um ângulo interno e do ângulo externo adjacente é 180°.

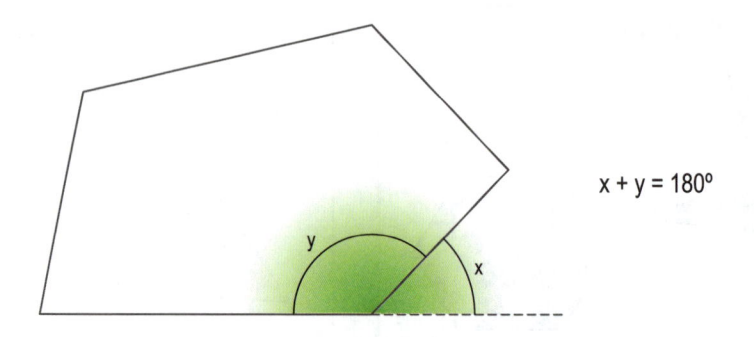

$x + y = 180°$

Nomenclatura

Normalmente os polígonos são nomeados de acordo com o número de lados. Alguns polígonos têm nomes especiais.

NÚMERO DE LADOS	NOME DO POLÍGONO
3	triângulo
4	quadrilátero
5	pentágono
6	hexágono
7	heptágono
8	octógono
9	eneágono
10	decágono
11	undecágono
15	pentadecágono
20	icoságono

Perímetro de um polígono

Utilizamos a expressão "perímetro urbano" para indicar o contorno do setor urbano de uma região.

Usamos a expressão "perímetro de um terreno" para indicar a medida do contorno desse terreno.

Usamos a expressão "perímetro de um polígono" para indicar a soma das medidas dos lados do polígono.

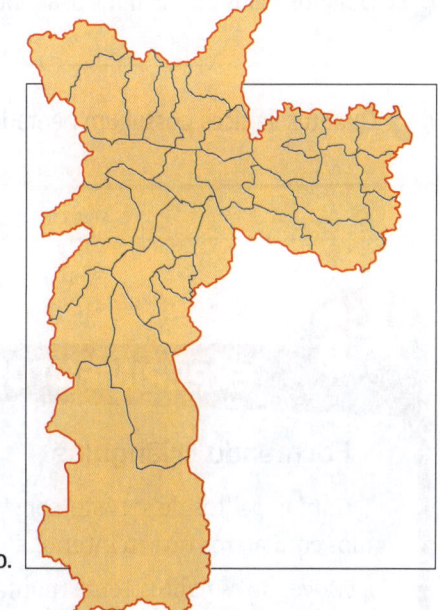

Perímetro urbano do município de São Paulo.

Vamos calcular o perímetro do polígono a seguir.

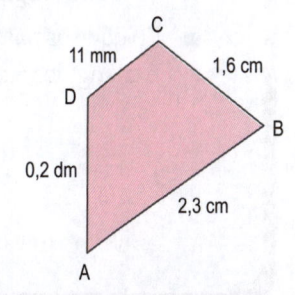

Inicialmente transformamos todas as medidas para a mesma unidade, por exemplo, o centímetro.

11 mm = 1,1 cm

0,2 dm = 2 cm

E adicionamos as medidas dos lados do polígono:

Perímetro = 1,6 cm + 2,3 cm + 1,1 cm + 2 cm = 7 cm.

ATIVIDADES

43 Observando a figura, responda:

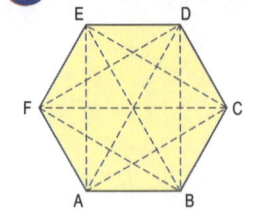

a) Quais são os vértices desse polígono?

b) Quais são os lados desse polígono?

c) Quais são os ângulos internos desse polígono?

d) Quais são as diagonais desse polígono?

44 Quantos lados possui um icoságono?

45 Quantos vértices possui um pentadecágono?

46 Calcule o perímetro, em centímetros, do pentágono abaixo.

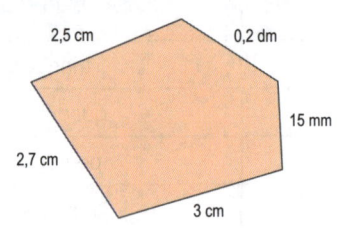

(2,5 cm; 0,2 dm; 15 mm; 2,7 cm; 3 cm)

47 Em um terreno, os lados medem 25 m, 13 m e 15,4 m. Paulo pretende cercá-lo com três voltas de arame farpado. Quantos metros de arame precisa comprar?

48 Os lados de um quadrilátero medem x, 2x, 4x e 8x (em centímetros). Qual é o valor de x, sabendo que o perímetro do quadrilátero é de 78 cm?

EXPERIMENTOS, JOGOS E DESAFIOS

Formando triângulos

Com 12 palitos de sorvete, construímos um hexágono com 6 triângulos equiláteros no seu interior.

Movendo os palitos, tente montar outras figuras:

- Troque de lugar 2 palitos e forme 5 triângulos (com mesma área).
- Coloque os palitos na posição original. Mova 2 palitos para formar 6 triângulos (com mesma área).

Polígono regular

Os polígonos podem ser classificados em regulares ou não regulares.

> **Polígono regular** é aquele que tem todos os lados congruentes e todos os ângulos internos congruentes.

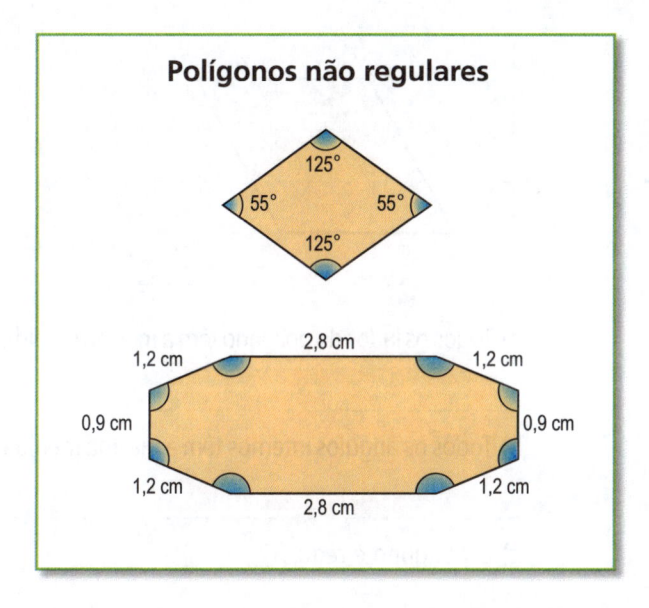

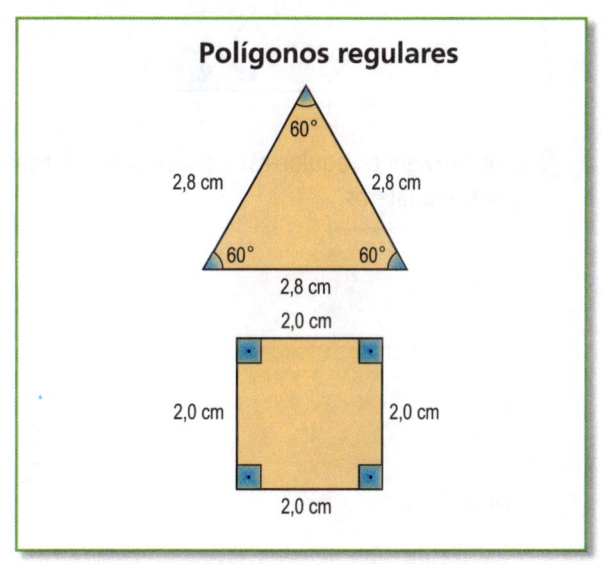

Polígonos não regulares

Polígonos regulares

Observação

Num polígono regular todos os ângulos externos são congruentes. Exemplos:

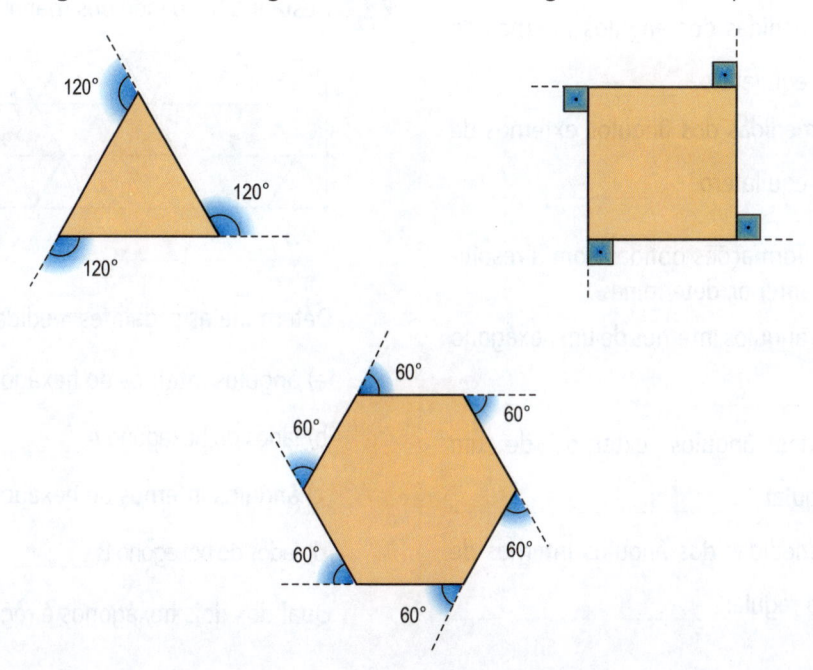

ATIVIDADES

49 Determine o valor do ângulo externo y do polígono ABCDE.

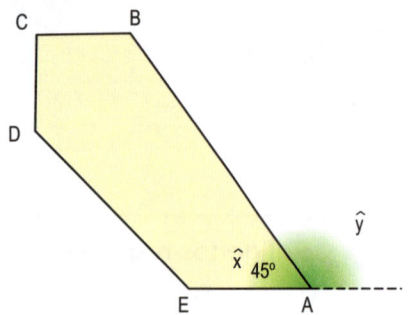

50 Este hexágono regular está dividido em 6 triângulos equiláteros.

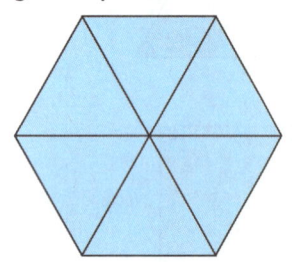

Determine:

a) a medida dos ângulos internos de cada triângulo equilátero _____

b) a medida dos ângulos externos de cada triângulo equilátero _____

c) a soma das medidas dos ângulos internos de um triângulo equilátero _____

d) a soma das medidas dos ângulos externos de um triângulo equilátero _____

51 Com base nas informações obtidas com a resolução da questão anterior, determine:

a) a medida dos ângulos internos de um hexágono regular _____

b) a medida dos ângulos externos de um hexágono regular _____

c) a soma das medidas dos ângulos internos de um hexágono regular _____

d) a soma das medidas dos ângulos externos de um hexágono regular _____

52 Observe o polígono desenhado na malha formada por triângulos equiláteros e responda.

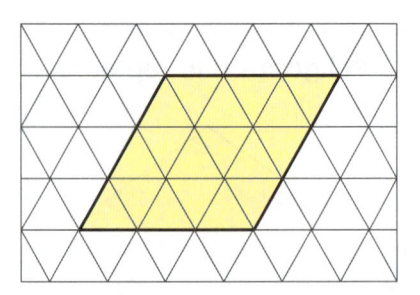

a) Todos os lados do polígono têm a mesma medida? _____

b) Todos os ângulos internos têm a mesma medida? _____

c) O polígono é regular? _____

53 Em qual dos polígonos regulares a medida do ângulo interno é igual à medida do ângulo externo?

_____

54 Nesta malha, o lado dos triângulos mede 1 cm.

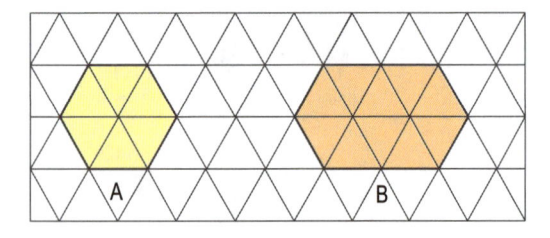

Determine as seguintes medidas:

a) ângulos internos do hexágono A _____

b) lados do hexágono A _____

c) ângulos internos do hexágono B _____

d) lados do hexágono B _____

Qual dos dois hexágonos é regular?

_____

55 Qual é a medida do ângulo assinalado na figura?

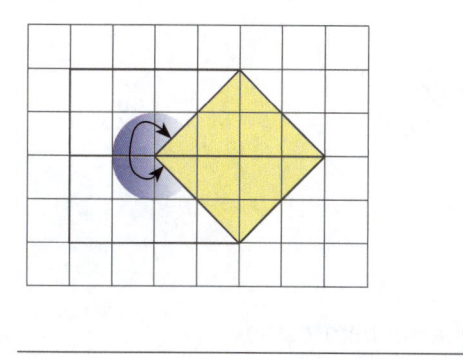

_____
_____
_____

56 Três hexágonos regulares se ajustam como ladrilhos de um piso. Isso acontece porque cada um de seus ângulos internos mede 120°.

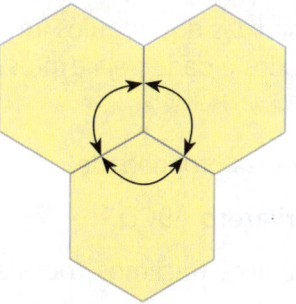

Quando juntamos três desses ângulos, obtemos um ângulo de quantos graus? _____

Soma das medidas dos ângulos internos de um triângulo

A soma dos ângulos internos de um triângulo é 180°.

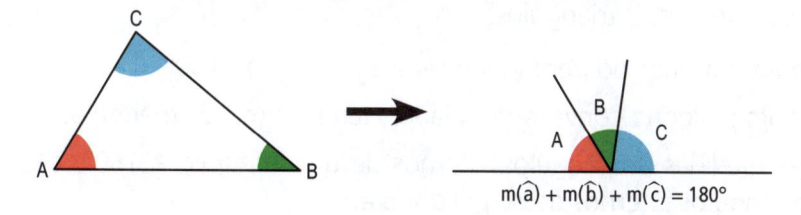

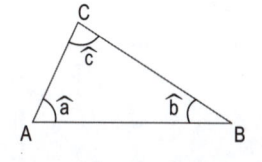

$m(\hat{a}) + m(\hat{b}) + m(\hat{c}) = 180°$

Vamos demonstrar essa propriedade.

Hipótese: $\hat{a}$, $\hat{b}$ e $\hat{c}$ são ângulos internos do triângulo ABC.

Tese: $m(\hat{a}) + m(\hat{b}) + m(\hat{c}) = 180°$

Pelo vértice C traçamos a reta r paralela a $\overline{AB}$. Com isso obtemos três ângulos, $\hat{d}$, $\hat{c}$, $\hat{e}$, cuja soma é 180° (ângulo raso).

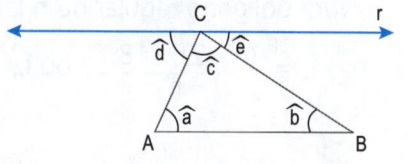

Observe que:

- $m(\hat{a}) = m(\hat{d})$ (ângulos alternos internos formados por retas paralelas cortadas por uma reta transversal).

- $m(\hat{b}) = m(\hat{e})$ (ângulos alternos internos formados por retas paralelas cortadas por uma reta transversal).

Podemos escrever:

$m(\hat{d}) + m(\hat{c}) + m(\hat{e}) = 180°$
$m(\hat{a}) + m(\hat{c}) + m(\hat{b}) = 180°$

Soma das medidas dos ângulos internos de um polígono

> A soma das medidas dos ângulos internos de um polígono convexo de **n** lados é dada pela expressão **$S_i = (n - 2) \cdot 180°$**.

Vamos demonstrar essa propriedade.

Considere o **quadrilátero** ABCD.

Por um de seus vértices traçamos todas as diagonais que tenham como extremo esse ponto. Nesse caso, o quadrilátero fica dividido em dois triângulos.

nº de lados do quadrilátero

(4 − 2) triângulos, ou seja, 2 triângulos.

Como a soma dos ângulos internos de um triângulo é 180°, a soma dos ângulos internos do quadrilátero é dada por: $S_4 = (4 - 2) \cdot 180°$

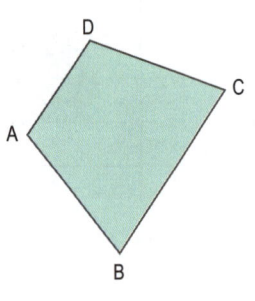

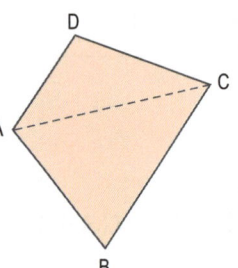

Considerando agora um **pentágono**, temos:

nº de lados do pentágono

(5 − 2) triângulos, ou seja, 3 triângulos.

E a soma dos ângulos internos do pentágono será: $S_5 = (5 - 2) \cdot 180°$.

Se considerarmos um polígono convexo de **n** lados, teremos (n − 2) triângulos.

Como a soma das medidas dos ângulos internos de um triângulo é 180°, a soma das medidas dos ângulos internos desse polígono é:

$S_n = (n - 2) \cdot 180°$

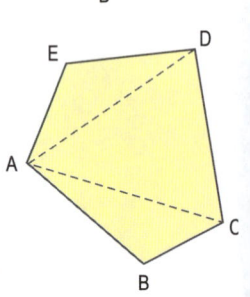

Medida do ângulo interno de um polígono regular

Num polígono regular de **n** lados, a medida i_n de cada ângulo interno é dada por:

$i_n = \dfrac{(n - 2) \cdot 180°}{n}$ ou $i_n = \dfrac{S_n}{n}$.

Soma das medidas dos ângulos externos de um polígono

Considere o polígono convexo ao lado.

Cada ângulo interno adicionado ao ângulo externo adjacente dá 180°, portanto:

$\hat{i}_1 + \hat{e}_1 = 180°$
$\hat{i}_2 + \hat{e}_2 = 180°$
$\hat{i}_3 + \hat{e}_3 = 180°$
$\hat{i}_4 + \hat{e}_4 = 180°$

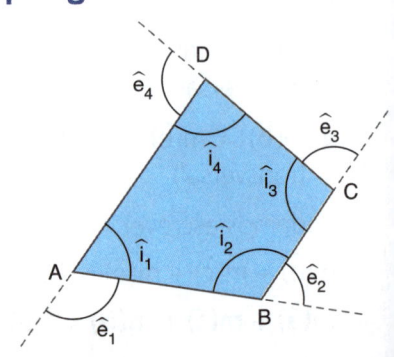

Adicionando membro a membro essas equações, temos:

$\hat{i}_1 + \hat{e}_1 + \hat{i}_2 + \hat{e}_2 + \hat{i}_3 + \hat{e}_3 + \hat{i}_4 + \hat{e}_4 = 4 \cdot 180°$

$(\hat{i}_1 + \hat{i}_2 + \hat{i}_3 + \hat{i}_4) + (\hat{e}_1 + \hat{e}_2 + \hat{e}_3 + \hat{e}_4) = 720°$

$(4 - 2) \cdot 180° + (\hat{e}_1 + \hat{e}_2 + \hat{e}_3 + \hat{e}_4) = 720°$

$2 \cdot 180° + (\hat{e}_1 + \hat{e}_2 + \hat{e}_3 + \hat{e}_4) = 720°$

$(\hat{e}_1 + \hat{e}_2 + \hat{e}_3 + \hat{e}_4) = 720° - 360°$

$\hat{e}_1 + \hat{e}_2 + \hat{e}_3 + \hat{e}_4 = 360°$

De modo geral, para um polígono de **n** lados, temos:

$\underbrace{(\hat{i}_1 + \hat{i}_2 + \hat{i}_3 + ... \hat{i}_n)}_{S_i} + \underbrace{(\hat{e}_1 + \hat{e}_2 + \hat{e}_3 + ... + \hat{e}_n)}_{S_e} = n \cdot 180°$

$(n - 2) \cdot 180° + S_e = n \cdot 180°$

$n \cdot 180° - 360° + S_e = n \cdot 180°$

$S_e = n \cdot 180° - n \cdot 180° + 360°$

$S_e = 360°$

> Qualquer que seja o polígono convexo, a soma dos ângulos externos é sempre 360°.

Medida do ângulo externo de um polígono regular

Num polígono regular de **n** lados, a medida e_n de cada ângulo externo é dada por $e_n = \dfrac{360°}{n}$.
Podemos usar essa propriedade na resolução de problemas.
Veja dois exemplos.

EXEMPLO 1

Vamos calcular a soma dos ângulos internos de um eneágono.

Um eneágono tem 9 lados. Logo, n = 9.

$S_n = (n - 2) \cdot 180°$

$S_9 = (9 - 2) \cdot 180°$

$S_9 = 1260°$

EXEMPLO 2

A soma dos ângulos internos de um polígono convexo é 3240°. Qual é esse polígono?

$S_n = (n - 2) \cdot 180°$

$3240° = (n - 2) \cdot 180°$

$3240° = 180°n - 360°$

$3600° = 180°n$

$n = \dfrac{3600°}{180°} = 20$

O polígono tem 20 lados, ou seja, é um icoságono.

ATIVIDADES

57 Calcule a soma das medidas dos ângulos internos de um pentágono.

58 Qual é a soma das medidas dos ângulos externos de um hexágono?

59 A soma dos ângulos internos de um polígono é igual a 2 340°. Qual é esse polígono?

60 Um dos ângulos internos de um polígono regular mede 135°.

Calcula-se a medida do seu ângulo externo (a_e) assim:

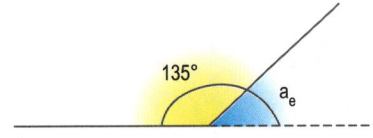

$a_e = 180° - 135° = 45°$

Em seguida, encontra-se quantos lados (n) tem esse polígono assim:

$45° \cdot n = 360° \rightarrow n = \dfrac{360°}{45°} \rightarrow n = 8$

Logo, o ângulo externo mede 45° e o polígono tem 8 lados.

Agora é com você.

O ângulo externo de um polígono regular mede 20°.
a) Quanto mede seu ângulo interno?

b) Quantos lados tem esse polígono?

61 Calcule a medida do ângulo externo e do ângulo interno de um pentágono regular.

62 Esta figura é um hexágono regular. Sem fazer contas, descubra o valor de x.

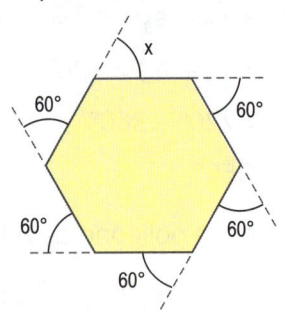

63 Qual é o valor de y neste triângulo?

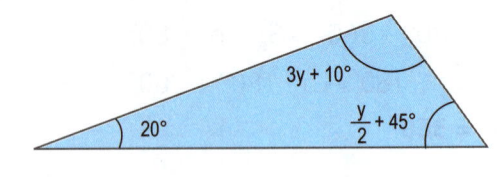

64 Um polígono regular tem 20 lados. Calcule:
a) a soma das medidas dos seus ângulos externos
b) a soma das medidas dos seus ângulos internos
c) cada um de seus ângulos internos

65 A soma das medidas dos ângulos internos de um polígono é 900°.
a) Quantos lados tem esse polígono?

b) Se ele for regular, quanto mede cada um de seus ângulos externos?

66 Observe o polígono ABCDEF.

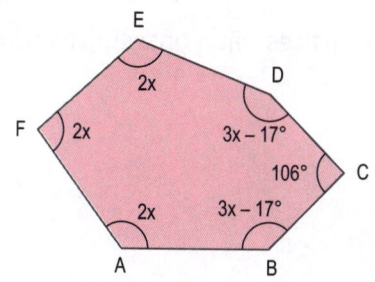

Ângulos: E = 2x, F = 2x, A = 2x, D = 3x − 17°, B = 3x − 17°, C = 106°

a) Qual é o valor de x? _____

b) Quanto mede cada ângulo interno do polígono?

c) Qual é a soma das medidas dos ângulos internos da figura? _____

d) Qual é a soma dos ângulos externos desse polígono? _____

67 Num polígono, $S_i + S_e = 540°$, sendo S_i a soma dos ângulos internos desse polígono e S_e a soma dos ângulos externos. Quantos lados tem esse polígono?

68 Qual é a medida de cada ângulo interno e de cada ângulo externo de um eneágono regular?

69 A medida de cada ângulo externo de um polígono regular é igual a 10°.

a) Quantos lados tem esse polígono?

b) Qual é a soma das medidas dos ângulos internos desse polígono?

c) Quanto mede cada ângulo interno desse polígono? _____

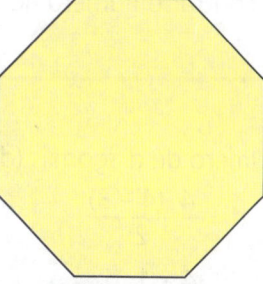

70 O polígono abaixo é um octógono regular.

a) Qual é a soma dos ângulos internos desse polígono?

b) Qual é a medida de cada ângulo interno desse polígono?

Número de diagonais de um polígono

Diagonal de um polígono é o segmento cujas extremidades são vértices não consecutivos do polígono.

Um triângulo não tem diagonal.

■ Quantas diagonais tem um quadrilátero convexo?

A seguir, desenhamos um quadrilátero convexo ABCD.

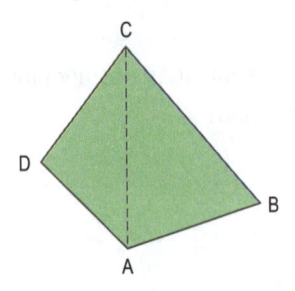

número de vértices do quadrilátero

Com extremidade num de seus vértices, por exemplo A, existem (4 – 3) diagonais. Observe que: não podemos ligar A com A e ligando A com B ou A com D obtemos respectivamente os lados AB e AD, que não são diagonais.

Se temos (4 – 3) diagonais com extremidades em cada vértice, temos então 4 · (4 – 3) diagonais com extremidade nos 4 vértices.

Nesse processo, porém, cada diagonal é contada duas vezes. Por exemplo, a diagonal $\overline{AC}$ e a diagonal $\overline{CA}$ são contadas como duas diagonais, quando na verdade são uma só diagonal ($\overline{AC} \equiv \overline{CA}$).

Assim, para encontrar o número de diagonais do quadrilátero devemos dividir o valor anterior por dois: $\frac{4 \cdot (4 - 3)}{2}$.

≡ coincidente

Logo, o número de diagonais (d) de um quadrilátero é:

$$d = \frac{4 \cdot (4 - 3)}{2}$$

$$d = \frac{4 \cdot 1}{2}$$

$$d = 2$$

Repetindo o processo para um pentágono, verificamos que um pentágono convexo tem 5 diagonais.

$$d = \frac{5 \cdot (5 - 3)}{2}$$

$$d = \frac{5 \cdot 2}{2}$$

$$d = 5$$

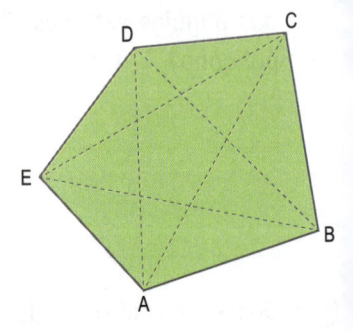

Repetindo o processo para um hexágono, descobrimos quantas diagonais tem um hexágono.

$$d = \frac{6 \cdot (6 - 3)}{2} = \frac{6 \cdot 3}{2} = 9$$

Considerando, agora, um polígono convexo de **n** lados e repetindo o processo, encontramos uma fórmula que determina o número de diagonais de um polígono de **n** lados.

$$d = \frac{n \cdot (n-3)}{2}$$

> Em um polígono de n lados, o número de diagonais (d) é dado por: $d = \frac{n(n-3)}{2}$.

Veja um exemplo no qual utilizamos essa fórmula.

• Qual é o polígono convexo em que o número de diagonais é o triplo do número de seus lados?

Sendo n o número de lados do polígono, o número de suas diagonais será indicado por d = 3n.

Substituindo na fórmula d por 3n, temos:

$3n = \frac{n \cdot (n-3)}{2} \rightarrow 2 \cdot 3n = n(n-3)$

Podemos dividir os dois membros por n, porque sabemos que n é diferente de zero:

$\frac{2 \cdot 3n}{n} = \frac{n \cdot (n-3)}{n} \rightarrow 6 = n - 3 \rightarrow n = 9$

Logo, o polígono convexo cujo número de diagonais é o triplo do número de lados é o eneágono (9 lados).

ATIVIDADES

71 O hexágono abaixo é regular.

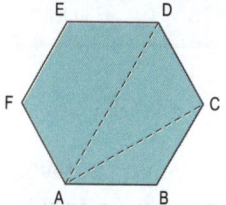

a) Quantas são as diagonais congruentes com $\overline{AC}$? _____

b) Quantas são as diagonais congruentes com $\overline{AD}$? _____

c) A diagonal $\overline{AD}$ divide o hexágono em dois trapézios. Esses trapézios são isósceles, escalenos ou retângulos? _____

72 Quantas são as diagonais de um paralelogramo?
_____

73 Em quais paralelogramos as diagonais são perpendiculares?
_____

74 Qual é o polígono que não tem diagonal?
_____

75 Quantas são as diagonais de um polígono de 14 lados?
_____

76 Considerando que por um dos vértices de um polígono foi possível traçar 8 diagonais, responda:

a) Quantos lados tem esse polígono?
_____

b) Em quantos triângulos ele ficou dividido?
_____

c) Quantas são as suas diagonais?
_____

77 Qual é o polígono cujo número de diagonais é 5 vezes o número de lados?
_____

VOCÊ SABIA? As velas, os ventos e os ângulos

"No século XV, os recrutadores (de marinheiros) percorriam as vilas com bandinhas e promessas de riqueza. [...]

As viagens eram mesmo uma loucura (naquela época). Os barcos eram frágeis, o mar furioso e os perigos incontáveis. A favor, os portugueses só tinham um trunfo: conheciam, como ninguém, a aerodinâmica das velas.

Em 1415, usavam barcas de pesca a remo, com velas quadradas. Homens, animais e carga acomodavam-se no convés. Se chovesse, cobriam-se com panos impregnados de óleo, para ficar impermeáveis. [...]

Em 1440, surgiram as caravelas, logo copiadas por espanhóis e genoveses. O casco era mais fundo e estreito, havia porão para carga e aposentos para o capitão. As velas triangulares, chamadas "latinas", eram mais manobráveis (veja ilustração ao lado) e permitiam avançar até com vento contrário. Em 1497, Vasco da Gama experimentou a primeira nau. Tinha mais espaço, velas triangulares e quadradas e muito mais solidez. Dava para carregar muita coisa."

Vela quadrada

Só navega com vento a favor, soprando detrás do navio, num ângulo máximo de 12 graus em relação à rota.

Vela triangular

Navega com vento contrário e aproveita mais vento a favor, num ângulo de até 30 graus em relação à rota.

O zigue-zague é menor.

- ventos aproveitáveis
- ventos não aproveitáveis

Fonte: *Revista Superinteressante*. São Paulo: Editora Abril, julho de 1997.

Capítulo 4

PRODUTOS NOTÁVEIS E FATORAÇÃO

▶ Produtos notáveis

Alguns produtos de binômios aparecem com frequência em problemas. Por isso são chamados **produtos notáveis**. Esses produtos apresentam uma regularidade que nos permite facilitar os cálculos.

Quadrado da soma de dois termos

Considere a expressão algébrica $(a + b)^2$.

Ela representa o quadrado da soma dos termos a e b.

Podemos desenvolvê-la algebricamente:

$(a + b)^2$ = $\underbrace{(a + b) \cdot (a + b)}_{\text{produto notável}}$ = $a^2 + ab + ba + b^2$ = **$a^2 + 2ab + b^2$**

Observe como Euclides obtinha essa igualdade geometricamente.

A proposição ④ do 2º livro da obra *Os elementos,* de Euclides, estabelece geometricamente a soma do quadrado de dois termos **$(a + b)^2 = a^2 + 2ab + b^2$**, decompondo o quadrado de lado a + b em dois quadrados de áreas a^2 e b^2 e dois retângulos de áreas ab e ba.

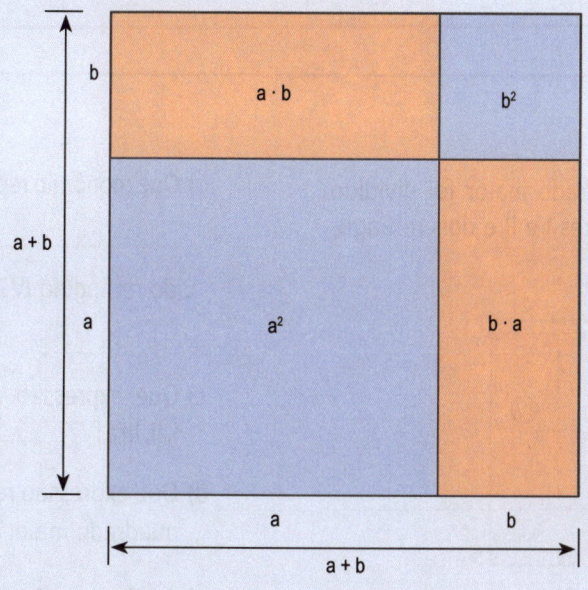

Pode-se representar a área do quadrado de lado a + b de dois modos:

MODO 1

Elevando-se ao quadrado a medida do lado.

$(a + b)^2$

81

MODO 2

Adicionando-se as áreas das quatro figuras.

Área do quadrado de lado a: a^2
Área dos dois retângulos de lados a e b: $2ab$ | Soma dessas áreas: $a^2 + 2ab + b^2$
Área do quadrado de lado b: b^2

Como as expressões $(a + b)^2$ e $a^2 + 2ab + b^2$ representam a área do quadrado de lado a + b, podemos escrever:

$$(a + b)^2 = a^2 + 2ab + b^2$$

O quadrado da soma de dois termos é igual ao quadrado do primeiro mais duas vezes o produto do primeiro pelo segundo, mais o quadrado do segundo.

Outros exemplos:

a) $(x + y)^2 = \underbrace{(x + y) \cdot (x + y)}_{\text{produto notável}} = x^2 + xy + yx + y^2 = x^2 + 2xy + y^2$

Logo, $(x + y)^2 = x^2 + 2xy + y^2$.

b) $(b + 2)^2 = \underbrace{(b + 2) \cdot (b + 2)}_{\text{produto notável}} = b^2 + 2b + 2b + 2^2 = b^2 + 4b + 4$

Logo, $(b + 2)^2 = b^2 + 4b + 4$.

ATIVIDADES

1 Na figura abaixo, o quadrado maior foi dividido em dois quadrados menores I e II e dois retângulos III e IV.

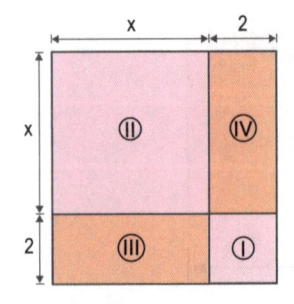

a) Qual é a área do quadrado I?

_____

Que monômio representa a área do quadrado II?

_____

b) Que monômio representa a área do retângulo III?

_____

E do retângulo IV?

_____

c) Que expressão representa a soma das áreas I, II, III e IV? _____

d) Que expressão representa a medida do lado do quadrado maior? _____

e) Qual é a potência que representa a sua área?

_____

f) Que sentença matemática mostra que a área do quadrado grande é igual à soma das áreas das figuras I, II, III e IV? _____

2 Usando figuras mostre que:

$(y + 3)^2 = y^2 + 6y + 9$

3 Complete o quadro.

x	y	$(x + y)^2$	$x^2 + 2xy + y^2$
1	3	$(1 + 3)^2 =$ $= 4^2 =$ $= 16$	$1^2 + 2 \cdot 1 \cdot 3 + 3^2 =$ $= 1 + 6 + 9 =$ $= 16$
2	1		
−1	2		

4 Calcule:
a) $(x + 4)^2$ _____
b) $(y + 3)^2$ _____
c) $(2x + 1)^2$ _____
d) $(3x + y)^2$ _____

5 Simplifique as expressões algébricas:

a) $(x + 2)^2 + 2x^2 - 4x$

_____

b) $(2x + 3)^2 - 4x^2 + 6 \cdot (x + 1)$

_____

c) $(x + 3)^2 - (x + 1)^2 + 3x + 1$

_____

d) $(5x + 2)^2 - 3(x + 4)^2 - 3$

_____

6 O porta-retratos abaixo tem a forma de um quadrado. Que expressão algébrica simplificada representa a área da moldura?

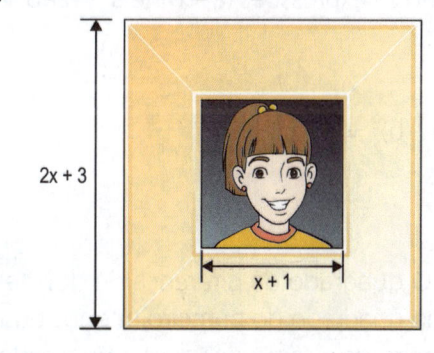

(dimensões: $2x + 3$ e $x + 1$)

_____

Quadrado da diferença de dois termos

Considere a expressão algébrica $(a - b)^2$.

Ela representa o quadrado da diferença de dois termos.

Desenvolvendo essa expressão algebricamente, temos:

$(a - b)^2 = \underbrace{(a - b) \cdot (a - b)}_{\text{produto notável}} = a^2 - ab - ba + b^2 = a^2 - 2ab + b^2$

$(a - b)^2 = a^2 - 2ab + b^2$

Acompanhe como podemos obter essa igualdade geometricamente.

Desenhamos inicialmente um quadrado de lado a.

Dividimos esse quadrado em dois quadrados, um de lado $(a - b)$ (rosa), e outro de lado b (verde) e dois retângulos de lados b e $(a - b)$.

Podemos encontrar a área do quadrado de lado $(a - b)$ de dois modos.

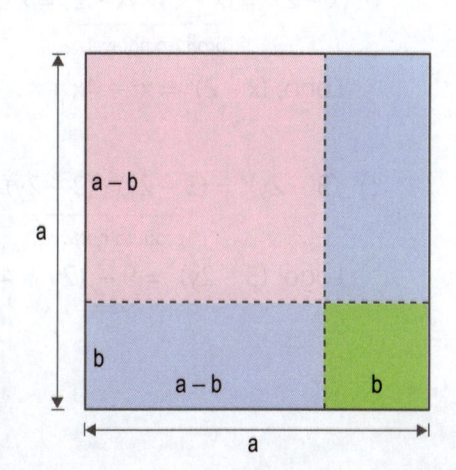

83

MODO 1

Elevando a medida do lado ao quadrado.
$(a - b)^2$

MODO 2

Subtraindo, da área do quadrado de lado a, as áreas dos dois retângulos e do quadrado de lado b, temos:

$a^2 - 2 \cdot b(a - b) - b^2$

- área do quadrado de lado b
- área dos dois retângulos de lados b e a – b
- área do quadrado de lado a

$a^2 - 2ab + 2b^2 - b^2$

$a^2 - 2ab + b^2$

Como as expressões $(a - b)^2$ e $a^2 - 2ab + b^2$ representam a área do quadrado de lado a – b, podemos escrever:

$$(a - b)^2 = a^2 - 2ab + b^2.$$

O quadrado da diferença de dois termos é igual ao quadrado do primeiro, menos duas vezes o primeiro pelo segundo, mais o quadrado do segundo.

Outros exemplos:

a) $(x - y)^2 = \underbrace{(x - y) \cdot (x - y)}_{\text{produto notável}} = x^2 - xy - xy + y^2 = x^2 - 2xy + y^2$

Logo, $(x - y)^2 = x^2 - 2xy + y^2$.

b) $(x - 2)^2 = \underbrace{(x - 2) \cdot (x - 2)}_{\text{produto notável}} = x^2 - 2x - 2x + 2^2 = x^2 - 4x + 4$

Logo, $(x - 2)^2 = x^2 - 4x + 4$.

c) $(3 - 2y)^2 = \underbrace{(3 - 2y) \cdot (3 - 2y)}_{\text{produto notável}} = 9 - 6y - 6y + (2y)^2 = 9 - 12y + 4y^2$

Logo, $(3 - 2y)^2 = 9 - 12y + 4y^2$.

ATIVIDADES

7 Veja como Paula calculou o quadrado de $3x - 2y^3$:

$(3x - 2y^3)^2 =$
$= 9x^2 - 2 \cdot 3x \cdot 2y^3 + 4y^9 =$
$= 9x^2 - 12xy^3 + 4y^9$

Ela acertou? Justifique sua resposta.

_____
_____

8 Desenvolva os quadrados das diferenças:

a) $(b - 1)^2$ _____

b) $(t - 3)^2$ _____

c) $(4 - x)^2$ _____

d) $(x - 6)^2$ _____

e) $(2 - y)^2$ _____

f) $(3 - a)^2$ _____

9 Calcule:

a) $(3x - y)^2$ _____

b) $(2y - 3)^2$ _____

c) $(x^2 - y^2)^2$ _____

d) $(2x^3 - y^2)^2$ _____

10 Simplifique:

a) $(y - 3)^2 + 6y - 10$

_____

b) $(2t - 3)^2 + 12t + 2t^2$

_____

c) $(x + 2)^2 - (x - 1)^2 - 2 \cdot (x - 2)$

_____

d) $(3x - 1)^2 - 3 \cdot (x^2 + 1) + (x - 1)^2$

_____

11 Sabendo que $4x^2 + y^2 = 23$ e que $x \cdot y = 4$, calcule o valor de $(2x - y)^2$.

_____
_____

12 Encontre a forma simplificada do polinômio
$(3x + 4)^2 + (x - 2)^2$.

_____
_____

13 Qual é o termo que devemos adicionar ao binômio $x^2 - 4x$ para obter o quadrado de $x - 2$?

_____
_____

14 Simplifique:

a) $3 \cdot (3x^2 - 1)^2 - 24 \cdot (x^2 - 1)^2 - 7 \cdot (4x^2 - 3) - 3x^4$

_____
_____
_____

b) $(x + 3)^2 - (x - 1)^2$

_____
_____
_____

15 Observe como podemos usar o quadrado de um binômio para calcular 21^2.

$21^2 = (20 + 1)^2 = 400 + 40 + 1 = 441$

Agora é com você. Use o mesmo processo e calcule:

a) 11^2

_____
_____

b) 39^2

_____
_____

Produto da soma pela diferença de dois termos

Considere a expressão algébrica (a + b) · (a − b).
           produto notável

Ela representa o produto da soma de dois termos pela diferença entre eles.

Desenvolvendo essa expressão algebricamente, temos:

$(a + b) \cdot (a - b) = a^2 - ab + ba - b^2 = a^2 - ab + ab - b^2 = a^2 - b^2$

Logo:

> $(a + b) \cdot (a - b) = a^2 - b^2$

Acompanhe como podemos obter essa igualdade geometricamente.

Desenhamos um retângulo de lados a + b e a.

Dividimos esse retângulo em um quadrado e três retângulos.

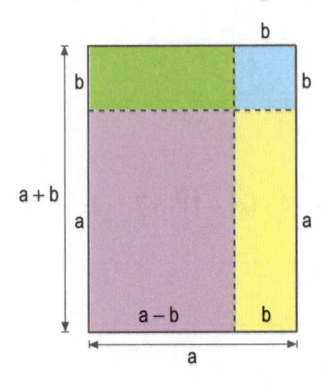

Podemos encontrar a área do retângulo de lados (a + b) e (a − b) de dois modos:

MODO 1

Multiplicando as medidas dos lados:

$(a + b) \cdot (a - b)$

MODO 2

Adicionando as áreas dos retângulos rosa e verde.

$\underline{a(a-b)} + \underline{b(a-b)}$

  área do retângulo verde
  área do retângulo rosa

$a^2 - ab + ba - b^2$
$a^2 - ab + ab - b^2$
$a^2 - b^2$

Como as expressões $(a + b) \cdot (a - b)$ e $a^2 - b^2$ representam a mesma área, podemos escrever: $(a + b) \cdot (a - b) = a^2 - b^2$.

> O produto da soma pela diferença de dois termos é igual ao quadrado do 1º termo menos o quadrado do 2º.

Outros exemplos:

a) $(a + 2) \cdot (a - 2) = a^2 - 2a + 2a - 4 = a^2 - 4$
Logo, $(a + 2) \cdot (a - 2) = a^2 - 4$.

b) $(x - 4) \cdot (x + 4) = x^2 + 4x - 4x - 16 = x^2 - 16$
Logo, $(x - 4) \cdot (x + 4) = x^2 - 16$.

c) $(3y + 2) \cdot (3y - 2) = 9y^2 - 6y + 6y - 4 = 9y^2 - 4$
Logo, $(3y + 2) \cdot (3y - 2) = 9y^2 - 4$.

ATIVIDADES

16 Calcule os produtos:

a) $(m + 3)(m - 3)$ _____

b) $(x - 2y)(x + 2y)$ _____

c) $(6x - 1)(6x + 1)$ _____

d) $(2x^2 - 3)(2x^2 + 3)$ _____

e) $(x^2y + z)(x^2y - z)$ _____

f) $(4x^3 + y^2)(4x^3 - y^2)$ _____

17 Simplifique as expressões algébricas:

a) $(x - 5)(x + 5) - x^2 + 26$

_____

b) $(3x + 2y)(3x - 2y) + 4y^2 - 2$

_____

c) $(4y + 2)(4y - 2) - 15y^2 + 4$

_____

d) $(x + 0,5)(x - 0,5) - (x - 1,5)(x + 1,5)$

_____

18 Calcule os produtos e reduza os termos semelhantes:

a) $\left(x - \dfrac{1}{3}\right)\left(x + \dfrac{1}{3}\right) + \dfrac{1}{9}$

_____

b) $-\dfrac{4}{25}x^2 + \left(\dfrac{2}{5}x + 3\right)\left(\dfrac{2}{5}x - 3\right)$

_____

c) $\left(x - \dfrac{1}{2}y\right)\left(x + \dfrac{1}{2}y\right) - (x - 1)(x + 1)$

_____

d) $\left(x^2 + \dfrac{1}{4}y^3\right)\left(x^2 - \dfrac{1}{4}y^3\right) + \dfrac{1}{2}y\left(\dfrac{1}{8}y^5 + 1\right) - (x^2)^2$

_____

19 Sendo $A = (x - 1)^2 + 3x - x^2$ e $B = -[(x + 1)^2 - x(3 + x)]$, calcule $A \cdot B$.

_____

20 Calcule:

a) $(3x - y)^2$

_____

b) $(2y - 3)^2$

_____

c) $(x^2 - y^2)^2$

_____

d) $(2x^3 - y^2)^2$

21 Observe como o produto da soma pela diferença de dois termos ajuda no cálculo mental:

$99 \cdot 101 = (100 - 1)(100 + 1) = 100^2 - 1$
$= 10\,000 - 1 = 9\,999$

Agora é com você. Calcule.

a) $21 \cdot 19$

_____

b) $29 \cdot 31$

_____

c) $52 \cdot 48$

_____

d) $45 \cdot 55$

_____

e) $102 \cdot 98$

_____

f) $203 \cdot 197$

_____

EXPERIMENTOS, JOGOS E DESAFIOS

Resolvendo a expressão numérica

Este é um desafio.

Resolva a expressão abaixo sem efetuar a potenciação e a multiplicação nela apresentadas. Use os produtos notáveis.

$1230^2 - (1229 \cdot 1231)$

▶ Fatoração

Usando a multiplicação podemos escrever o mesmo número de diferentes maneiras.

Observe como podemos escrever o número 24:

a) $24 = 2 \cdot 12$ b) $24 = 4 \cdot 6$ c) $24 = 2 \cdot 3 \cdot 4$ d) $24 = 2^3 \cdot 3$

Em todos os itens fatoramos o número 24.

No item **d** o número 24 foi escrito como produto de fatores primos.

Mas, afinal, o que é fatorar um número?

Fatorar um número é escrevê-lo como uma multiplicação de dois ou mais fatores.

Fator comum

Alguns polinômios também podem ser fatorados. O primeiro caso de fatoração a ser estudado é o **fator comum**.

Considere este retângulo:

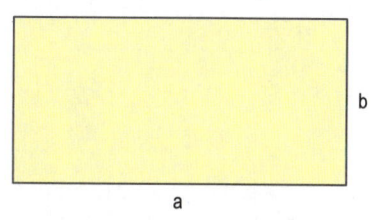

O perímetro desse retângulo pode ser representado de duas formas:

2a + 2b   ou   2 · (a + b)

Logo, 2a + 2b = 2 · (a + b).
       forma desenvolvida   forma fatorada

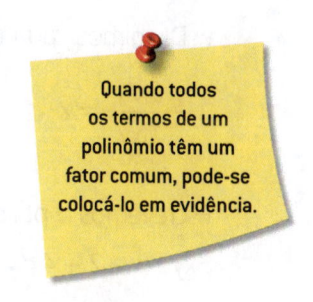

> Quando todos os termos de um polinômio têm um fator comum, pode-se colocá-lo em evidência.

Observe que, na forma desenvolvida, o número 2 é comum aos dois termos do binômio 2a + 2b e que, na forma fatorada, esse número aparece em destaque na frente da expressão. Dizemos que o fator comum 2 foi colocado em evidência.

> Quando possível, fatoramos um polinômio escrevendo-o como multiplicação de dois ou mais polinômios.

Veja outros exemplos de fatoração de polinômios.

a) Fatore o binômio $6x^2 + 10x$.

■ Inicialmente, determinamos o fator comum aos termos do binômio.

$6x^2 = \mathbf{2} \cdot 3 \cdot \mathbf{x} \cdot x$

$10x = \mathbf{2} \cdot 5 \cdot \mathbf{x}$

O fator comum é 2x.

■ Dividimos cada termo do binômio pelo fator comum:

$$\frac{6x^2}{2x} = 3x \qquad \frac{10x}{2x} = 5$$

■ Escrevemos o binômio $6x^2 + 10x$ na forma fatorada:

2x · (3x + 5)

Logo, $6x^2 + 10x = \underbrace{2x \cdot (3x + 5)}_{\text{forma fatorada}}$.

89

b) Fatore o polinômio $6x^2y - 12xy + 24x^3y^4$.

- Encontramos o fator comum:

$6x^2y = \mathbf{2} \cdot \mathbf{3x} \cdot x \cdot \mathbf{y}$

$12xy = \mathbf{2} \cdot 2 \cdot \mathbf{3} \cdot \mathbf{x} \cdot \mathbf{y}$

$24x^3y^4 = \mathbf{2} \cdot 2 \cdot 2 \cdot \mathbf{3} \cdot \mathbf{x} \cdot x \cdot x \cdot \mathbf{y} \cdot y \cdot y \cdot y$

O fator comum é $2 \cdot 3 \cdot x \cdot y$ ou $6xy$.

- Dividimos cada termo do polinômio pelo fator comum:

$$\frac{6x^2y}{6xy} = x \qquad \frac{12xy}{6xy} = 2 \qquad \frac{24x^3y^4}{6xy} = 4x^2y^3$$

Escrevemos o polinômio na forma fatorada:

$6xy \cdot (x - 2 + 4x^2y^3)$

Logo, $6x^2y - 12xy + 24x^3y^4 = \underbrace{6xy(x - 2 + 4x^2y^3)}_{\text{forma fatorada}}$.

> A forma fatorada de uma expressão algébrica é representada pela multiplicação do fator comum pela expressão obtida ao dividirmos a expressão inicial pelo fator comum.

Veja agora como fatoramos estas expressões.

a) $6(x + y) + x(x + y)$

- O fator comum é $x + y$.
- Dividimos cada termo da expressão pelo fator comum:

$$\frac{6(x+y)}{x+y} = 6 \qquad \frac{x(x+y)}{x+y} = x$$

- Escrevemos a expressão na forma fatorada:

$(x + y) \cdot (6 + x)$

Logo, $6(x + y) + x(x + y) = (x + y) \cdot (6 + x)$.

b) $4x^2(a - b) + 3x(a - b) + x^3(a - b)$

- O fator comum é $x(a - b)$.
- Dividimos cada termo pelo fator comum:

$$\frac{4x^2(a-b)}{x(a-b)} = 4x \qquad \frac{3x(a-b)}{x(a-b)} = 3 \qquad \frac{x^3(a-b)}{x(a-b)} = x^2$$

- Escrevemos a expressão na forma fatorada:

$x(a - b)(4x + 3 + x^2)$

Logo, $4x^2(a - b) + 3x(a - b) + x^3(a - b) = x(a - b)(4x + 3 + x^2)$.

ATIVIDADES

22 A área total do paralelogramo ABCD pode ser representada de dois modos: usando uma expressão desenvolvida ou uma expressão fatorada. Quais são elas?

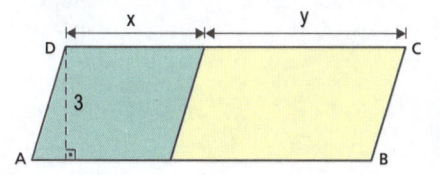

23 Represente o perímetro de cada figura por meio de duas expressões algébricas: uma desenvolvida e outra fatorada.

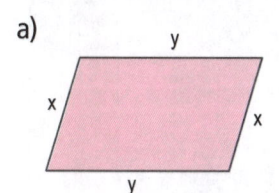

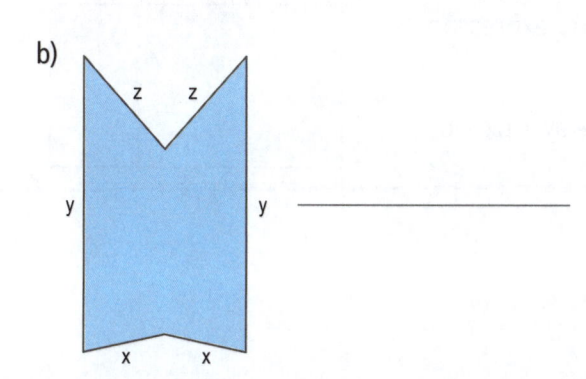

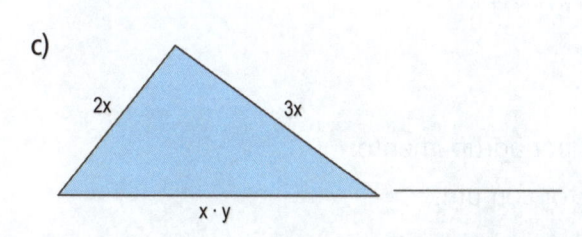

a)

b)

c)

24 Fatore os polinômios.

a) $2x^3y^2 + 4x^4y$ _____

b) $xy + xz$ _____

c) $9x - 18$ _____

d) $2y + 2$ _____

e) $3x^5 + 6x^3 - 24x$ _____

f) $\frac{1}{2}x^2 - \frac{1}{2}x + \frac{1}{2}x^3$ _____

25 Fatore as expressões.

a) $3(a - b) - a(a - b)$

b) $3x(a + 4) + 5y(a + 4)$

c) $(a - 2)(x + y) + (a - 2) \cdot (x - y)$

d) $(x + 1)(3a - b) - (x + 1)(3a + b)$

e) $(a + b) + 3x^2(a + b) - 6x(a + b)$

26 Qual é a forma fatorada da expressão
$y^2(x + 1) + y^3(x + 1)$?

Qual é o valor numérico dessa expressão para $x = -10$ e $y = -1$?

27 Por qual monômio deve-se multiplicar o binômio $4 + y^2$ para obter o polinômio $16x^2 + 4x^2y^2$?

28 O retângulo ABCD abaixo é formado por um retângulo e um quadrado. Expresse a área do retângulo ABCD de dois modos: usando uma expressão desenvolvida e usando uma expressão fatorada.

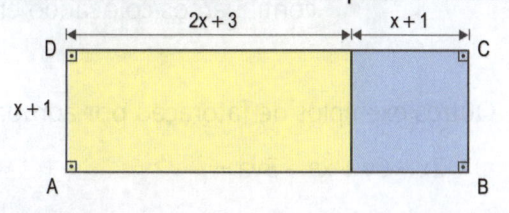

29 O fator comum também pode ser usado no cálculo mental. Observe um exemplo:

$47 \cdot 4 + 47 \cdot 6 =$?

$47 \cdot 4 + 47 \cdot 6 = 47 \cdot (4 + 6) = 47 \cdot 10 = 470$

Agora é com você. Calcule.

a) $4 \cdot 95 + 4 \cdot 5$ _____

b) $7 \cdot 147 - 7 \cdot 47$ _____

c) $2 \cdot 26 + 2 \cdot 24$ _____

d) $3 \cdot 25 + 3 \cdot 65 + 3 \cdot 10$ _____

Fatoração por agrupamento

Considere o retângulo ABCD. A área desse retângulo pode ser representada por duas expressões algébricas:

$ax + ay + bx + by$ ou $(a + b) \cdot (x + y)$

Logo, $ax + ay + bx + by = (x + y) \cdot (a + b)$.

A expressão $(x + y) \cdot (a + b)$ é a forma fatorada da expressão $ax + ay + bx + by$.

Observe como se faz a fatoração do polinômio $ax + ay + bx + by$ por agrupamento.

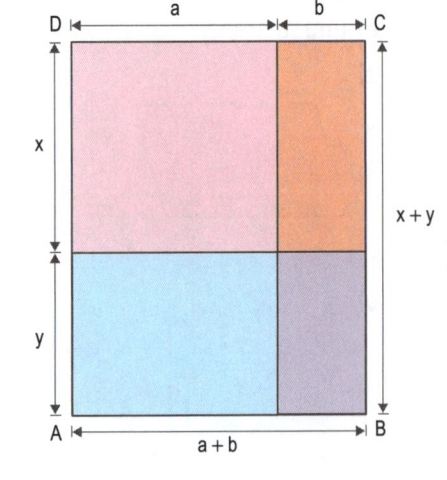

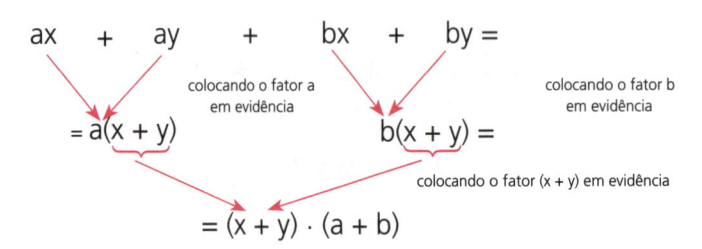

$ax + ay + bx + by =$

colocando o fator a em evidência

colocando o fator b em evidência

$= a(x + y) + b(x + y) =$

colocando o fator $(x + y)$ em evidência

$= (x + y) \cdot (a + b)$

> Para fatorar uma expressão algébrica por agrupamento:
> - agrupamos os termos que têm fator comum;
> - colocamos o fator comum em evidência em cada grupo;
> - continuamos colocando em evidência o fator comum a todos os grupos.

Outros exemplos de fatoração por agrupamento:

a) $2x - 6y + xa - 3ya =$
$= 2 \cdot (x - 3y) + a(x - 3y) =$
$= (x - 3y)(2 + a)$

b) $ab^2 + ab^3 + 4 + 4b =$
$= ab^2(1 + b) + 4 \cdot (1 + b) =$
$= (1 + b)(ab^2 + 4)$

ATIVIDADES

30 Fatore por agrupamento:

a) $bx - b + ax - a$ _____

b) $3x + 3y + 2x^3 + 2x^2y$ _____

c) $ay - 2y + 6a - 12$ _____

d) $a^5 + ab^4 + xa^4 + xb^4$ _____

e) $2xy + 7y^2 - 14x - 49y$ _____

f) $\frac{3}{4}x + \frac{3}{4}xy + \frac{1}{2}z + \frac{1}{2}zy$

_____

31 Escreva a expressão algébrica abaixo na forma fatorada:

$4x(x + 2) - (3x - 2) \cdot (x + 2)$

_____
_____
_____

32 Sendo $a - b = -7$ e $2x + y^2 = 4$, determine o valor numérico do polinômio $2xa - 2xb + y^2a - y^2b$.

_____
_____
_____

33 Considere as medidas representadas nos retângulos A e B (sendo $x > 0,5$):

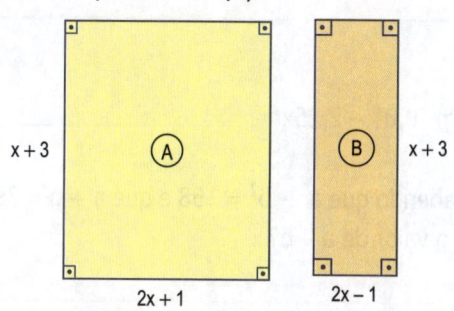

a) Escreva uma expressão algébrica que represente a diferença entre as áreas do retângulo Ⓐ e do retângulo Ⓑ.

_____
_____

b) Fatore essa expressão.

_____
_____
_____

c) Se $x = 1,5$, qual é o valor numérico dessa expressão?

_____
_____
_____

34 Observando os polígonos abaixo, e sabendo que o perímetro do triângulo Ⓐ é 16 cm e o do triângulo Ⓑ, 72 cm, calcule o valor numérico da expressão $y^2 + xy + xz + yz$.

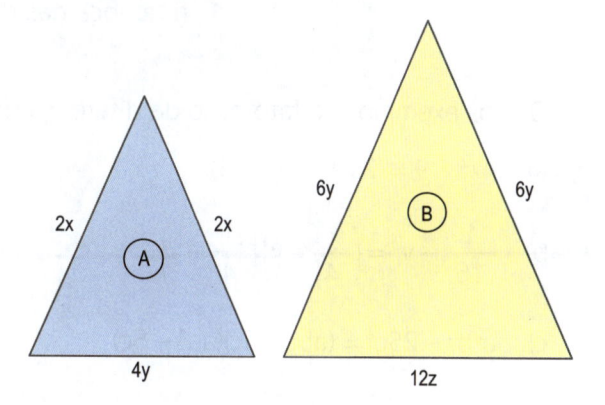

_____
_____
_____
_____
_____
_____
_____
_____
_____
_____
_____

93

Fatoração da diferença de dois quadrados

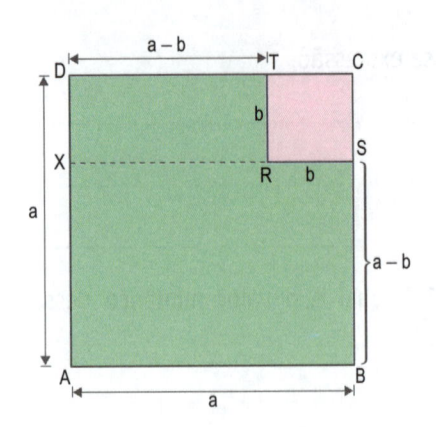

Área do quadrado ABCD: a^2.
Área do quadrado RSCT: b^2.

Vamos escrever a área do polígono verde que resulta da diferença entre as áreas dos quadrados ABCD e RSCT.

Área do polígono verde: $a^2 - b^2$.
Área do polígono verde: área de ABSX mais área de XRTD.
$a^2 - b^2 = a(a - b) + b(a - b)$ (a – b) é fator comum.

$$a^2 - b^2 = (a - b)(a + b)$$

Acabamos de obter a fatoração da diferença de dois quadrados ($a^2 - b^2$) geometricamente.

> A **diferença de dois quadrados** é o produto da soma pela diferença das raízes desses quadrados.

Outros exemplos de fatoração da diferença de dois quadrados:

a) $4x^2 - 9 = (2x + 3)(2x - 3)$

b) $\dfrac{1}{16} - y^2 = \left(\dfrac{1}{4} + y\right)\left(\dfrac{1}{4} - y\right)$

c) $a^2 b^6 - 25c^2 = (ab^3 + 5c)(ab^3 - 5c)$

ATIVIDADES

35 Fatore as diferenças de dois quadrados:

a) $100 - 4x^2$ _____

b) $25x^2 - 16y^2$ _____

c) $1 - a^2 b^2$ _____

d) $x^2 - \dfrac{1}{4}$ _____

e) $0{,}36\, y^2 - 36$ _____

f) $\dfrac{x^2}{49} - y^2$ _____

g) $0{,}01 - 2{,}25 x^2$ _____

36 Sabendo que $a^2 - b^2 = 158$ e que $a + b = 79$, qual é o valor de $a - b$?

37 Sabendo que $x + y = 8$ e $2x - 2y = 3$, qual é o valor numérico de $x^2 - y^2$?

38 Escreva na forma fatorada a expressão:
(3x + 2)² − (1 + x)².

_____

_____

39 Escreva um polinômio para representar a diferença entre as áreas do quadrado Ⓐ e do quadrado Ⓑ.

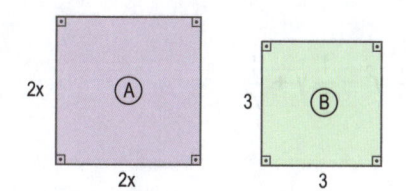

_____

(quadrado A com lado 2x; quadrado B com lado 3)

- Fatore esse polinômio.

40 Observe o uso da fatoração da diferença de dois quadrados no cálculo de $1\,001^2 - 999^2$:

$1\,001^2 - 999^2 = (1\,001 + 999)(1\,001 - 999) =$
$= 2\,000 \cdot 2 = 4\,000$

Agora é com você.

Use a fatoração e calcule:

a) $1\,120^2 - 1\,110^2$

_____

_____

_____

b) $2\,155^2 - 2\,154^2$

_____

_____

_____

Fatoração do trinômio quadrado perfeito

Você já viu que:

$(a + b)^2 = a^2 + 2ab + b^2$

A expressão algébrica $a^2 + 2ab + b^2$ é um **trinômio quadrado perfeito**. É trinômio, pois tem três termos. É um quadrado perfeito, pois ela é o quadrado de $(a + b)$.

Como $(a + b)^2 = a^2 + 2ab + b^2$, podemos escrever:

$a^2 + 2ab + b^2 = \underline{(a + b)^2}$
$\qquad\qquad\qquad\;$ forma fatorada

Você também já viu que: $(a - b)^2 = a^2 - 2ab + b^2$

A expressão $a^2 - 2ab + b^2$ também é um trinômio quadrado perfeito.

Como $(a - b)^2 = a^2 - 2ab + b^2$, podemos escrever: $a^2 - 2ab + b^2 = \underline{(a - b)^2}$
$\qquad\qquad\qquad\qquad\qquad\qquad\qquad\qquad\qquad\qquad\qquad\qquad\;\;$ forma fatorada

Porém, nem todo trinômio é quadrado perfeito.

Como podemos verificar se um trinômio é quadrado perfeito?

> Todo trinômio quadrado perfeito tem dois termos quadrados e o terceiro precisa ser igual ao dobro do produto da raiz quadrada de cada um desses termos.

95

O trinômio $x^2 + 6x + 9$ é quadrado perfeito, pois x^2 e 9 são termos quadrados e $6x = 2 \cdot x \cdot 3$.

$$x^2 + 6x + 9$$
$$\sqrt{x^2} \quad \sqrt{9}$$
$$x \quad 3$$
$$2 \cdot x \cdot 3 = 6x$$

O trinômio $4y^2 - 6y + 1$ não é quadrado perfeito.

$$4y^2 - 6y + 1$$
$$\sqrt{4y^2} \quad \sqrt{1}$$
$$2y \quad 1$$
$$2 \cdot 2y \cdot 1 = 4y \neq 6y$$

ATIVIDADES

41 Quais dos trinômios abaixo são quadrados perfeitos?

a) $9x^2 - 6xy + y^2$ _____

b) $4x^2 + 12x + 9$ _____

c) $x^2 - 16x + 49$ _____

d) $\dfrac{1}{4}x^2 + 2xy + y^2$ _____

e) $a^2b^2 + 4abc + 4c^2$ _____

f) $1 - 2xy + x^2y^2$ _____

42 Complete as igualdades:

a) _____ + _____ + 4 = $(y + 2)^2$

b) _____ − 6xy + _____ = (_____ − 3y)²

c) $4x^2 - 12xy +$ _____ = (_____ − _____)²

d) $9a^2 +$ _____ + _____ = (_____ + 5b)²

43 Fatore os trinômios quadrados perfeitos:

a) $16x^2 - 40xy + 25y^2$

b) $a^{10} + 14a^5 + 49$

c) $x^2y^4 + 6xy^2z + 9z^2$

d) $0{,}36a^2 - 0{,}12a + 0{,}01$

e) $\dfrac{1}{9}y^2 - \dfrac{1}{3}y + \dfrac{1}{4}$

f) $a^8 + 2a^4b^2 + b^4$

44 Sendo $2a + b = -5$ e $2a - b = 15$, qual é o valor numérico da expressão abaixo?

$3 \cdot (4a^2 + 4ab + b^2) + 2 \cdot (4a^2 - 4ab + b^2)$.

45 Sendo $a + b = \dfrac{1}{2}$ e $x + 3y^2 = \dfrac{3}{4}$, determine o valor numérico da expressão abaixo.

$(a^2 + 2ab + b^2)^2 - 2x - 6y^2$

46 A expressão $x^2 + 6x + 9$ representa a área de um quadrado. Que expressão representa o lado desse quadrado?

Fatorações combinadas

Existem expressões que podem ser fatoradas mais de uma vez. Veja os exemplos:

a) $b^6 - b^2y^2 =$

   $= b^2(b^4 - y^2) =$ (Colocamos o fator comum em evidência).

   $= b^2(b^2 + y)(b^2 - y)$ (Fatoramos a diferença de dois quadrados).

b) $a^3 - 8a^2 + 16a =$

   $= a(a^2 - 8a + 16) =$ (Colocamos o fator comum em evidência).

   $= a(a - 4)^2$ (Fatoramos o trinômio quadrado perfeito).

ATIVIDADES

47 Fatore completamente os polinômios:
a) $x^4 - y^4$

b) $6x^2 - 12x + 6$

c) $2x^8 - 32y^8$

d) $a^2 + 2ab + b^2 + 3a + 3b$

e) $2a^3 + 2a^2 + 2a + 2$

f) $2a^3b^2 + a^2b + a^4b$

48 Sendo $x + y = 7$, qual é o valor numérico do polinômio $3x^2 + 6xy + 3y^2$?

49 Fatore completamente a expressão
$y^5 - yz^3 + y^4z^2 - z^5$.

Calcule o valor numérico dessa expressão quando $2y^4 - 2z^3 = -7$ e $7y + 7z^2 = 2$.

97

Fatoração na resolução de equação-produto

A fatoração pode nos ajudar a resolver algumas equações. Veja alguns exemplos:

a) $3x^2 - 5x = 0$

No primeiro membro, x é um fator comum:

$x(3x - 5) = 0$

Como o produto é igual a 0, um dos fatores deve ser igual a 0.

$x = 0$ ou $\quad 3x - 5 = 0$

$\qquad\qquad\qquad 3x = 5$

$\qquad\qquad\qquad x = \dfrac{5}{3}$

Logo, as soluções da equação são 0 e $\dfrac{5}{3}$.

b) $4x^2 - 9 = 0$

Fatorando a diferença de dois quadrados:

$(2x + 3) \cdot (2x - 3) = 0$

$2x + 3 = 0 \qquad$ ou $2x - 3 = 0$

$x = -\dfrac{3}{2} \qquad$ ou $x = \dfrac{3}{2}$

Logo, as soluções da equação são $-\dfrac{3}{2}$ e $\dfrac{3}{2}$.

As equações: $x \cdot (3x - 5) = 0$ e $(2x + 3) \cdot (2x - 3) = 0$ são chamadas equações-produto.

ATIVIDADES

50 Encontre as soluções das equações-produto:

a) $(a + 6) \cdot (a - 5) = 0$

b) $(2a - 1) \cdot (a + 2) = 0$

c) $(3b - 1) \cdot (2b + 1) = 0$

d) $(t + 2) \cdot (t - 2) \cdot (3t + 1) = 0$

e) $(3c - 0{,}6) \cdot (2c + 1{,}6) = 0$

f) $\left(4c - \dfrac{2}{3}\right) \cdot \left(5c - \dfrac{1}{2}\right) = 0$

51 Fatore o 1º membro de cada item e, em seguida, resolva as equações-produto obtidas:

a) $2y^2 - 4y = 0$

b) $x^2 - 144 = 0$

c) $5y^3 - 125y = 0$

d) $x^2 - 4x + 4 = 0$

e) $2x^2 + 8x + 8 = 0$

f) $x^3 + 6x^2 + 9x = 0$

Capítulo 5 — Frações algébricas e equações fracionárias

▶ O que são frações algébricas?

As situações a seguir envolvem **frações algébricas**.

SITUAÇÃO 1

A densidade demográfica de uma região é obtida dividindo-se o número de habitantes pela área dessa região.

A expressão que representa a densidade demográfica de uma região é $\dfrac{h}{a}$, em que **h** representa o número de habitantes e **a** representa a área dessa região em quilômetros quadrados.

Dunas de Genipabu, em Natal, Rio Grande do Norte. A densidade demográfica do Rio Grande do Norte é de aproximadamente 60 hab./km².

SITUAÇÃO 2

A velocidade média de um carro pode ser obtida dividindo-se a distância percorrida pelo tempo gasto em percorrer essa distância.

A expressão que representa a velocidade média desse carro é $\dfrac{d}{t}$, em que **d** representa a distância e **t** representa o tempo gasto para percorrer essa distância.

Em geral, para calcular a velocidade média, utilizam-se a distância em quilômetros e o tempo gasto para percorrê-la em horas.

As expressões $\dfrac{d}{t}$ e $\dfrac{h}{a}$ são exemplos de frações algébricas.

> Toda expressão algébrica na forma racional fracionária que apresente letras no denominador é comumente chamada **fração algébrica**.

Observações

- A partir deste momento, quando escrevermos numerador ou denominador, estaremos considerando a expressão algébrica que representa, respectivamente, o numerador ou o denominador de uma fração algébrica.

- Para que uma expressão algébrica seja uma fração algébrica, seu denominador deve ser diferente de zero (0).

Exemplo:

Para que a expressão $\dfrac{5}{x+2}$ seja uma fração algébrica, a expressão $x + 2$ deve ser diferente de 0. Logo, $x + 2 \neq 0 \longrightarrow x \neq -2$.

ATIVIDADES

1) Escreva uma fração algébrica que represente o quociente do número x pelo número real y.

2) Cláudia pretende dividir igualmente R$ 240,00 entre seus x empregados. Antes dessa distribuição, dois empregados se demitiram e não receberam esse valor.

Escreva uma fração algébrica que represente o valor que cada empregado:

a) receberia antes das demissões

b) recebeu após as demissões

3) Sabendo-se que y canetas custam R$ 35,00, escreva a fração algébrica que representa:

a) o preço de uma caneta

b) o preço de duas canetas

c) o preço de x canetas

4) Indique uma fração algébrica que represente a razão entre a base e a altura do triângulo abaixo.

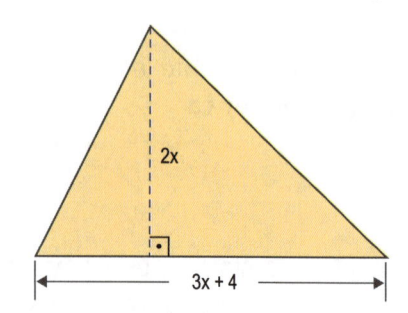

(triângulo com altura $2x$ e base $3x + 4$)

5) Um automóvel percorreu uma distância de 470 quilômetros em x horas. Outro automóvel gastou 3 horas a mais que o primeiro para percorrer a mesma distância. Escreva a fração algébrica que representa a velocidade média de cada veículo.

6) Calcule o valor numérico da fração algébrica $\dfrac{x^2 - 3xy + 4}{x + y}$ para $x = -1$ e $y = -2$.

7) Calcule o valor numérico de $\dfrac{2x - 4x^2}{-1 + 2x}$ para $x = -3$.

8) É possível calcular o valor numérico de $\dfrac{3x^2 - 2}{x - 1}$ para $x = 1$? Justifique sua resposta.

9) Se existir, calcule o valor numérico da fração algébrica $\dfrac{4a^2 - 9b^2}{2a + 3b}$ para:

a) $a = 1$ e $b = -1$

b) $a = 2$ e $b = 0$

c) $a = \dfrac{1}{2}$ e $b = -\dfrac{1}{3}$

10) Para quais valores reais de z a expressão $\dfrac{4z - 3}{3z - 1}$ representa uma fração algébrica?

Simplificação de frações algébricas

Inicialmente, vamos simplificar um número fracionário.

Observe a simplificação da fração $\frac{270}{420}$ de dois modos diferentes:

MODO 1

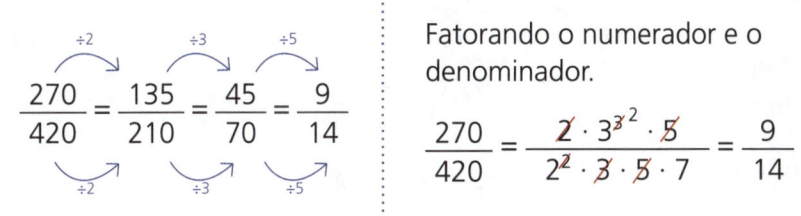

$$\frac{270}{420} \xrightarrow{\div 2} \frac{135}{210} \xrightarrow{\div 3} \frac{45}{70} \xrightarrow{\div 5} \frac{9}{14}$$

MODO 2

Fatorando o numerador e o denominador.

$$\frac{270}{420} = \frac{\cancel{2} \cdot \cancel{3}^2 \cdot \cancel{5}}{2^{\cancel{2}} \cdot \cancel{3} \cdot \cancel{5} \cdot 7} = \frac{9}{14}$$

Fatoração

270	2		420	2
135	3		210	2
45	3		105	3
15	3		35	5
5	5		7	7
1			1	

Agora vamos simplificar uma fração algébrica.

Também na simplificação de frações algébricas, quando necessário, fatoramos o numerador e o denominador. Acompanhe os exemplos.

a) $\dfrac{4xy^2z^5}{8x^2yz^3} = \dfrac{4}{8} \cdot \dfrac{x}{x^2} \cdot \dfrac{y^2}{y} \cdot \dfrac{z^5}{z^3} = \dfrac{1}{2} \cdot \dfrac{1}{x} \cdot y \cdot z^2 = \dfrac{yz^2}{2x}$

b) $\dfrac{x^2 - xy}{x^2 - y^2}$ Fatoramos o numerador e o denominador e simplificamos a expressão obtida.

$$\dfrac{x\cancel{(x-y)}}{(x+y)\cancel{(x-y)}} = \dfrac{x}{x+y}$$

ATENÇÃO!

Na fração $\dfrac{x}{x+y}$, o cancelamento $\dfrac{\cancel{x}}{\cancel{x}+y}$ não é possível, pois a variável x no denominador não é um fator.

c) $\dfrac{a^2 - 2ab + b^2}{a^2x - b^2x}$ Fatoramos o numerador e o denominador e simplificamos a expressão obtida.

$$\dfrac{(a-b)^2}{x(a^2-b^2)} = \dfrac{(a-b)^2}{x(a+b) \cdot (a-b)} = \dfrac{a-b}{x(a+b)}$$

d) $\dfrac{ab - 3a}{3 - b}$ Fatoramos o numerador e simplificamos a expressão obtida.

$\dfrac{a(b-3)}{3-b}$ Como b − 3 é o oposto de 3 − b, podemos escrever: b − 3 = − (3 − b).

$$\dfrac{a \cdot (b-3)}{3-b} = \dfrac{a[-(3-b)]}{3-b} = \dfrac{-a \cdot \cancel{(3-b)}}{\cancel{3-b}} = -a$$

ATIVIDADES

11 Simplifique as frações:

a) $\dfrac{18}{12}$

b) $\dfrac{120}{126}$

c) $\dfrac{700}{245}$

d) $\dfrac{83\,006}{195\,657}$

12 Simplifique as frações algébricas:

a) $\dfrac{2ab}{4b^3}$

b) $\dfrac{-35x^3y}{7xy^3}$

c) $\dfrac{-28abc}{-36b^2c}$

d) $\dfrac{49x^4y^5z}{-7x^5y^2z^3}$

13 A área do retângulo abaixo é representada pelo monômio $15x^2y^3$, com $x > 0$ e $y > 0$.

Que expressão algébrica representa a altura desse retângulo?

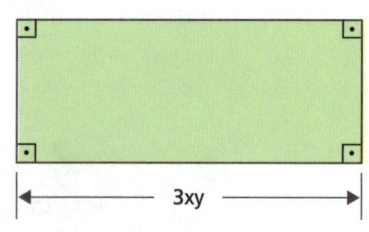

$\longleftarrow 3xy \longrightarrow$

_____

_____

14 Simplifique a fração $\dfrac{3a - 3b}{a - b}$, reduzindo-a a um número inteiro.

_____

_____

15 Observe como Paulo simplificou a fração $\dfrac{x^2 - y^2}{x - y}$:

$\dfrac{x^2 - y^2}{x - y} = x - y$

Ele fez a simplificação corretamente? Explique sua resposta.

_____

_____

16 Coloque os fatores comuns em evidência e, em seguida, simplifique a expressão algébrica obtida:

a) $\dfrac{2a - 4b}{2a - 2b}$

b) $\dfrac{3x - 6}{9}$

c) $\dfrac{5x}{15x^2 + 30x}$

d) $\dfrac{2a^2 - 3ab}{2a - 3b}$

17 Fatore o numerador e o denominador das frações algébricas e simplifique a expressão algébrica obtida:

a) $\dfrac{a^2 - 49}{a^2 + 7a}$

_____

_____

b) $\dfrac{a + b}{ax + bx + ay + by}$

_____

_____

18 Considere a expressão $\dfrac{16x^2 - 40x + 25}{4x - 5}$.

a) Para quais valores reais de x essa expressão representa uma fração algébrica?

_____

_____

_____

b) Qual é a forma fatorada dessa fração?

_____

_____

▶ Adição e subtração de frações algébricas

Adicionamos e subtraímos frações algébricas do mesmo modo que adicionamos e subtraímos números na forma fracionária.

- Obtemos frações equivalentes às frações dadas, que tenham denominadores iguais.
- O denominador comum será o mmc dos denominadores.
- Adicionamos ou subtraímos os numeradores e conservamos o denominador comum.

Veja dois exemplos.

Calcule:

a) $\dfrac{5}{6xy^3} + \dfrac{4}{3x^2} - \dfrac{3}{2x^3y}$

mmc $(6xy^3, 3x^2, 2x^3y) = 6x^3y^3$

$\dfrac{5}{6xy^3} + \dfrac{4}{3x^2} - \dfrac{3}{2x^3y} = \dfrac{5x^2}{6x^3y^3} + \dfrac{8xy^3}{6x^3y^3} - \dfrac{9y^2}{6x^3y^3} = \dfrac{5x^2 + 8xy^3 - 9y^2}{6x^3y^3}$

b) $\dfrac{1}{3a + 3b} - \dfrac{2}{a + b} + \dfrac{5a - 5b}{a^2 + 2ab + b^2}$

- Fatoramos os denominadores:

$\dfrac{1}{3(a + b)} - \dfrac{2}{a + b} + \dfrac{5a - 5b}{(a + b)^2}$

- Encontramos o mmc dos denominadores dessas frações:

mmc $(3(a + b); a + b; (a + b)^2) = 3(a + b)^2$

- Escrevemos frações algébricas equivalentes às frações dadas:

$\dfrac{(a + b)}{3(a + b)^2} - \dfrac{2 \cdot 3(a + b)}{3(a + b)^2} + \dfrac{3(5a - 5b)}{3(a + b)^2} =$

$= \dfrac{a + b}{3(a + b)^2} - \dfrac{6(a + b)}{3(a + b)^2} + \dfrac{15a - 15b}{3(a + b)^2}$

- Efetuamos as adições e as subtrações:

$\dfrac{a + b - 6a - 6b + 15a - 15b}{3(a + b)^2} = \dfrac{10a - 21b}{3(a + b)^2}$

ATIVIDADES

19 Efetue as operações com frações algébricas:

a) $\dfrac{2x}{3y} + \dfrac{3x}{4y}$

b) $\dfrac{a}{3b} - \dfrac{b}{3a}$

c) $\dfrac{4x}{y} - \dfrac{7x}{2y} + \dfrac{5x}{3y}$

20 Escreva a fração algébrica que representa o perímetro deste trapézio.

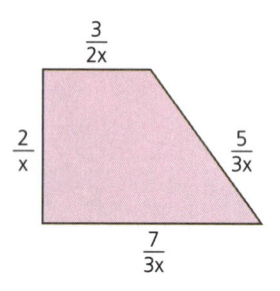

(trapézio com lados: $\dfrac{3}{2x}$, $\dfrac{2}{x}$, $\dfrac{5}{3x}$, $\dfrac{7}{3x}$)

21 Efetue:

a) $\dfrac{x-y}{x+y} - 1$

b) $\dfrac{2a-3}{a^2-9} + \dfrac{1}{a+3}$

c) $\dfrac{x+y}{y} + \dfrac{y-x}{x} - \dfrac{x^2+y^2}{2xy}$

d) $\dfrac{2x}{x^2+2xy+y^2} - \dfrac{1}{x+y} - \dfrac{1}{x-y}$

22 Sendo $A = \dfrac{x-y}{x+y}$ e $B = \dfrac{2x^2-2xy}{x^2-y^2}$, calcule $A + B$.

23 Efetue $\dfrac{x^2}{1-x^2} + \dfrac{1+x}{1-x} - \dfrac{1+x}{1+x}$ e determine o valor numérico dessa fração algébrica para $x = -2$.

▶ Outras operações

A seguir você irá estudar a **multiplicação**, a **divisão** e a **potenciação** de frações algébricas.

Multiplicação de frações algébricas

Multiplicamos frações algébricas do mesmo modo que multiplicamos números na forma fracionária. Nos exemplos a seguir, sempre consideramos os denominadores diferentes de zero.

a) $\dfrac{3x}{5y^2} \cdot \dfrac{25y}{7x^3}$

$\dfrac{{}^1\cancel{3}x}{\cancel{5}y^{\cancel{2}1}} \cdot \dfrac{{}^5\cancel{25}y}{7x^{\cancel{3}2}} = \dfrac{15}{7x^2y}$

104

b) $\dfrac{x-y}{3y^2} \cdot \dfrac{9xy}{x^2-y^2}$

$\dfrac{x-y}{3y^2} \cdot \dfrac{9xy}{(x+y)(x-y)} = \dfrac{\cancel{x-y}}{\underset{1}{\cancel{3}}y^{\cancel{2}}{}_1} \cdot \dfrac{\overset{3}{\cancel{9}}xy}{(x+y)\cancel{(x-y)}} = \dfrac{3x}{y(x+y)}$

Divisão de frações algébricas

Dividimos frações algébricas da mesma maneira que dividimos números na forma fracionária: multiplicamos o primeiro pelo inverso do segundo. Veja os exemplos.

a) $\dfrac{3a}{b} \div \dfrac{6a^3}{5}$

$\dfrac{3a}{b} \div \dfrac{6a^3}{5} = \dfrac{\overset{1}{\cancel{3a}}{}^1}{b} \cdot \dfrac{5}{\underset{2}{\cancel{6a^3}}{}^2} = \dfrac{5}{2a^2b}$

b) $\dfrac{x-3xy}{x^2-4} \div \dfrac{-3y+1}{x^2-2x}$

$\dfrac{x-3xy}{x^2-4} \div \dfrac{-3y+1}{x^2-2x} = \dfrac{x(1-3y)}{(x+2)\cancel{(x-2)}} \cdot \dfrac{x\cancel{(x-2)}}{\cancel{(-3y+1)}} = \dfrac{x^2}{x+2}$

Potenciação de frações algébricas

Determinamos a potência de uma fração algébrica do mesmo modo que encontramos a potência de um número fracionário. Veja um exemplo.

Vamos calcular $\left(\dfrac{2a^3}{a+b}\right)^2$.

$\left(\dfrac{2a^3}{a+b}\right)^2 = \dfrac{2a^3}{a+b} \cdot \dfrac{2a^3}{a+b} = \dfrac{4a^6}{a^2+2ab+b^2}$

▶ Simplificação de expressões algébricas

Para calcular o valor de expressões numéricas, efetuamos, na seguinte ordem:

1. as potenciações e as radiciações;

2. as divisões e as multiplicações;

3. as adições e as subtrações.

Precisamos "eliminar" os sinais de associação na seguinte ordem: parênteses, colchetes e chaves.

Na simplificação de expressões algébricas procedemos da mesma maneira. Veja um exemplo:

$$\left(\frac{2x}{y} - \frac{2y}{x}\right) \div \left(\frac{x}{y} - \frac{y}{x} - 2\right) =$$

$$= \frac{2x^2 - 2y^2}{xy} \div \frac{x^2 + y^2 - 2xy}{xy} =$$

$$= \frac{2(x+y)(x-y)}{xy} \cdot \frac{xy}{(x-y)^2} = \frac{2(x+y)}{x-y}$$

ATIVIDADES

24 Calcule:

a) $\dfrac{6x}{7y^2} \cdot \dfrac{49y^3}{3x^2}$

b) $\dfrac{a \cdot b^2}{y \cdot x} \cdot \dfrac{a^2 x^2}{a^3 b}$

c) $\dfrac{ax + ay}{x - y} \cdot \dfrac{x - y}{bx + by}$

d) $\dfrac{2xy}{z} \cdot \dfrac{z^2}{4x^2 y^3} \cdot \dfrac{8 \cdot x^3}{y}$

25 Efetue as divisões:

a) $\dfrac{5a^2}{b} \div \dfrac{a^3}{b^2}$

b) $\dfrac{4t}{y^2 z} \div \dfrac{16}{z}$

c) $\dfrac{9x^2 y^3}{xy^4} \div \dfrac{3xy}{x^5 \cdot z}$

26 Se você dividir $\dfrac{20x^2 y^3}{24a^2 b^2}$ por $\dfrac{15x^4 y^2}{14ab^6}$, que resultado obterá?

27 Efetue as multiplicações:

a) $\dfrac{a^2}{ax + ay} \cdot \dfrac{x^2 - y^2}{x - y}$

b) $\dfrac{x^2 - 1}{3xy} \cdot \dfrac{6x + 6}{3x - 3}$

c) $\dfrac{2a^3 + a^2 b}{4a^2 - 4ab + b^2} \cdot \dfrac{4a^2 - b^2}{b + 2a}$

28 Efetue as divisões:

a) $\dfrac{a}{a + b} \div \dfrac{y}{a + b}$

b) $\dfrac{ab + b}{a^2 + 2a + 1} \div \dfrac{a^2 b^2}{a^2 b^3 - a^3 b^2}$

c) $\dfrac{a^2 + ab + ca + cb}{xy - 2y} \div \dfrac{(a^2 - b^2)(a + c)}{x^2 - 4}$

29 Calcule:

a) $\left(\dfrac{x^2}{y}\right)^3$

b) $\left(\dfrac{3b}{x^3 y^4}\right)^2$

c) $\left(\dfrac{a-b}{5a}\right)^2$

d) $\left(\dfrac{a+1}{2}\right)^3$

b) $\dfrac{x^2 - x^3}{x^2 - 1} \div \left(\dfrac{x}{x-1} + x\right)$

c) $\left(-\dfrac{1}{x+y}\right) \div \left(\dfrac{1}{x^2 + 2xy + y^2}\right)$

30 Simplifique as expressões algébricas:

a) $\dfrac{\dfrac{a^2 - b^2}{x+y}}{\dfrac{3a - 3b}{x^2 - y^2}} \cdot \dfrac{1}{a+b}$

d) $\left(\dfrac{1}{y^2} - 1\right) \cdot \left(\dfrac{1}{1+y} - \dfrac{1}{1-y}\right) \cdot y^2$

▶ Equações fracionárias

Vamos representar a situação a seguir por meio de uma **equação fracionária**.

A diferença entre um número e o quíntuplo do inverso desse número é igual a $\dfrac{2}{3}$. Qual é esse número?

- Número procurado: x
- Inverso do número: $\dfrac{1}{x}$
- Quíntuplo do inverso: $5 \cdot \dfrac{1}{x} = \dfrac{5}{x}$

Montando a equação, temos:

$$x - \dfrac{5}{x} = \dfrac{2}{3}$$

Esse tipo de equação é chamado de equação fracionária.

> Toda **equação fracionária** apresenta pelo menos uma expressão algébrica na forma racional fracionária, ou seja, uma fração algébrica.

Solução de uma equação fracionária

Acompanhe estas situações e descubra quando um número é ou não solução de uma equação fracionária.

■ O denominador de cada fração algébrica de uma equação fracionária deve ser diferente de zero.

Para a equação fracionária $\dfrac{x}{x-2} - \dfrac{3}{x+2} = \dfrac{x^2+1}{x^2-4}$ as expressões algébricas $x-2$, $x+2$ e x^2-4, que representam os denominadores das frações algébricas, devem ser diferentes de zero.

Assim, temos:

$x - 2 \neq 0$ $x + 2 \neq 0$ $x^2 - 4 \neq 0$
$\boxed{x \neq 2}$ $\boxed{x \neq -2}$ $(x-2) \cdot (x+2) \neq 0$
                                                 $x - 2 \neq 0$ ou $x + 2 \neq 0$
                                                 $\boxed{x \neq 2}$ ou $\boxed{x \neq -2}$

Logo, os números 2 e –2 não podem ser soluções da equação $\dfrac{x}{x-2} - \dfrac{3}{x+2} = \dfrac{x^2+1}{x^2-4}$.

■ Considere novamente a equação $\dfrac{x}{x-2} - \dfrac{3}{x+2} = \dfrac{x^2+1}{x^2-4}$.

Observe o que acontece quando substituímos, por exemplo, x por 0 e, em seguida, por 5:

Substituindo x por 0, temos:	Substituindo x por 5, temos:
$\dfrac{0}{0-2} - \dfrac{3}{0+2} = \dfrac{0^2+1}{0^2-4}$	$\dfrac{5}{5-2} - \dfrac{3}{5+2} = \dfrac{5^2+1}{5^2-4}$
$0 - \dfrac{3}{2} = \dfrac{1}{-4}$	$\dfrac{5}{3} - \dfrac{3}{7} = \dfrac{25+1}{25-4}$
$-\dfrac{3}{2} = -\dfrac{1}{4}$	$\dfrac{35-9}{21} = \dfrac{26}{21}$
(Sentença falsa)	$\dfrac{26}{21} = \dfrac{26}{21}$
	(Sentença verdadeira)

As sentenças obtidas nos mostram que 0 não é solução da equação fracionária e que 5 é solução da equação.

> Um número real é solução de uma equação fracionária quando ele não anula o denominador das frações algébricas que compõem a equação e, ao substituir a incógnita por esse número, encontramos uma igualdade verdadeira.

ATIVIDADES

31) Resolvendo as equações a e b, encontramos um mesmo valor para x: o número 2.
De qual das equações esse valor é a solução?

a) $\dfrac{6}{x} + \dfrac{4}{x+2} = \dfrac{8}{x}$

b) $\dfrac{3}{x-2} + \dfrac{4}{x} = \dfrac{6}{x(x-2)}$

___

32) Considere a equação $\dfrac{x-3}{x-4} + \dfrac{2}{x} = \dfrac{x^2-12}{x^2-4x}$.

O valor real de x encontrado ao se resolver a equação é 4.

a) O valor de x anula algum denominador? _____

b) Essa equação tem solução? _____

33) O valor encontrado para x ao se resolver a equação $\dfrac{2}{x} + \dfrac{3}{2} = \dfrac{6}{3x}$ é o 0. Esse valor é solução da equação? Por quê?

___

34) Qual dos valores de x é solução da equação abaixo: –1, 2, 3 ou 5?

$\dfrac{3}{4} - \dfrac{2}{x} = \dfrac{7}{20}$

35) Qual dos números abaixo é a solução da equação $\dfrac{2x+3}{3x} = \dfrac{1}{6}$?

| –1 | | –2 | | 1 | | 2 |

36) O número –1 é solução de equação

$\dfrac{4x-5}{2x} - \dfrac{2}{x+3} = \dfrac{-1}{2x^2+6}$?

37) Verifique se o número –5 é solução da equação $\dfrac{2}{x-3} + \dfrac{4}{x^2-9} = 0$. E o número 5?

Resolução de equações fracionárias

Vamos resolver esta equação fracionária:

$\dfrac{225}{x} = \dfrac{270}{x+15}$

Já sabemos que as expressões algébricas x e x + 15, que representam os denominadores das frações algébricas $\dfrac{225}{x} = \dfrac{270}{x+15}$, devem ser diferentes de zero.

Assim, para essa equação, temos:

$x \neq 0$ e $x + 15 \neq 0$
$x \neq -15$

Os números 0 e −15 não são soluções dessa equação. Esses números não fazem parte do conjunto das possíveis soluções da equação $\dfrac{225}{x} = \dfrac{270}{x + 15}$.

> O conjunto das possíveis soluções de uma equação fracionária é chamado **conjunto universo**.

Indica-se esse conjunto pela letra U.

Para a equação $\dfrac{225}{x} = \dfrac{270}{x + 15}$, o conjunto universo U é: $U = \mathbb{R} - \{15\}$.

> Resolver uma equação fracionária é encontrar todas as suas soluções.

Agora vamos resolver a equação:

$$\dfrac{225}{x} = \dfrac{270}{x + 15}$$

Vamos achar o mmc dos denominadores e reduzir as frações algébricas ao mesmo denominador.

mmc $(x, x + 15) = x \cdot (x + 15)$

$$\dfrac{225(x + 15)}{x(x + 15)} = \dfrac{270x}{x(x + 15)}$$

$225(x + 15) = 270x$

Resolvemos a equação obtida.

$225x + 3\,375 = 270x$

$225x - 270x = -3\,375$

$-45x = -3\,375$

$\dfrac{-45x}{-45} = \dfrac{-3\,375}{-45}$

$x = 75$

Como o número 75 não anula o denominador, a solução dessa equação é 75.

Vamos, como exemplo, resolver outra equação fracionária:

$$\dfrac{2}{x-3} + \dfrac{3}{x+3} = \dfrac{12}{x^2 - 9}$$

110

Os denominadores devem ser diferentes de zero:

$x - 3 \neq 0$ $\qquad$ $x + 3 \neq 0$ $\qquad$ $x^2 - 9 \neq 0$

$\boxed{x \neq 3}$ $\qquad$ $\boxed{x \neq -3}$ $\qquad$ $x^2 \neq 9$

$\qquad\qquad\qquad\qquad\qquad\qquad\qquad\qquad$ $\boxed{x \neq 3}$ ou $\boxed{x \neq -3}$

Os números −3 e 3 não são soluções dessa equação.

$U = \mathbb{R} - \{-3, 3\}$

Resolução da equação

$$\frac{2}{x-3} + \frac{3}{x+3} = \frac{12}{x^2-9}$$

mmc $(x - 3; x + 3; x^2 - 9) = (x - 3) \cdot (x + 3)$

$$\frac{2(x+3)}{(x-3)(x+3)} + \frac{3(x-3)}{(x-3)(x+3)} = \frac{12}{(x-3)(x+3)}$$

$2x + 6 + 3x - 9 = 12$

$5x - 3 = 12 \longrightarrow 5x = 15 \longrightarrow x = \dfrac{15}{5}$

$\boxed{x = 3}$

O valor encontrado para x não é solução da equação, pois, se substituirmos x por 3 na equação fracionária, obteremos divisões por zero.

Logo, essa equação não tem solução.

ATIVIDADES

38 Determine, se existir, a solução das equações abaixo:

a) $\dfrac{5x}{x-2} = 1$

b) $\dfrac{x+3}{x-2} = \dfrac{x-1}{x-5}$

c) $\dfrac{2}{x-1} + \dfrac{3}{x+2} + \dfrac{4x}{x^2-2}$

d) $\dfrac{2}{3x} = \dfrac{1}{2} + \dfrac{3}{4x}$

39 Resolva a equação $\dfrac{2y}{y-3} - \dfrac{y-1}{y+3} = \dfrac{y^2+27}{y^2-9}$.

O valor de y encontrado é solução dessa equação? Justifique sua resposta.

_____
_____
_____

40 O quociente obtido da divisão do dobro de um número pela diferença entre esse número e 3 é igual a $\dfrac{1}{2}$. Qual é esse número?

_____
_____
_____
_____

41 Ao dividir um número por seu sucessor obtemos como quociente o número 0,96. Qual é esse número?

42 Sabendo que $\vec{OY}$ é a bissetriz do ângulo $X\hat{O}Z$, determine o valor de a.

$$\frac{50°}{a} \qquad \frac{75°}{a+1}$$

43 O número que se obtém dividindo a população pela superfície de uma região chama-se densidade demográfica. Supondo que as densidades demográficas das cidades x e y são iguais, e com base nos dados do quadro, determine a superfície da cidade y.

	População	Superfície (km²)
cidade x	100 000	200
cidade y	120 000	

44 O triplo do inverso de um número é igual à soma do inverso de seu antecessor com o dobro do inverso de seu sucessor. Qual é esse número?

45 Um carro percorre 280 km em x horas. Mantendo a mesma velocidade média, percorre os próximos 350 km em (x + 1) horas. Qual é o valor de x?

Capítulo 6
EQUAÇÕES E SISTEMAS DE EQUAÇÕES

▶ Equações literais

Considere as equações do 1º grau na incógnita x:

$$2ax = 4 \qquad 2b - bx = c \qquad cx + 4 = c^3$$

Em todas essas equações, aparecem outras letras além da incógnita x. Essas letras representam números reais, que são os coeficientes da incógnita x.

Equações desse tipo são chamadas **equações literais**.

Acompanhe exemplos de resolução de equações literais na incógnita x:

a) Resolver, na incógnita x, a equação $9x + 6a = 3x + 30a$

$9x + 6a = 3x + 30a$

$9x - 3x = 30a - 6a$

$6x = 24a \longrightarrow x = \dfrac{24a}{6} \longrightarrow x = 4a$

b) Resolver, na incógnita x, a equação $2(ax + b) - 3ax = 15b$

$2(ax + b) - 3ax = 15b$

$2ax + 2b - 3ax = 15b$

$2ax - 3ax = 15b - 2b$

$-ax = 13b \longrightarrow ax = -13b \longrightarrow x = \dfrac{-13b}{a}$, com $a \neq 0$

ATIVIDADES

1) Resolva as equações literais na incógnita x:
   a) $3x - 2a = 7a$
   b) $\dfrac{b + x}{2} + \dfrac{2b}{3} = \dfrac{4b - x}{6}$
   c) $(x + a)(x - a) = x(x + c)$
   d) $\dfrac{x - a}{2} + \dfrac{x + a}{3} = \dfrac{x}{4}$

2) Encontre o valor do número real x para que $\dfrac{c}{c + d} + \dfrac{x}{c - d}$ seja igual à expressão $\dfrac{c(x - d)}{c^2 - d^2}$.

3) Qual deve ser a relação entre x e a para que a área do retângulo abaixo seja igual à área do triângulo?

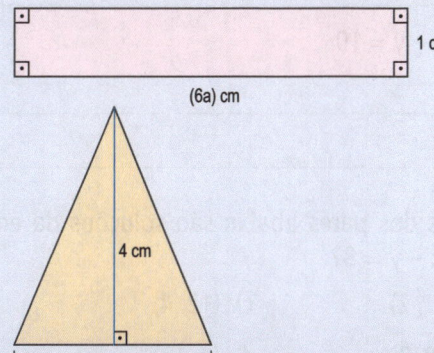

Retângulo: $(6a)$ cm por 1 cm

Triângulo: base $(2a + x)$ cm, altura 4 cm

113

▶ Equações do 1º grau com duas incógnitas

Você já estudou equações como estas:

$$x + y = 8 \qquad 2x - y = -1 \qquad -\frac{1}{3}x + \frac{1}{2} = y$$

São exemplos de equações do 1º grau com duas incógnitas.

Você também já viu que as soluções de uma equação do 1º grau com duas incógnitas são pares ordenados.

Determinando soluções de equações do 1º grau com duas incógnitas

Para determinar pares ordenados que são soluções de uma equação do 1º grau com duas incógnitas, atribuímos um valor a uma das incógnitas e encontramos o valor da outra.

Vamos determinar dois pares ordenados que sejam soluções da equação $2x + y = 12$.

Fazendo $x = 1$	Fazendo $x = -2$
$2 \cdot 1 + y = 12$	$2 \cdot (-2) + y = 12$
$2 + y = 12$	$-4 + y = 12$
$y = 12 - 2$	$y = 12 + 4$
$y = 10$	$y = 16$
Logo, o par ordenado (1, 10) é uma solução da equação.	Logo, o par ordenado (−2, 16) é outra solução da equação.

ATIVIDADES

4) Escreva para cada equação abaixo 3 pares ordenados que sejam suas soluções.

a) $x + y = 4$

_____

_____

b) $3x - y = 10$

_____

_____

5) Quais dos pares abaixo são soluções da equação $x - y = 8$?

a) (−1, 2)   c) (12, 4)

b) (10, 2)   d) (4, 12)

6) Determine duas soluções para a equação $2x + 3y = 6$

_____

_____

_____

7) Determine três soluções para a equação $\frac{1}{2}x + y = 4$

_____

_____

_____

_____

▶ Plano cartesiano

O **plano cartesiano** é composto de duas retas perpendiculares entre si.

Elas se cruzam no ponto zero de ambas chamado ponto de origem.

A reta horizontal denomina-se eixo das abscissas (eixo x) e a reta vertical denomina-se eixo das ordenadas (eixo y).

Esses eixos dividem o plano em quatro regiões chamadas **quadrantes**. Os quadrantes são numerados no sentido anti-horário.

Todo par ordenado de números reais corresponde a um ponto do plano cartesiano.

Considerando o par ordenado **P (x, y)**, temos:

- x e y são as coordenadas do ponto P.
- x é a abscissa do ponto P.
- y é a ordenada do ponto P.

O ponto A (− 1, 2), por exemplo, tem coordenadas − 1 e 2. A abscissa é − 1 e a ordenada 2.

Vamos localizar o ponto A no plano cartesiano.

- Tracejamos um segmento paralelo ao eixo x que passa pela abscissa − 1.
- Tracejamos um segmento paralelo ao eixo y que passa pela ordenada 2.
- O ponto A (− 1, 2) é representado pelo ponto de intersecção desses segmentos.

Esse ponto está no 2º quadrante.

Observe a representação de outros pontos no plano cartesiano:

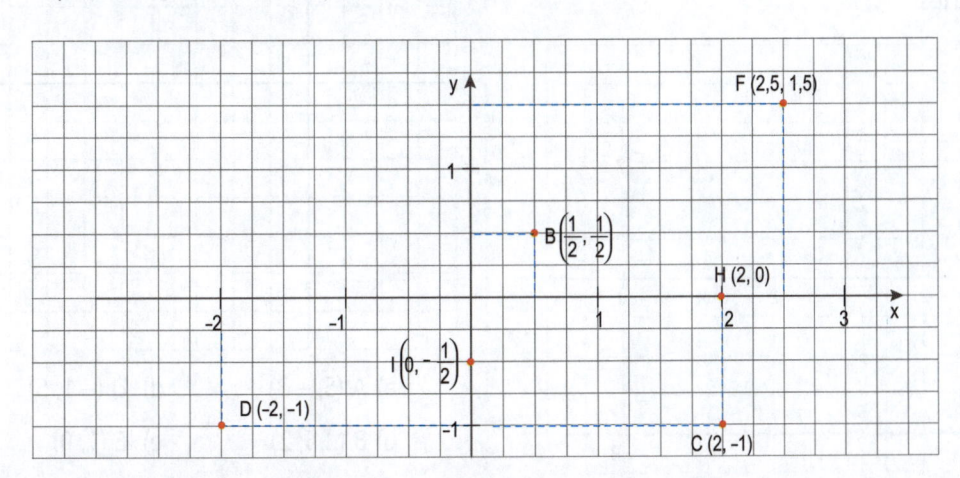

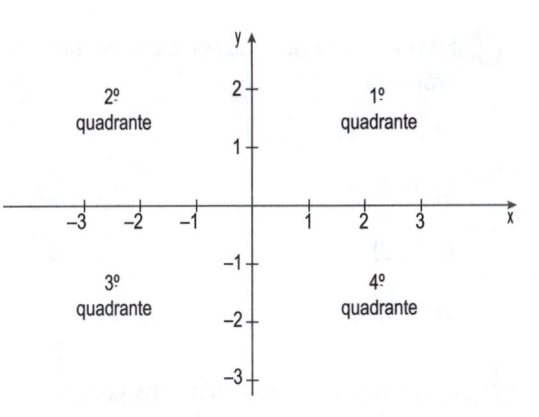

ATIVIDADES

8 Indique o quadrante em que se localiza cada par ordenado:

a) (– 1, 2) _____   c) (– 1, 1) _____

b) (2, –1) _____   d) (1, 1) _____

9 Escreva sobre qual dos eixos se encontra cada par ordenado.

a) (0, – 1) _____

b) (0, 4) _____

c) (2, 0) _____

d) (– 3, 0) _____

10 Quais são as coordenadas dos pontos localizados no plano cartesiano abaixo?

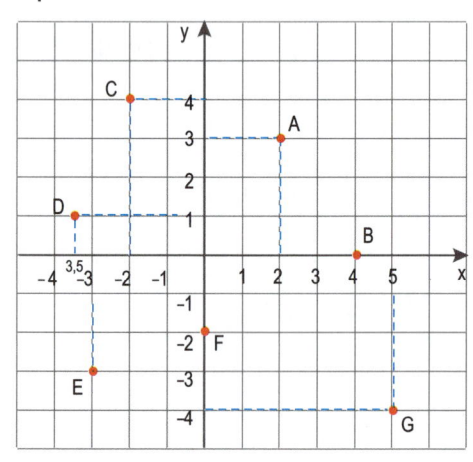

11 Observe o retângulo ABCD representado em um plano cartesiano:

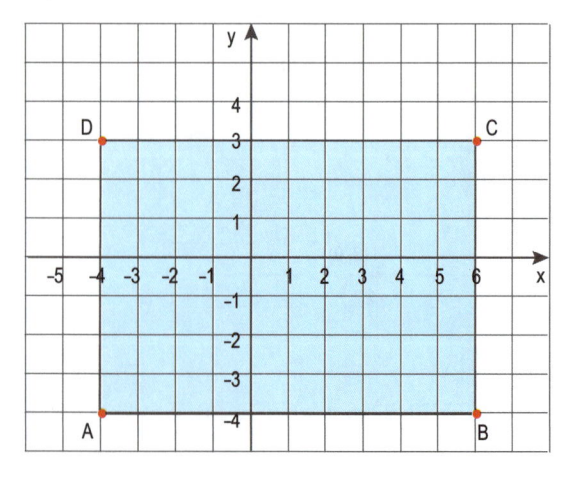

a) Quais são as coordenadas dos vértices do retângulo?

_____

_____

_____

b) Que segmentos representam seus lados?

_____

c) Quais são as medidas desses lados?

_____

_____

_____

_____

12 Neste quadriculado, localize os pares ordenados:

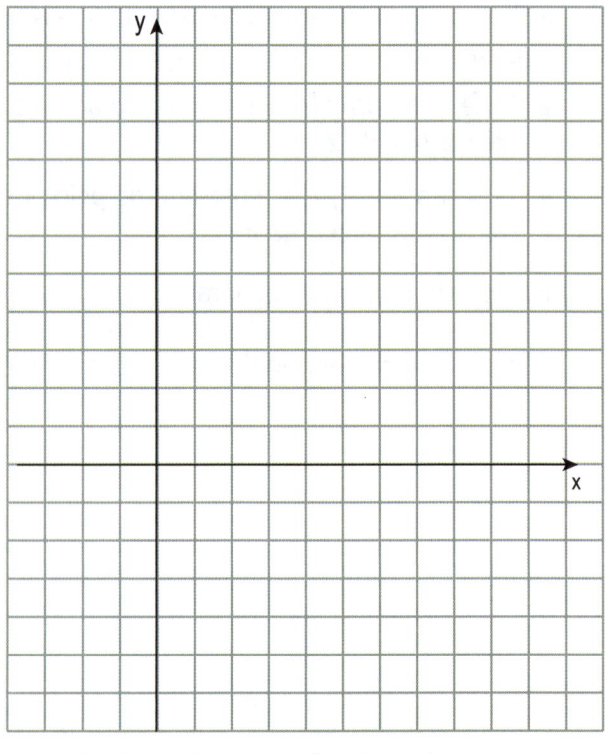

a) A (5, – 3)   d) D (– 1, 5)

b) B (2,5; 2)   e) E (1, 0)

c) C (0, – 3)   f) $F\left(\dfrac{1}{2}, \dfrac{1}{2}\right)$

116

13 Desenhe no plano cartesiano abaixo o segmento de extremos
A (– 3, – 2) e B (2, 3).

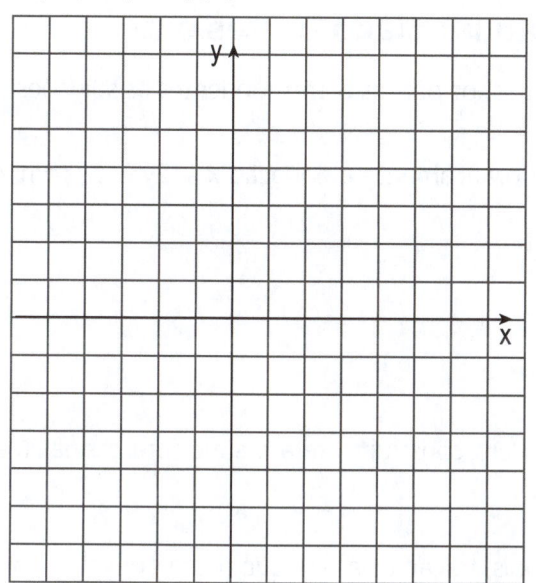

14 Desenhe no plano cartesiano o quadrilátero ABCD com vértices: A (– 2, 2), B (4, 2), C (–2, 5) e D (4, 5). Classifique-o em retângulo, quadrado ou losango.

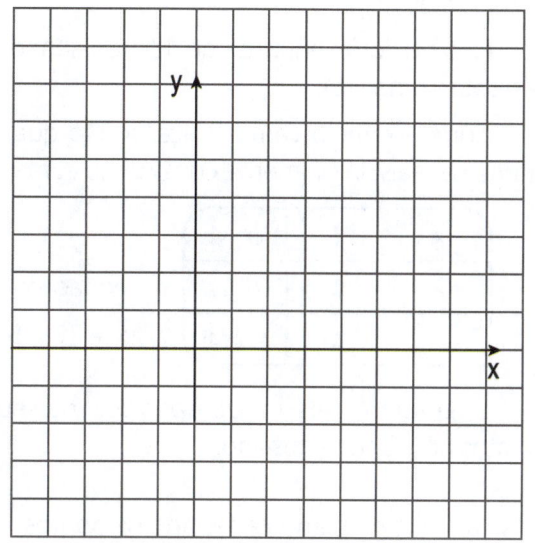

VOCÊ SABIA?   Localizando pontos na superfície terrestre

Assim como localizamos pontos no plano cartesiano, também podemos localizar um lugar da superfície terrestre.

Para tanto, precisamos de duas informações sobre o local, sua latitude e sua longitude.

As coordenadas geográficas, latitude e longitude, indicam a posição de qualquer lugar da superfície terrestre. Tanto a latitude quanto a longitude são medidas em graus, minutos e segundos.

Para saber a localização, por exemplo, do extremo leste do Brasil, a Ponta do Seixas, precisamos saber que sua latitude é 07°09'28"S e que sua longitude é 34°47'30"O.

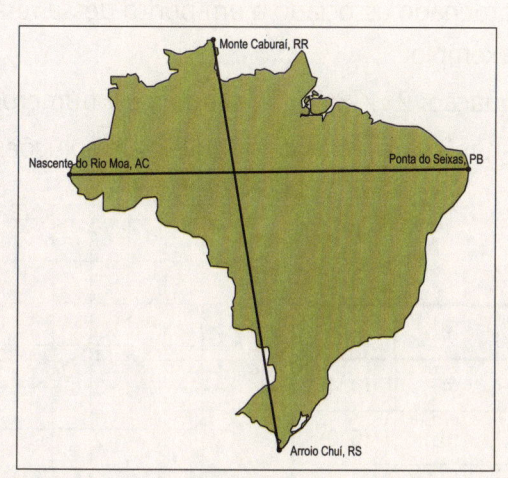

Pontos extremos do Brasil.

Pesquise quais são as coordenadas dos outros pontos extremos do Brasil: Arroio Chuí no Rio Grande do Sul (extremo sul); Monte Caburaí em Roraima (extremo norte); nascente do Rio Moa na Serra de Contamana no Acre (extremo oeste).

▶ Solução de uma equação do 1º grau com duas incógnitas no plano cartesiano

Representação de equações do 1º grau no plano cartesiano

Para qualquer equação do 1º grau com duas incógnitas, os pontos correspondentes às soluções estarão sobre uma reta.

Como exemplo vamos traçar a reta que representa graficamente a equação $x + 2y = 6$, com x e y números reais. Inicialmente construímos uma tabela:

x	y	(x, y)
2	2	(2, 2)
−2	4	(−2, 4)

equação:
$x + 2y = 6$

Uma reta é determinada por dois de seus pontos. Para construir a reta é suficiente assinalar esses pontos no plano cartesiano.

Assinalamos no plano cartesiano os pontos (2, 2) e (−2, 4).

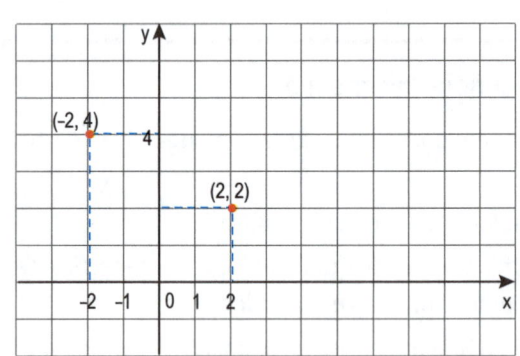

Depois, traçamos a reta que passa por esses pontos.

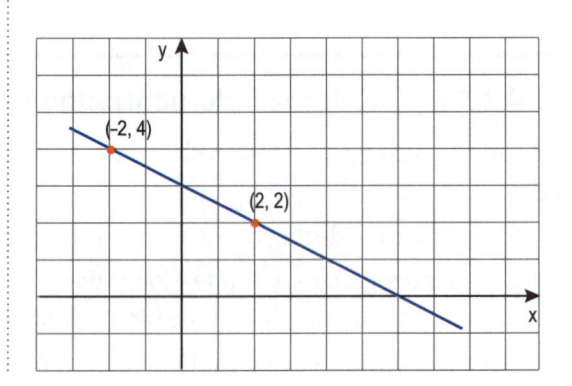

Qualquer par ordenado associado a um ponto dessa reta é uma solução dessa equação.

Veja mais um exemplo.

Considere a equação: $2x + 3y = 12$, sendo x e y números reais.

Vamos determinar 3 pares ordenados que sejam soluções da equação e representá-los em um plano cartesiano.

x	y	(x, y)
0	4	(0, 4)
6	0	(6, 0)
3	2	(3, 2)

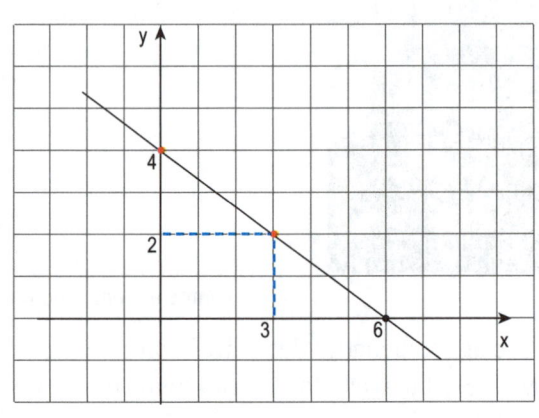

Observe que os três pontos assinalados estão sobre uma reta.

118

ATIVIDADES

15 Este quadro mostra os pares ordenados que são soluções de uma equação do 1º grau com duas incógnitas.

x	y	(x, y)
−3	−2	(−3, −2)
1	−1	(1, −1)
5	0	(5, 0)

Desenhe no plano cartesiano a reta que é a representação gráfica dessa equação.

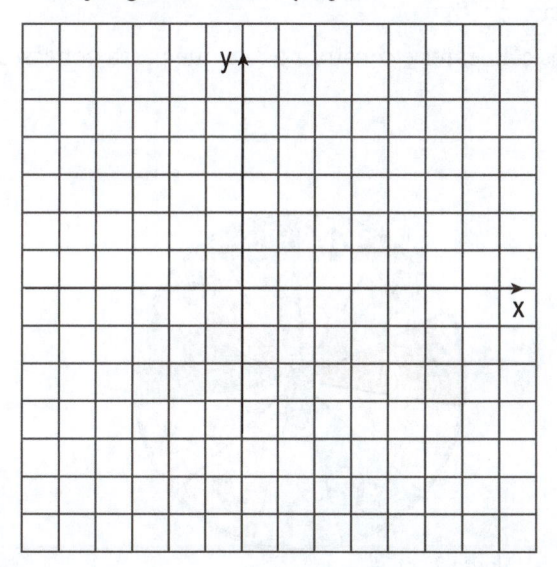

16 Considere a equação $x - y = 4$.

a) Complete o quadro a seguir:

x	y	(x, y)
5		(5, _____)
	−2	(_____ , _____)

b) Represente, no plano cartesiano, a reta da equação.

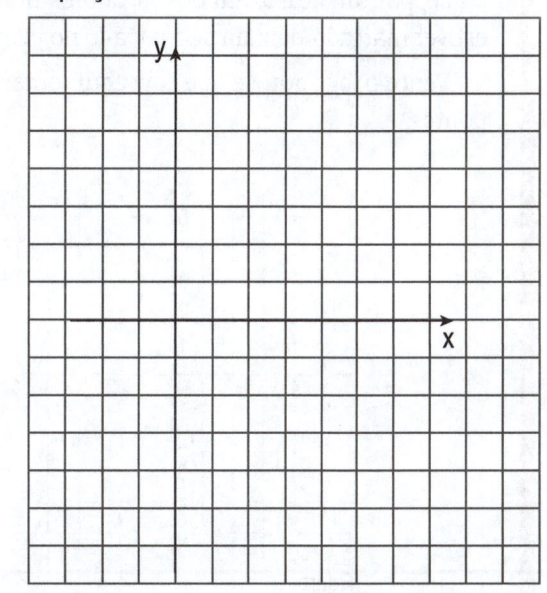

17 Construa, no mesmo plano cartesiano os gráficos das seguintes equações:

a) $x + 2y = 5$ b) $x - 2y = -5$

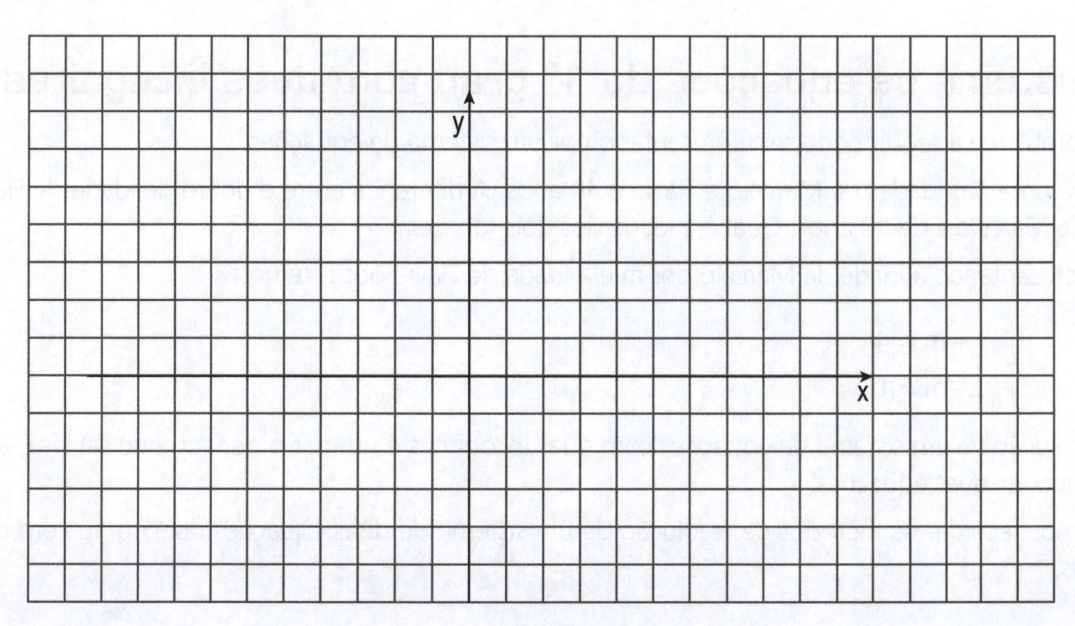

119

EXPERIMENTOS, JOGOS E DESAFIOS

Jogando com as coordenadas

Reúna-se com um de seus colegas.

Cada grupo deve construir com cartolina uma roda, como na figura 2, e com papel quadriculado, o plano cartesiano, como na figura 1.

Cada jogador, na sua vez, gira o clipe duas vezes. O primeiro número será a abscissa do ponto a ser marcado no plano cartesiano e o segundo número será a ordenada.

Se, por um acaso, um dos jogadores tirar os mesmos números do outro jogador e o ponto obtido já estiver marcado, deixará de marcá-lo no plano cartesiano.

Vence o jogo aquele que conseguir obter três pontos colineares e construir a reta que passa por esses pontos.

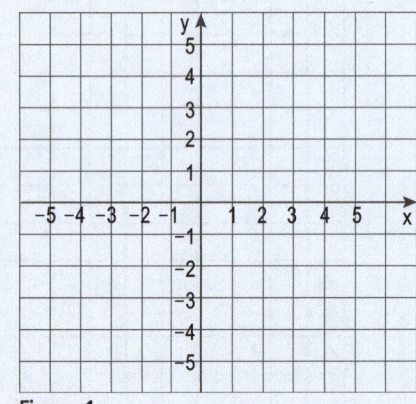

Figura 1

Figura 2

Sistema de equações do 1º grau com duas incógnitas

O problema a seguir pode ser representado por um sistema de equações.

- A soma das idades de Marcelo e Flávio é 44 anos. A diferença entre o dobro de idade de Flávio e a de Marcelo é de 13 anos. Qual é a idade dos dois rapazes?

Representando a idade de Marcelo por m e a idade de Flávio por f, temos:

$$\begin{cases} f + m = 44 \\ 2f - m = 13 \end{cases}$$

A solução de um sistema de equações com duas incógnitas é um par ordenado que satisfaz, ao mesmo tempo, as duas equações.

Vamos recordar os métodos de resolução de um sistema de duas equações do 1º grau com duas incógnitas.

Método da substituição

$$\begin{cases} f + m = 44 \\ 2f - m = 13 \end{cases}$$

1º) Isolamos no 1º membro uma das incógnitas em uma das equações. Por exemplo, o **m** na 1ª equação.

f + m = 44
m = 44 − f

2º) Substituímos **m** por 44 − f na outra equação e determinamos o valor de **f**.

2f − m = 13
2f − (44 − f) = 13
2f − 44 + f = 13
3f = 13 + 44
f = 19

3º) Retornamos à equação m = 44 − f, substituímos **f** por 19 e encontramos o valor de **m**.

m = 44 − f
m = 44 − 19
m = 25

A solução do sistema é o par ordenado (19, 25).

Método da adição

1º) Somamos membro a membro as equações.

$$\begin{cases} f + m = 44 \\ 2f - m = 13 \end{cases} +$$

$$3f = 57$$

$$f = \frac{57}{3}$$

$$\boxed{f = 19}$$

2º) Substituímos f por 19 na equação f + m = 44.

f + m = 44
19 + m = 44
m = 44 − 19
$\boxed{m = 25}$

A solução do sistema é o par ordenado (19, 25). Portanto, Flávio tem 19 anos e Marcelo, 25.

ATIVIDADES

18 Resolva estes sistemas pelo método que você achar mais adequado.

a) $\begin{cases} 2x + 3y = 7 \\ 3x - 3y = 3 \end{cases}$

b) $\begin{cases} 2x - y = -2 \\ 3x + 2y = 4 \end{cases}$

c) $\begin{cases} x + y = 4 \\ 5x - 2y = -1 \end{cases}$

d) $\begin{cases} \dfrac{x}{2} + y = 7 \\ x - y = 2 \end{cases}$

19 Numa loja há bicicletas e triciclos, num total de 15 unidades. Entre bicicletas e triciclos há 34 rodas.

Quantas são as bicicletas? _____

E os triciclos? _____

20 Resolva o sistema:

$$\begin{cases} \dfrac{x}{2} + \dfrac{y}{3} = 1 \\ 2(x-1) + 3(y-2) = 6 \end{cases}$$

▶ Representação no plano cartesiano de um sistema de duas equações do 1º grau com duas incógnitas

Vamos indicar a situação abaixo por meio de um **sistema de duas equações do 1º grau com duas incógnitas**, e representá-lo no plano cartesiano.

O perímetro de um retângulo é 36 cm. Sabe-se que a medida do seu comprimento é o dobro da medida da sua largura. Quais são as dimensões desse retângulo?

Representando a medida do comprimento do retângulo por x e a medida da largura por y, temos o sistema de equações de 1º grau:

$$\begin{cases} x+y+x+y=36 \\ x=2y \end{cases} \rightarrow \begin{cases} 2x+2y=36 \\ x=2y \end{cases} \rightarrow \begin{cases} x+y=18 \\ x=2y \end{cases}$$

Podemos representar graficamente esse sistema traçando no mesmo plano cartesiano as retas que correspondem a cada equação:

x + y = 18

x	y	(x, y)
9	9	(9, 9)
8	10	(8, 10)

x = 2y

x	y	(x, y)
8	4	(8, 4)
10	5	(10, 5)

Observe no plano cartesiano que o par ordenado (12, 6) é o ponto de intersecção das duas retas.

Portanto, o par ordenado (12, 6) é a solução do sistema.

Verificando a solução:

$$\begin{cases} x+y=18 \\ x=2y \end{cases} \rightarrow \begin{cases} 12+6=18 \quad (V) \\ 12 = 2 \cdot 6 \quad (V) \end{cases}$$

Resposta: As dimensões desse retângulo são: 12 cm de comprimento e 6 cm de largura.

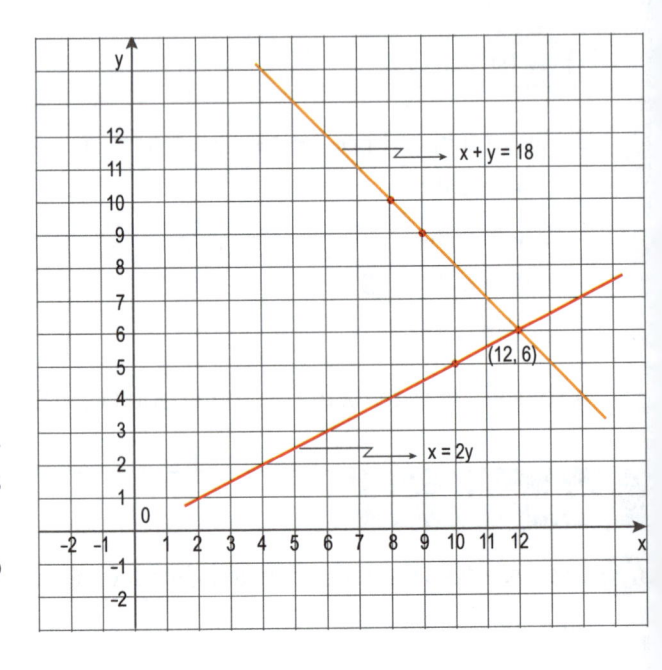

Sistema possível: determinado ou indeterminado

- Quando as retas se interceptam em um único ponto, o sistema de equações é **possível** e **determinado**, e tem uma única solução.

- Quando as retas têm os mesmos pontos, ou seja, coincidem, há infinitos pontos de intersecção; o sistema é **possível** e **indeterminado** e há infinitas soluções.

O sistema de equações abaixo é possível e indeterminado. Veja sua representação no plano cartesiano.

$$\begin{cases} x + 3y = 2 \\ 2x + 6y = 4 \end{cases}$$

$x + 3y = 2$

x	y	(x, y)
2	$2 + 3y = 2 \rightarrow y = 0$	(2, 0)
5	$5 + 3y = 2 \rightarrow y = -1$	(5, -1)

$2x + 6y = 4$

x	y	(x, y)
1	$2 \cdot 1 + 6y = 4 \rightarrow 6y = 2 \rightarrow y = \dfrac{1}{3}$	$\left(1, \dfrac{1}{3}\right)$
2	$2 \cdot 2 + 6y = 4 \rightarrow 6y = 0 \rightarrow y = 0$	(2, 0)

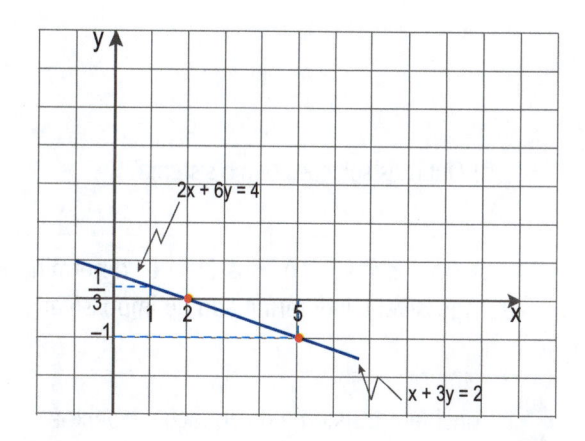

Sistema impossível

Nem sempre as retas correspondentes às equações de um sistema se interceptam em um único ponto ou coincidem.

Quando não houver ponto de intersecção, o sistema é **impossível** e não tem solução. O sistema abaixo é impossível. Veja sua representação no plano cartesiano:

$$\begin{cases} x + y = 1 \\ x + y = 2 \end{cases}$$

$x + y = 1$

x	y	(x, y)
0	$0 + y = 1 \rightarrow y = 1$	(0, 1)
1	$1 + y = 1 \rightarrow y = 0$	(1, 0)

$x + y = 2$

x	y	(x, y)
1	$1 + y = 2 \rightarrow y = 1$	(1, 1)
0	$0 + y = 2 \rightarrow y = 2$	(0, 2)

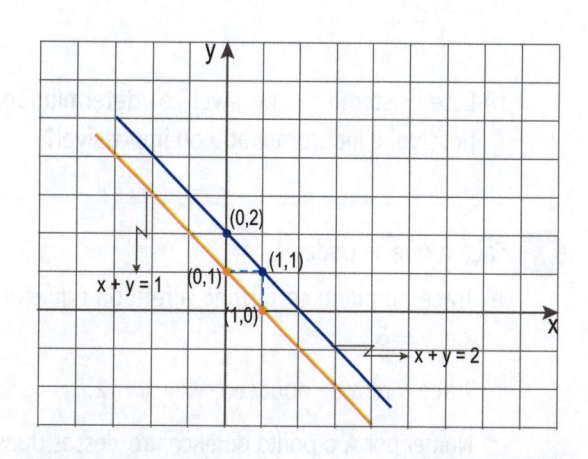

ATIVIDADES

21. Considere o sistema de equações:

$$\begin{cases} 3x + y = -6 \\ 8 + y = -3x \end{cases}$$

a) Construa o gráfico das equações desse sistema.

b) Quantas soluções tem o sistema?

c) Esse sistema é possível e determinado, possível e indeterminado ou impossível?

22. Considere o sistema de equações abaixo:

$$\begin{cases} x - y = 4 \\ 2x + y = 14 \end{cases}$$

a) Determine o par ordenado que é solução desse sistema por meio da construção de seu gráfico.

b) Esse sistema é possível e determinado, possível e indeterminado ou impossível?

23. Faça o que se pede:

a) Trace no plano cartesiano a reta da equação $x + y = 6$.

b) Trace a reta da equação $-x + y = 2$.

c) Nomei por A o ponto de encontro dessas duas retas.

d) Trace o segmento $\overline{BC}$, sendo B (– 4, – 2) e C (8, – 2).

e) Determine a área do triângulo ABC adotando como unidade de medida o quadradinho $\boxed{u}$ do quadriculado.

24. Represente graficamente os sistemas de equações, classificando-os em: possível e determinado, impossível ou possível e indeterminado.

a) $\begin{cases} x = y + 1 \\ x - y = 1 \end{cases}$

b) $\begin{cases} 2x = 3 - y \\ y = 3 - 2x \end{cases}$

c) $\begin{cases} x + 2y = 4 \\ x = 5 - 2y \end{cases}$

d) $\begin{cases} x + y = 4 \\ y = 3 - 2x \end{cases}$

▶ Sistema de equações fracionárias

Vamos representar a situação a seguir por meio de um sistema de equações fracionárias e resolvê-lo.

SITUAÇÃO 1

A casa de Juliane será pintada internamente. A cor da pintura foi definida assim: para cada 3 latas de tinta branca, misturam-se 4 latas de tinta cor marfim. O pintor calculou que vai gastar 21 latas de tinta. Quantas latas de tinta branca ele deve gastar? E da cor marfim?

Solução

Vamos montar um sistema de equações.

número de latas de tinta branca → x
número de latas de tinta cor marfim → y

$$\begin{cases} \dfrac{x}{y} = \dfrac{3}{4} \\ x + y = 21 \end{cases}$$

> Resolver um sistema de duas equações fracionárias com duas incógnitas é encontrar o par ordenado que satisfaça as duas equações ao mesmo tempo.

Vamos usar o método da substituição para resolver o sistema.

$$\begin{cases} \dfrac{x}{y} = \dfrac{3}{4} \quad \text{①} \\ x + y = 21 \rightarrow x = 21 - y \quad \text{②} \end{cases}$$

O denominador da fração algébrica $\dfrac{x}{y}$ deve ser diferente de zero.

Logo, $y \neq 0$.

Substituindo x por 21 − y na equação ①, temos:

$$\dfrac{21 - y}{y} = \dfrac{3}{4}$$

Resolvendo a equação fracionária, temos:

$4 \cdot (21 - y) = 3y$

$84 - 4y = 3y$

$84 = 7y \quad \longrightarrow \quad y = \dfrac{84}{7} \quad \longrightarrow \quad \boxed{y = 12}$

Substituindo y por 12 na equação ②, temos:

$x = 21 - y$

$x = 21 - 12 \quad \longrightarrow \quad \boxed{x = 9}$

Como o valor de y encontrado (y = 12) é diferente de zero, o par ordenado (9, 12) é a única solução do sistema.

Verificação

$$\begin{cases} \dfrac{x}{y} = \dfrac{3}{4} \\ x + y = 21 \end{cases} \longrightarrow \begin{cases} \dfrac{9}{12} = \dfrac{3}{4} \\ 9 + 12 = 21 \end{cases} \longrightarrow \begin{cases} \dfrac{3}{4} = \dfrac{3}{4} \text{ (V)} \\ 21 = 21 \text{ (V)} \end{cases}$$

Portanto, Juliane deve comprar 9 latas de tinta branca e 12 latas da cor marfim.

Veja como resolvemos outro sistema de equações fracionárias.

EXEMPLO

$$\begin{cases} 3 + \dfrac{2y}{x+1} = \dfrac{2}{x+1} & \text{①} \\ \dfrac{2x}{3y} - 3 = \dfrac{-11}{3y} & \text{②} \end{cases}$$

Os denominadores devem ser diferentes de zero:

$x + 1 \neq 0$ e $3y \neq 0$

$x \neq -1$ $y \neq 0$

Vamos transformar as equações ① e ② em outras, equivalentes, que não contenham frações algébricas.

Equação ①

$3 + \dfrac{2y}{x+1} = \dfrac{2}{x+1}$

$\dfrac{3(x+1)}{x+1} + \dfrac{2y}{x+1} = \dfrac{2}{x+1}$

$3x + 3 + 2y = 2$

$3x + 2y = -1$

Equação ②

$\dfrac{2x}{3y} - \dfrac{3}{1} = \dfrac{-11}{3y}$

$\dfrac{2x}{3y} - \dfrac{9y}{3y} = \dfrac{-11}{3y}$

$2x - 9y = -11$

Obtemos assim o sistema:

$\begin{cases} 3x + 2y = -1 \\ 2x - 9y = -11 \end{cases}$

Vamos resolvê-lo pelo método da adição:

$\begin{cases} 3x + 2y = -1 & \textbf{(× 9)} \\ 2x - 9y = -11 & \textbf{(× 2)} \end{cases} \longrightarrow \begin{cases} 27x + 18y = -9 \\ 4x - 18y = -22 \end{cases}$

$31x = -31 \longrightarrow \boxed{x = -1}$

Substituindo $x = -1$ em qualquer das equações anteriores, obtemos:

$2x - 9y = -11$

$2(-1) - 9y = -11$

$-9y = -11 + 2 \longrightarrow -9y = -9 \longrightarrow \boxed{y = 1}$

No entanto, devemos ter $x \neq -1$.

Logo, o sistema não tem solução.

ATIVIDADES

25 Encontre o par ordenado que é solução do sistema:
$$\begin{cases} \dfrac{x-2}{3y} = 1 \\ y = \dfrac{x}{2} - 3 \end{cases}$$

26 Sabendo que $\dfrac{x-4}{y} = -2$ e $x + y = 0$, determine:
a) $x \cdot y$ _____
b) $\dfrac{x}{y}$ _____
c) $\dfrac{y}{x}$ _____
d) $x - y$ _____

27 Sendo $x - y = 7$ e $\dfrac{4}{x+y} = 7$, determine $x^2 - y^2$. _____

28 Resolva os sistemas:

a) $\begin{cases} \dfrac{y}{x-y} = -1 \\ x + y = -9 \end{cases}$

b) $\begin{cases} x = 4y \\ \dfrac{x-2}{2y} = 3 \end{cases}$

c) $\begin{cases} 2x - 3y = 5 \\ \dfrac{7x - y}{x} = 8 \end{cases}$

d) $\begin{cases} 5x = 4 + 2 \cdot y \\ \dfrac{5}{x+3} = \dfrac{5}{y+2} \end{cases}$

29 Encontre as soluções do sistema de equações:
$$\begin{cases} \dfrac{3}{x+2} + \dfrac{2y}{x+2} = 1 \\ \dfrac{x}{5} - 4 = \dfrac{1}{5y} \end{cases}$$

30 A soma de dois números é 56. Ao dividirmos o maior deles pelo menor, obtém-se como quociente o número 3. Quais são esses números?

31 Qual é a fração equivalente a $\dfrac{9}{4}$, em que a soma dos termos seja 91?

32 O quociente de dois números naturais é 4 e a diferença entre eles é 93. Quais são esses números?

33 As áreas das figuras abaixo são iguais. Sabendo que x está para y assim como 5 está para 2, determine a área do paralelogramo.

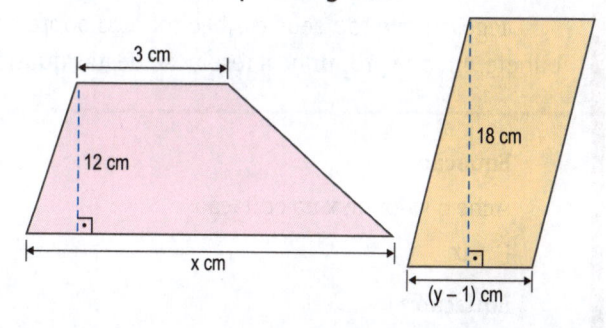

34 Numa sala de aula, o número de meninos é o triplo do número de meninas. Se duas dessas meninas fossem transferidas para outra classe, a razão entre o número de meninos e o número de meninas seria de 18 para 5. Quantos alunos há nessa classe?

35 Na festa junina, para enfeitar o galpão da escola, para cada 8 bandeirinhas triangulares foram colocadas 5 bandeirinhas quadradas. Foram confeccionadas 60 bandeirinhas triangulares a mais que as quadradas. Quantas bandeirinhas foram usadas nessa festa?

36 Num concurso público, a razão entre o número de mulheres inscritas e o de homens foi de 5 para 3. Inscreveram-se 1 200 candidatos. Quantos homens prestaram esse concurso?

EXPERIMENTOS, JOGOS E DESAFIOS

Uma declaração equacionada

Diego aproveitou seus conhecimentos sobre equações literais para enviar à sua namorada Liz um bilhete, em que propunha a resolução destas quatro equações:

Equação 1
Ache o valor de x na equação:
$\dfrac{x}{L} = iz$

Equação 2
Determine y na equação:
$\dfrac{dcay}{e} = duca$

Equação 3
Na equação $\dfrac{1}{t} = \dfrac{e}{w}$
qual é o valor de w?

Equação 4
Resolva a equação de incógnita z:
$(am + s)z = am (z + os)$

No fim do bilhete, Diego deu uma dica: Liz entenderia o que ele estava querendo lhe dizer se colocasse os valores encontrados de x, y, w e z em sequência.

O que será que Diego escreveu para Liz?

Capítulo 7 — TRIÂNGULOS

▶ Rigidez do triângulo e elementos dos triângulos

Observe estas figuras.

Ao ser manuseado, e ainda que seja feita uma certa pressão em qualquer de seus lados, o triângulo (figura 1) mantém a mesma forma triangular.

O quadrilátero da figura 2, ao ser manuseado, passa por modificações quanto à forma, como podemos observar nas figuras 3 e 4.

O triângulo é o único polígono que apresenta a propriedade da **rigidez**, ou seja, ele mantém a forma, mesmo quando seus lados são pressionados. É por apresentar essa propriedade que a forma triangular aparece com tanta frequência em construções, dando a elas a rigidez de que a estrutura necessita.

Madeiramento.

Estrutura metálica.

Ponte.

Torre de transmissão.

Elementos dos triângulos

Considere o triângulo ao lado e seus elementos:

- Vértices: pontos X, Y e Z.
- Lados: $\overline{XY}$, $\overline{YZ}$ e $\overline{ZX}$.
- Ângulos internos: $Z\hat{X}Y$, $X\hat{Y}Z$ e $Y\hat{Z}X$.
- Ângulos externos: $\hat{e}_1$, $\hat{e}_2$ e $\hat{e}_3$.

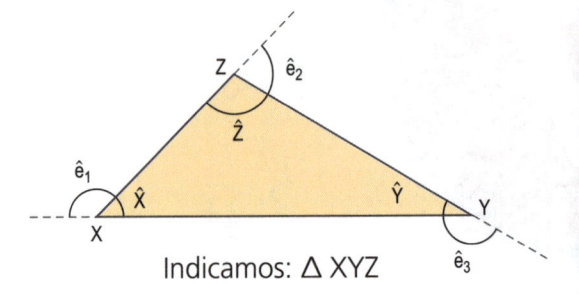

Indicamos: $\triangle XYZ$

Condição de existência de um triângulo

Pode-se verificar experimentalmente se é possível ou não construir um triângulo, dadas as medidas dos lados.

É sempre possível construir um triângulo quando:

> Em um triângulo qualquer, a soma das medidas de dois lados é maior que a medida do terceiro lado.

EXPERIMENTOS, JOGOS E DESAFIOS

Quando é possível construir um triângulo?

Para realizar as atividades, com uma tesoura sem ponta, recorte canudinhos plásticos com 10 cm, 8 cm, 6 cm, 4 cm, 5 cm e 3 cm de comprimento.

Você irá colar um dos canudos no papel. Em seguida, irá manusear outros dois canudos, para formar um triângulo e, quando conseguir, colá-los no papel:

- É possível montar um triângulo usando canudinhos de 10 cm, 4 cm e 3 cm?
- Se não foi possível, tente com os canudinhos de 10 cm, 5 cm e 4 cm. Conseguiu?
- Tente construir um triângulo usando os canudinhos de 8 cm, 5 cm e 3 cm. O que aconteceu?
- Troque o canudinho de 3 cm pelo de 6 cm. E agora?
- Verifique se é possível montar um triângulo com os canudinhos de 10 cm, 8 cm e 5 cm.

Compare, em cada triângulo que você construiu, a medida do canudinho maior com a soma das medidas dos dois menores. Com base em suas observações, que relação existe entre as medidas dos lados dos triângulos que você construiu?

ATIVIDADES

Faça as construções no caderno.

1 Observe os elementos indicados no triângulo:

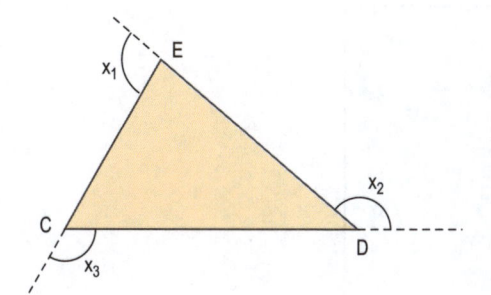

a) Quais são seus vértices?

b) Quais são seus lados?

c) Quais são seus ângulos internos?

d) Quais são seus ângulos externos?

e) Como podemos indicar esse triângulo?

2 Qual é o único polígono que apresenta a propriedade da rigidez? Em que estruturas você já observou essa propriedade?

3 Verifique se é possível construir um triângulo com as seguintes medidas dos lados:

a) $a = 8$ cm, $b = 6$ cm e $c = 5$ cm

b) $a = 10$ cm, $b = 10$ cm e $c = 8$ cm

c) $a = 5$ cm, $b = 2$ cm e $c = 3$ cm

d) $a = 5{,}4$ cm, $b = 1$ cm e $c = 3{,}5$ cm

4 Justifique por que é possível construir um triângulo cujos lados medem 10 cm, 8 cm e 6 cm.

5 As medidas dos lados do triângulo a seguir são dadas em centímetros. Determine o valor de x, se possível, para que o perímetro do triângulo seja:

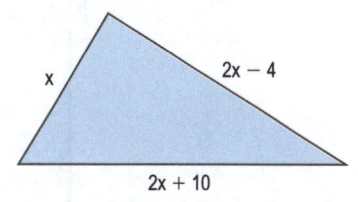

(lados: x, $2x - 4$, $2x + 10$)

a) 31 cm

b) 86 cm

6 É possível construir um triângulo com dois lados, com medidas iguais a 5 cm, e o outro com 6,5 cm? Justifique sua resposta. Se for possível, construa o triângulo, classifique-o quanto aos lados e dê as medidas dos ângulos internos desse triângulo.

131

> **VOCÊ SABIA?**   **O Triângulo das Bermudas**
>
> Triângulo das Bermudas é o nome dado a uma zona marítima na forma triangular com vértices em Miami, nas Ilhas Bermudas e na Ilha de Porto Rico. 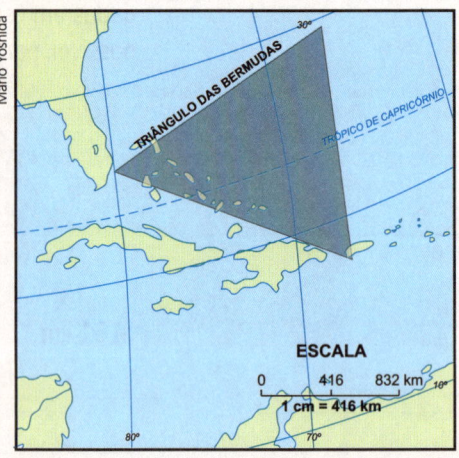
>
> Fonte: Com base no IBGE. *Atlas Geográfico Escolar*. Rio de Janeiro, 2004.
>
> Essa região tornou-se famosa porque nela aconteceu grande número de desaparecimentos "inexplicáveis" de barcos e aviões, bem como de seus tripulantes.
>
> Existem algumas teorias para explicar esses desaparecimentos. Uma delas é que as turbulências magnéticas frequentes nessa região afetariam os sinais eletromagnéticos ou de rádio das embarcações e dos aviões, prejudicando as comunicações e, sob condições especiais, alterando a própria ação da gravidade.
>
> Outra explicação são os vórtices (centros de redemoinhos) oceânicos que ocorrem com frequência nessa região.
>
> Os maremotos, comuns nessa região, também explicariam os desaparecimentos de navios.
>
> Certas perturbações atmosféricas como as turbulências de ar e os furacões repentinos explicariam as quedas dos aviões.

▶ Medianas, alturas e bissetrizes de um triângulo

A seguir vamos estudar os conceitos de **mediana**, **altura** e **bissetriz** de um triângulo e suas construções.

Mediana

> O segmento que une um vértice de um triângulo ao ponto médio do lado oposto é a **mediana** relativa a esse lado.

O triângulo tem três medianas, que se interceptam em um ponto chamado **baricentro**.

Observe as três medianas do triângulo XYZ:

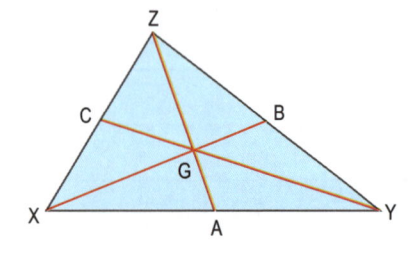

- $\overline{ZA}$ é a mediana relativa ao lado $\overline{XY}$. ($\overline{XA} \cong \overline{AY}$)
- $\overline{XB}$ é a mediana relativa ao lado $\overline{ZY}$. ($\overline{ZB} \cong \overline{YB}$)
- $\overline{YC}$ é a mediana relativa ao lado $\overline{XZ}$. ($\overline{XC} \cong \overline{ZC}$)
- O ponto G é o baricentro do triângulo XYZ.

Altura

> O segmento que une um vértice ao lado oposto (ou ao seu prolongamento) formando um ângulo de 90° com esse lado é a **altura** relativa a esse lado.

Todo triângulo possui três alturas, que se cruzam em um ponto chamado **ortocentro**.

Observe as alturas dos triângulos acutângulo, obtusângulo e retângulo.

Triângulo acutângulo

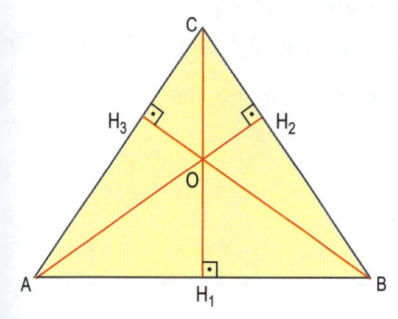

$\overline{CH_1}$ é a altura relativa ao lado $\overline{AB}$.

$\overline{AH_2}$ é a altura relativa ao lado $\overline{BC}$.

$\overline{BH_3}$ é a altura relativa ao lado $\overline{AC}$.

Observe que o ortocentro pertence ao triângulo e não coincide com nenhum de seus vértices.

Triângulo obtusângulo

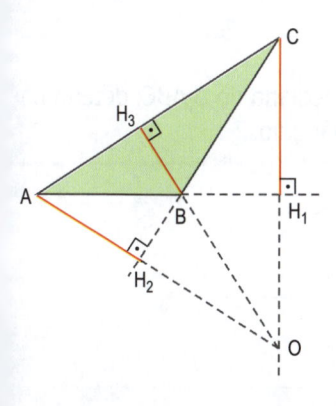

$\overline{CH_1}$ é a altura relativa ao lado $\overline{AB}$.

$\overline{AH_2}$ é a altura relativa ao lado $\overline{BC}$.

$\overline{BH_3}$ é a altura relativa ao lado $\overline{AC}$.

Observe que o ortocentro O não pertence ao triângulo.

Triângulo retângulo

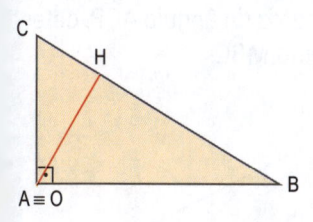

$\overline{AH}$ é a altura relativa ao lado $\overline{BC}$.

$\overline{CA}$ é a altura relativa ao lado $\overline{AB}$.

$\overline{BA}$ é a altura relativa ao lado $\overline{AC}$.

Observe que:

- A altura relativa ao lado $\overline{AC}$ coincide com o lado $\overline{AB}$.
- A altura relativa ao lado $\overline{AB}$ coincide com o lado $\overline{AC}$.
- O ortocentro O coincide com o vértice A.

Bissetriz

> O segmento que une um dos vértices de um triângulo ao lado oposto e que divide o ângulo desse vértice em dois ângulos congruentes é a **bissetriz** relativa a esse ângulo.

Todo triângulo possui três bissetrizes, que se cruzam em um ponto chamado **incentro**.
Observe as três bissetrizes do triângulo XYZ.

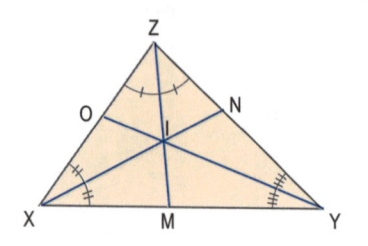

- $\overline{ZM}$ é a bissetriz relativa ao ângulo $X\hat{Z}Y$.
- $\overline{XN}$ é a bissetriz relativa ao ângulo $Z\hat{X}Y$.
- $\overline{YO}$ é a bissetriz relativa ao ângulo $X\hat{Y}Z$.
- O ponto I é o incentro desse triângulo.

Observação

Em um triângulo o incentro é equidistante dos três lados.

ATIVIDADES

7 Neste triângulo temos $B\hat{A}M \cong M\hat{A}C$ e $\overline{BS} \cong \overline{SC}$.

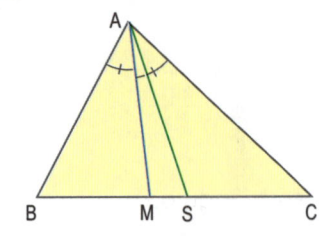

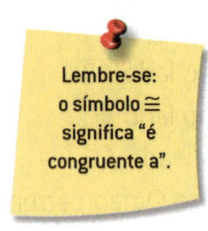

Lembre-se: o símbolo $\cong$ significa "é congruente a".

a) Qual é o segmento que representa a bissetriz relativa ao ângulo interno $\hat{A}$?

b) Qual é o segmento que representa a mediana relativa ao lado $\overline{BC}$?

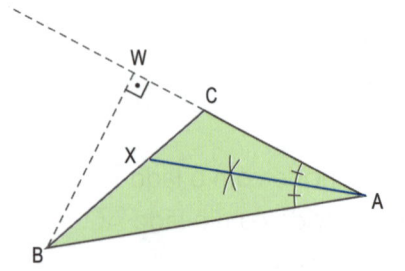

8 Observe o △ ABC:

a) Que segmento representa a bissetriz relativa ao ângulo interno $\hat{A}$?

b) Que segmento representa a altura relativa a AC?

9 Sabendo que $\overline{CM}$ é mediana do △ ABC, determine o perímetro desse triângulo.

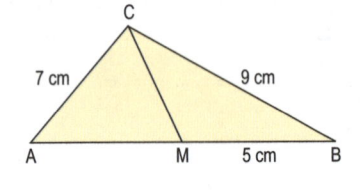

10 Sabendo que $\overline{CM}$ é bissetriz do ângulo $A\hat{C}B$, determine a medida do ângulo $M\hat{B}C$.

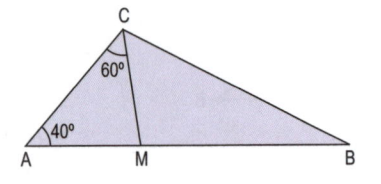

11 Sabendo que $\overline{CH}$ é altura relativa ao lado $\overline{AB}$, determine as medidas dos ângulos x e y.

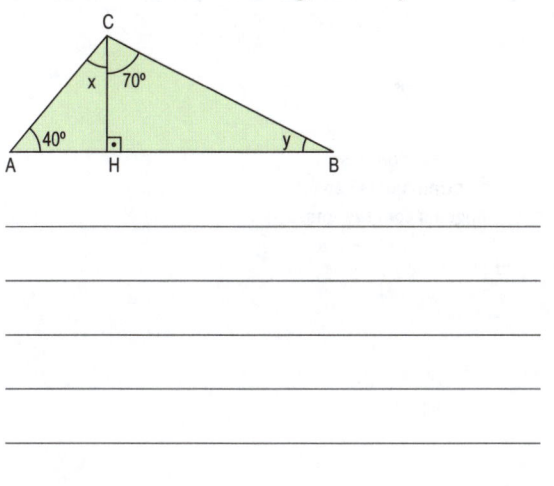

12 Sabendo que $\overline{CM}$ é bissetriz do ângulo $A\hat{C}B$ e que $\overline{AN}$ é bissetriz do ângulo $C\hat{A}B$, determine as medidas de x e de y.

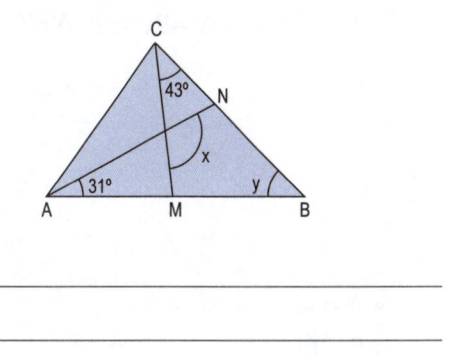

▶ Congruência de triângulos

Num papel quadriculado, desenhe dois triângulos como estes, abaixo, e recorte-os.

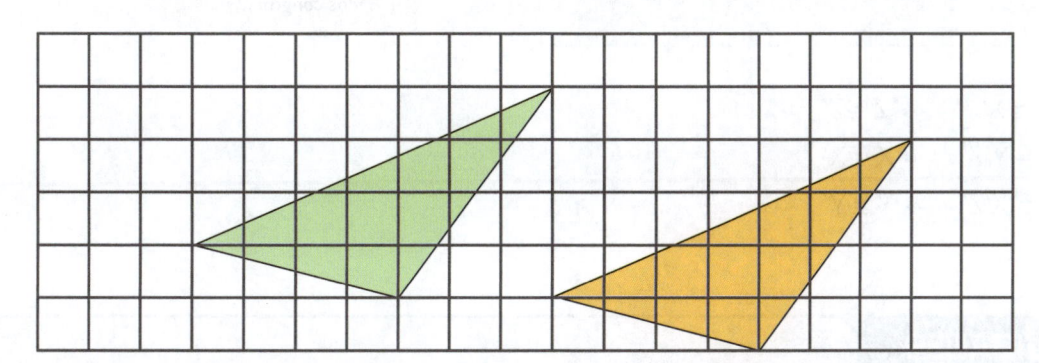

Sobrepondo os dois triângulos, observaremos que as medidas dos lados e dos ângulos internos dos dois triângulos são as mesmas.

Cada um dos lados de um triângulo é congruente a cada um dos lados do outro triângulo. Verificaremos, também, que cada um dos ângulos internos de um triângulo é congruente a cada um dos ângulos internos do outro triângulo. Dizemos, então, que os dois triângulos são **congruentes**.

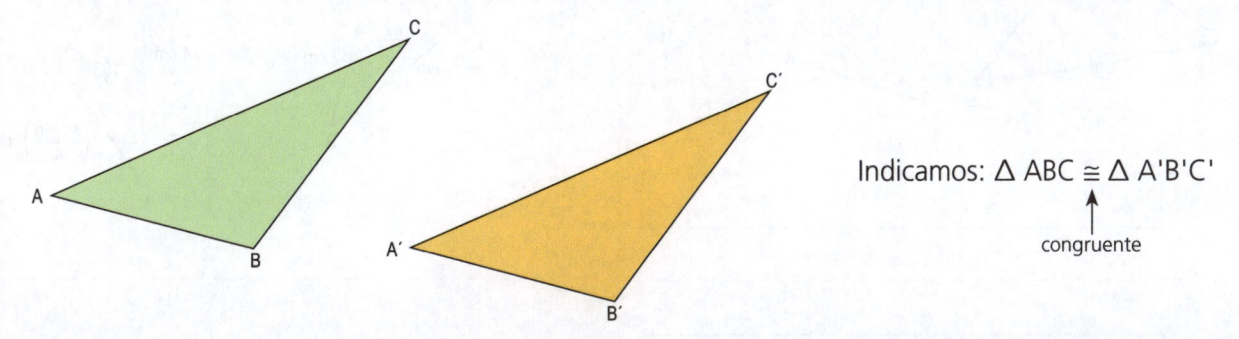

Indicamos: $\triangle ABC \cong \triangle A'B'C'$

↑ congruente

135

Se dois triângulos são congruentes, então:

- lados opostos a ângulos congruentes também são congruentes. Por exemplo:

Sabendo que $\triangle ABC \cong \triangle A'B'C'$, temos:

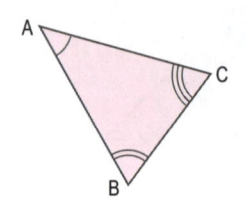

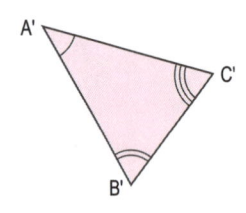

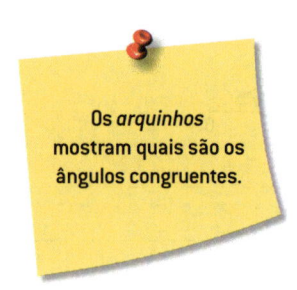

> Os *arquinhos* mostram quais são os ângulos congruentes.

- $\hat{A} \cong \hat{A}' \longrightarrow \overline{BC} \cong \overline{B'C'}$
- $\hat{B} \cong \hat{B}' \longrightarrow \overline{AC} \cong \overline{A'C'}$
- $\hat{C} \cong \hat{C}' \longrightarrow \overline{AB} \cong \overline{A'B'}$

- Ângulos opostos a lados congruentes também são congruentes. Por exemplo:

Sabendo que $\triangle XYZ \cong \triangle X'Y'Z'$, temos:

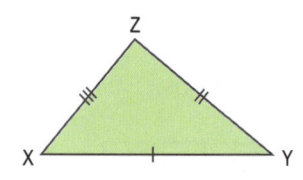

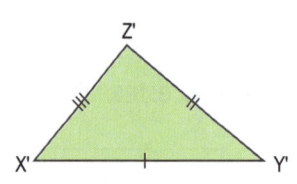

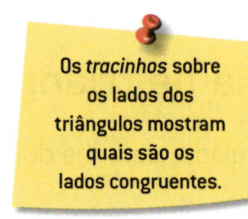

> Os *tracinhos* sobre os lados dos triângulos mostram quais são os lados congruentes.

- $\overline{XY} \cong \overline{X'Y'} \longrightarrow \hat{Z} \cong \hat{Z}'$
- $\overline{YZ} \cong \overline{Y'Z'} \longrightarrow \hat{X} \cong \hat{X}'$
- $\overline{XZ} \cong \overline{X'Z'} \longrightarrow \hat{Y} \cong \hat{Y}'$

ATIVIDADES

13 Identifique a congruência dos seis elementos destes triângulos:

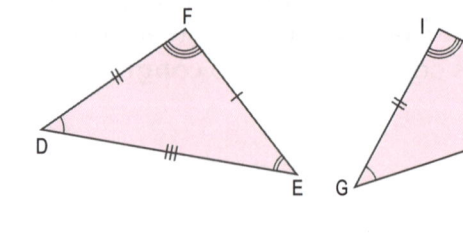

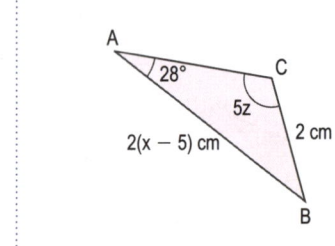

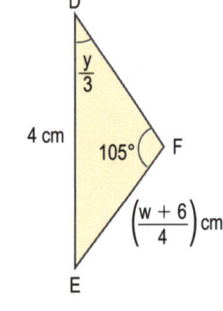

_____
_____
_____
_____

14 Os triângulos abaixo são congruentes. Determine os valores de x, y, z e w.

A: 28°, 2(x − 5) cm, 5z, C: 2 cm, B
D: $\frac{y}{3}$, 4 cm, 105°, F, $\left(\frac{w+6}{4}\right)$ cm, E

_____
_____

136

Casos de congruência de triângulos

Para que dois triângulos sejam congruentes devem ser satisfeitas algumas condições. Elas são denominadas **casos de congruência**. Veja os quatro casos de congruência de triângulos.

CASO 1   L.A.L. (Lado, Ângulo, Lado)

Dois triângulos que têm dois lados e o ângulo compreendido entre eles respectivamente congruentes são congruentes.

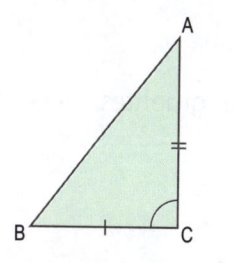

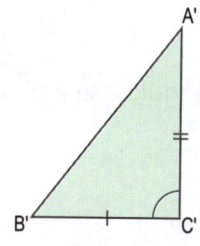

$$\left.\begin{array}{l} \overline{AC} \cong \overline{A'C'} \\ \hat{C} \cong \hat{C}' \\ \overline{BC} \cong \overline{B'C'} \end{array}\right\} \triangle ABC \cong \triangle A'B'C'$$

CASO 2   A.L.A. (Ângulo, Lado, Ângulo)

Dois triângulos que têm dois ângulos e o lado adjacente a esses ângulos respectivamente congruentes são congruentes.

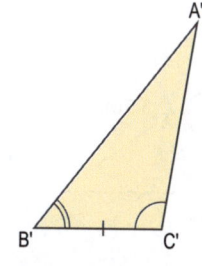

$$\left.\begin{array}{l} \hat{B} \cong \hat{B}' \\ \overline{BC} \cong \overline{B'C'} \\ \hat{C} \cong \hat{C}' \end{array}\right\} \triangle ABC \cong \triangle A'B'C'$$

CASO 3   L.L.L. (Lado, Lado, Lado)

Dois triângulos que têm os três lados respectivamente congruentes são congruentes.

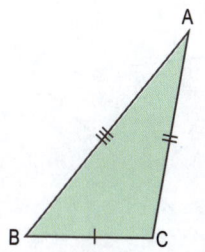

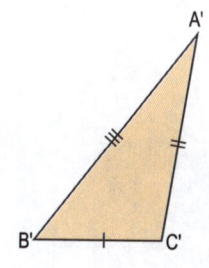

$$\left.\begin{array}{l} \overline{AC} \cong \overline{A'C'} \\ \overline{BC} \cong \overline{B'C'} \\ \overline{AB} \cong \overline{A'B'} \end{array}\right\} \triangle ABC \cong \triangle A'B'C'$$

CASO 4   L.A.A$_o$. (Lado, Ângulo, Ângulo oposto)

Dois triângulos que têm um lado, um ângulo adjacente e um ângulo oposto a esse lado respectivamente congruentes são congruentes.

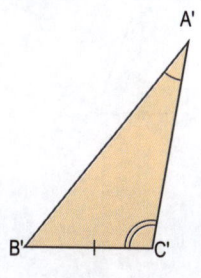

$$\left.\begin{array}{l} \overline{BC} \cong \overline{B'C'} \\ \hat{C} \cong \hat{C}' \\ \hat{A} \cong \hat{A}' \end{array}\right\} \triangle ABC \cong \triangle A'B'C'$$

A congruência de triângulos retângulos

Dois triângulos retângulos que têm a hipotenusa e um dos catetos respectivamente congruentes são congruentes.

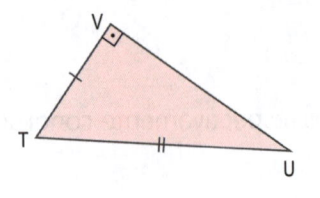

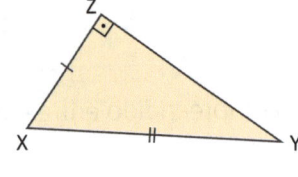

$$\left.\begin{array}{l} \overline{TV} \cong \overline{XZ} \\ \overline{TU} \cong \overline{XY} \end{array}\right\} \triangle TUV \cong \triangle XYZ$$

Observações

- A congruência de três ângulos não garante que os triângulos sejam congruentes. Veja, por exemplo, que os triângulos abaixo não são congruentes.

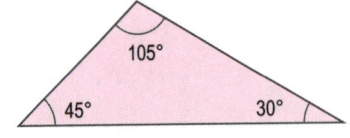

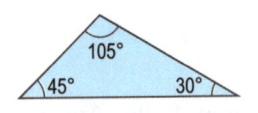

- A congruência de dois lados e um ângulo não garante que os triângulos sejam congruentes. Veja, por exemplo, que os dois triângulos abaixo não são congruentes.

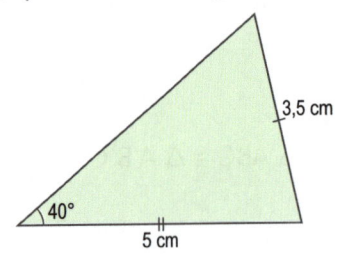

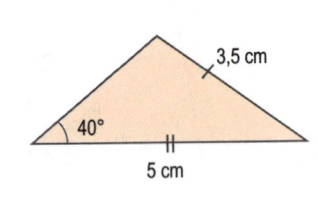

ATIVIDADES

15 Nos itens abaixo, os triângulos são congruentes. Qual caso de congruência cada par de triângulos apresenta?

a)

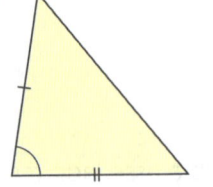

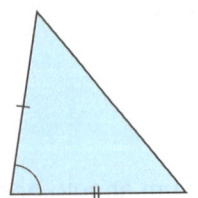

b)

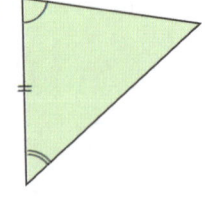

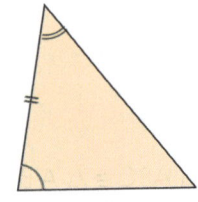

c)

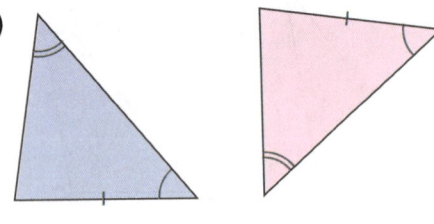

d)

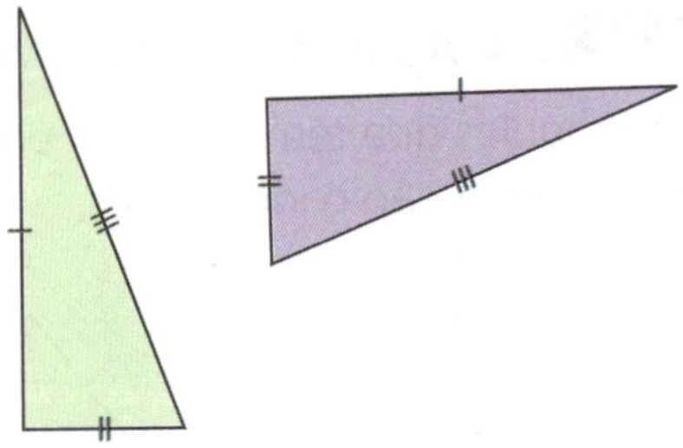

138

16 Identifique o caso de congruência entre os dois triângulos de cada figura.

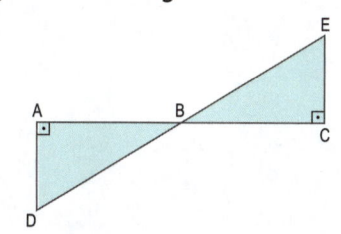

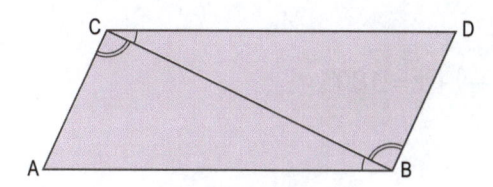

17 Na figura abaixo, identifique dois pares de triângulos congruentes, justificando com o respectivo caso de congruência.

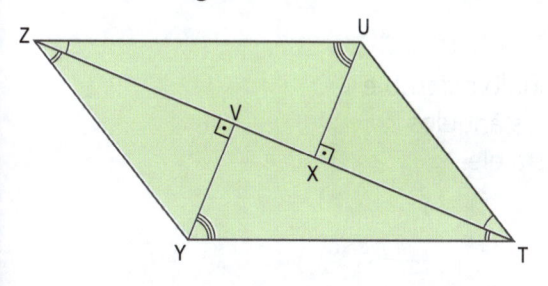

_____
_____
_____

18 Indique o caso de congruência dos pares de triângulos abaixo. A seguir, determine o valor de x e de y:

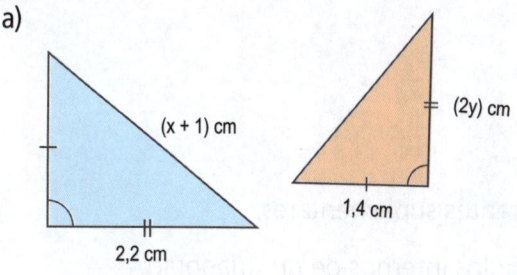

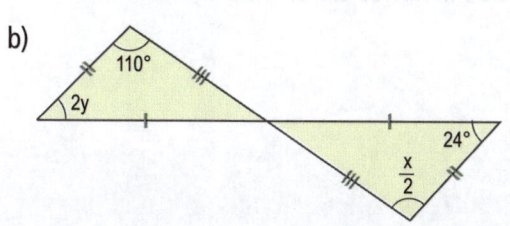

a) (x + 1) cm, 2,2 cm, (2y) cm, 1,4 cm

b) 110°, 2y, 24°, $\frac{x}{2}$

19 Os triângulos ADE e BCE são congruentes.

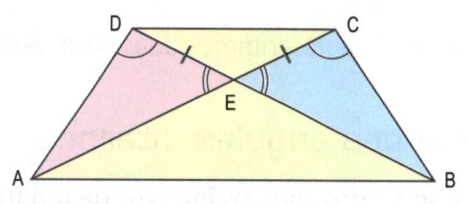

a) Identifique o caso de congruência. _____

b) Sabendo que AD = 24, DE = $\frac{x}{2}$ – 1, BC = 3x – 6 e CE = $\frac{y}{3}$, calcule x e y.

_____
_____
_____

20 Verifique, em cada caso, se os triângulos são congruentes.

Em caso positivo, indique o caso de congruência.

a) Dois triângulos, ABC e XYZ, têm os lados $\overline{AB}$ e $\overline{XY}$ congruentes; os ângulos $\hat{A}$ e $\hat{X}$ congruentes e os ângulos $\hat{B}$ e $\hat{Y}$ congruentes. _____

b) Os triângulos CDE e FGH são congruentes.

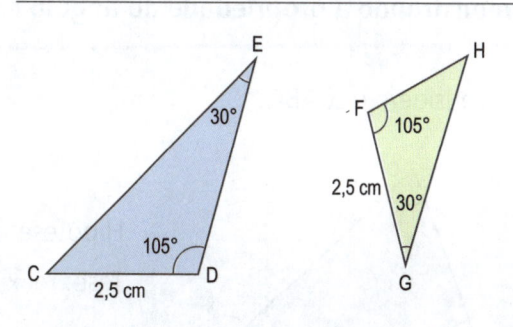

_____

c) No triângulo XYZ, os ângulos medem 27°, 33° e 120° e no triângulo CDE os ângulos também medem 27°, 33° e 120°. _____

d) Os triângulos ABC e DEF têm os lados $\overline{AB}$ e $\overline{DE}$ congruentes, os ângulos $\hat{A}$ e $\hat{D}$ congruentes e os ângulos $\hat{C}$ e $\hat{F}$ congruentes.

_____

e) Os triângulos ABC e DEF têm os lados $\overline{AB}$ e $\overline{DE}$ congruentes, os ângulos $\hat{A}$ e $\hat{D}$ congruentes e os lados $\overline{BC}$ e $\overline{EF}$ congruentes. _____

▶ Propriedades dos triângulos

A seguir, apresentamos duas propriedades dos triângulos

Soma dos ângulos internos

A soma dos ângulos internos de um triângulo é igual a 180°.

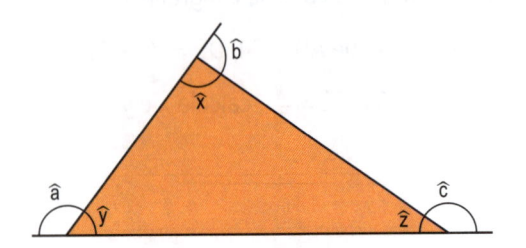

$$\hat{x} + \hat{y} + \hat{z} = 180°$$

Relação entre o ângulo externo e os ângulos internos não adjacentes

> Num triângulo, a medida do ângulo externo é igual à soma das medidas dos ângulos internos não adjacentes a ele.

Demonstrando a propriedade do ângulo externo

Considere o △ ABC.

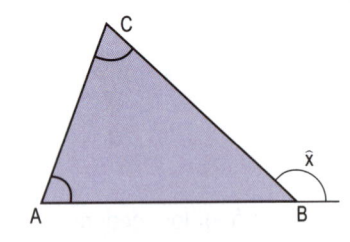

Hipótese: $\hat{x}$ é um ângulo externo não adjacente aos angulos $\hat{A}$ e $\hat{C}$.

Tese: $m(\hat{x}) = m(\hat{A}) + m(\hat{C})$

Demonstração

Partindo da hipótese, podemos afirmar que:

- $m(\hat{x}) + m(\hat{B}) = 180°$, pois $\hat{x}$ e $\hat{B}$ são ângulos adjacentes suplementares.

- $m(\hat{A}) + m(\hat{B}) + m(\hat{C}) = 180°$, pois $\hat{A}$, $\hat{B}$ e $\hat{C}$ são ângulos internos de um triângulo.

Então $m(\hat{x}) + m(\hat{B}) = m(\hat{A}) + m(\hat{B}) + m(\hat{C})$

Subtraindo $m(\hat{B})$ dos dois membros, temos:

$m(\hat{x}) = m(\hat{A}) + m(\hat{C})$

EXPERIMENTOS, JOGOS E DESAFIOS

Relação entre o ângulo externo e os ângulos internos não adjacentes

Numa folha de papel, desenhe um △ ABC. Pinte os ângulos internos $\hat{A}$ e $\hat{C}$ e o ângulo externo $\hat{e}$ como mostra a figura. Recorte o triângulo separando esses dois ângulos.

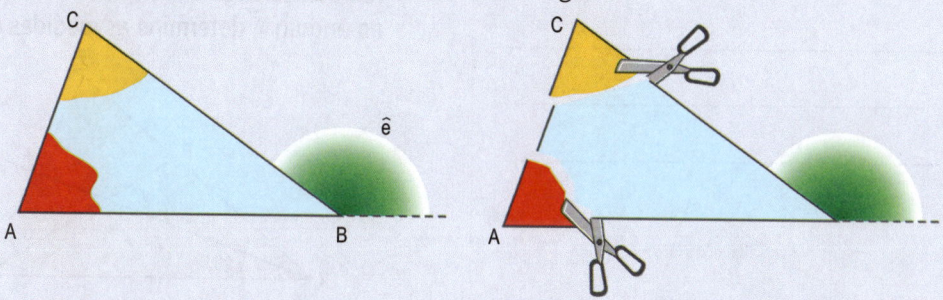

Sobreponha os ângulos internos $\hat{A}$ e $\hat{C}$ ao ângulo externo $\hat{e}$, como mostra a figura.

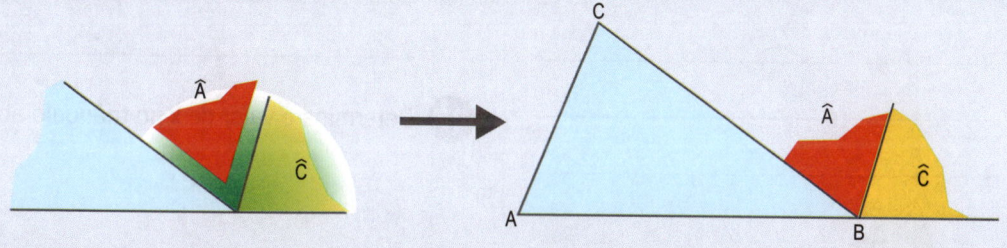

Que relação existe entre a medida do ângulo $\hat{e}$ e os ângulos internos $\hat{A}$ e $\hat{C}$?

ATIVIDADES

21 Qual é o ângulo de inclinação deste telhado em relação à horizontal?

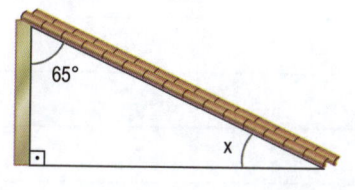

(65°, x)

22 Calcule o valor de x em cada um dos triângulos:

a) (130°, x, z, 125°)

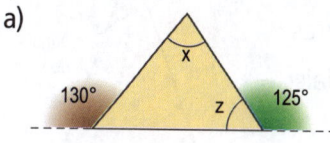

b) (3x − 15°, 2x − 20°)

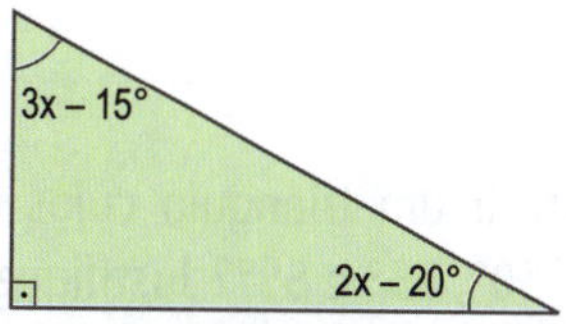

c) (3x + 20°, 4x + 10°, 3x)

141

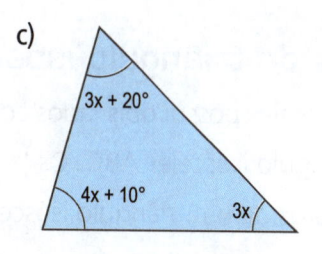

23 Calcule o valor de x e y nos triângulos abaixo:

a) (triângulo com ângulos $\frac{5}{3}x$, y, x e ângulo externo 135°)

_____
_____
_____

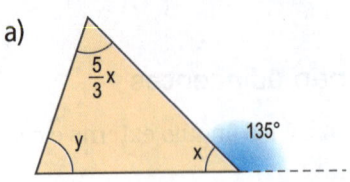

b) (triângulo com ângulos $3x - 16°$, $2x + 6°$, y e ângulo externo $4x + 22°$)

_____
_____
_____

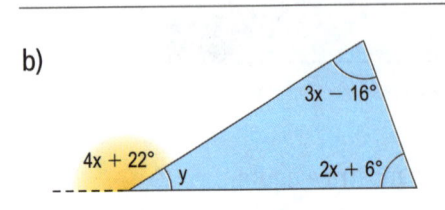

c) (triângulo com ângulos x, 30°, 65°, y e ângulo externo 110°)

_____
_____
_____

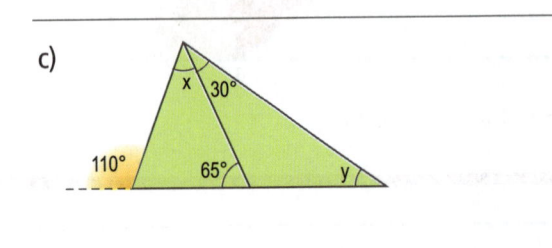

24 É possível construir um triângulo cujos ângulos internos meçam 50°, 75° e 85°? Justifique.

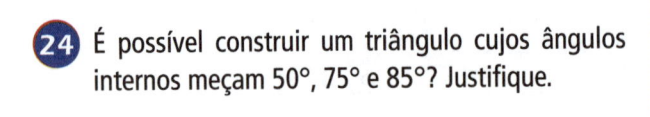

_____
_____

25 É possível construir um triângulo com dois ângulos retos? Justifique.

_____

26 No triângulo abaixo, sabendo que $\overline{XA}$ é a bissetriz relativa ao ângulo $\hat{X}$ e que $\overline{YB}$ é a bissetriz relativa ao ângulo $\hat{Y}$, determine as medidas de u, v e w.

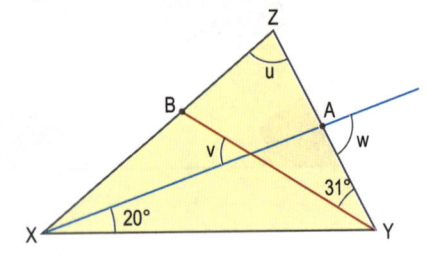

(triângulo XYZ com ângulos em X = 20°, em Y = 31°, com bissetrizes e ângulos u, v, w marcados)

_____

27 Determine o valor de x no triângulo abaixo.

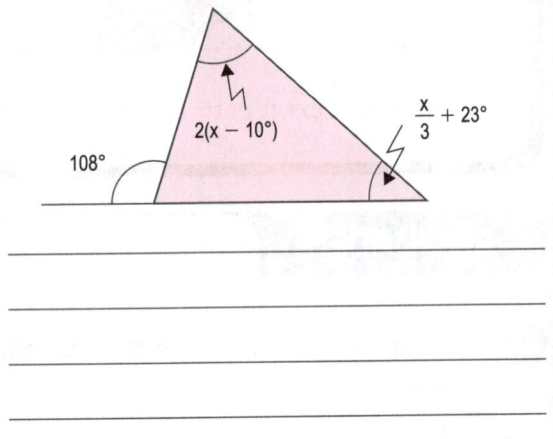

(triângulo com ângulos $2(x - 10°)$, $\frac{x}{3} + 23°$ e ângulo externo 108°)

_____
_____
_____
_____
_____

Propriedades do triângulo isósceles

O triângulo isósceles possui dois lados congruentes.

Observe o triângulo isósceles ABC. Os lados $\overline{AB}$ e $\overline{AC}$ são congruentes.

Alguns elementos de um triângulo isósceles recebem nomes especiais:

- Base: é o lado com medida diferente dos outros dois lados.
- Ângulos da base: são os ângulos adjacentes à base.
- Ângulo do vértice: é o ângulo oposto à base.

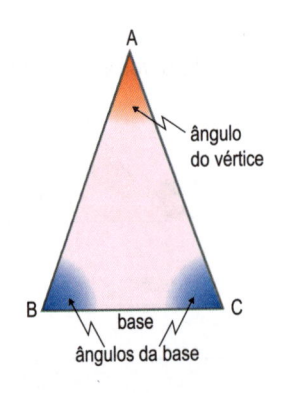

PROPRIEDADE 1

> Num triângulo isósceles, os ângulos da base são congruentes.

Essa propriedade é válida para todos os triângulos isósceles. Vamos demonstrar.

Considere o △ ABC isósceles, sendo $\overline{AC} \cong \overline{BC}$.

Inicialmente, traçamos a mediana $\overline{CM}$.

Comparando os triângulos AMC e BMC, temos:

- $\overline{AC} \cong \overline{BC}$ (lados congruentes do △ABC).
- $\overline{AM} \cong \overline{BM}$ (M é ponto médio de $\overline{AB}$).
- $\overline{CM} \cong \overline{CM}$ (lado comum).

Pelo caso de congruência L.L.L., podemos afirmar que △ AMC ≅ △ BMC.

Logo, todos os elementos do △ AMC são congruentes com os elementos correspondentes do △ BMC. Podemos escrever que $\hat{A} \cong \hat{B}$ (Ângulos da base do triângulo isósceles).

PROPRIEDADE 2

> Num triângulo isósceles, a mediana, a altura e a bissetriz relativas à base coincidem.

Considere o triângulo isósceles ao lado.

Traçamos a mediana $\overline{CM}$.

Pela propriedade anterior, temos que: △AMC ≅ △BMC.

Logo, todos os elementos do △AMC são congruentes aos elementos correspondentes do △BMC. Podemos escrever que:

- $A\hat{C}M \cong B\hat{C}M$

    Portanto, além de mediana, o segmento $\overline{CM}$ também é bissetriz do triângulo.

- $C\hat{M}A \cong C\hat{M}B$

    Como m(CM̂A) + m(CM̂B) = 180° e esses ângulos são congruentes, então:

    m(CM̂A) = m(CM̂B) = 90° (retos).

O segmento $\overline{CM}$, além de ser mediana do triângulo ABC em relação à base $\overline{AB}$, e de ser bissetriz em relação ao ângulo $\hat{C}$, também é altura relativa à base.

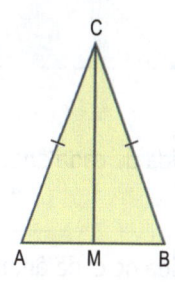

ATIVIDADES

28 No △AMN abaixo, temos $\overline{AM} \cong \overline{AN}$.

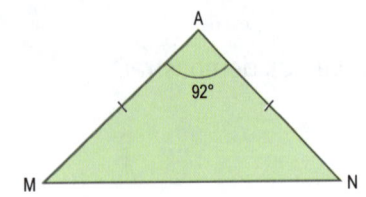

Calcule:

a) a medida de cada ângulo da base _____

b) a medida de cada ângulo externo da base _____

c) a soma das medidas dos ângulos externos _____

29 Em um triângulo isósceles, cada ângulo da base mede 47°.

Qual é a medida do ângulo do vértice desse triângulo? _____

30 Determine o valor de x e de y no triângulo isósceles abaixo.

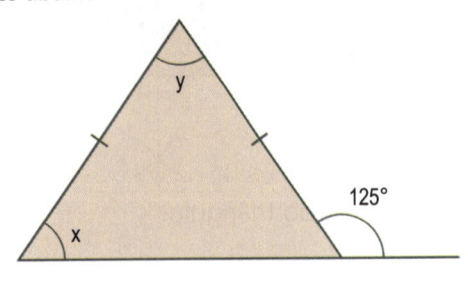

_____

31 Este triângulo é isósceles, com $\overline{XZ} \cong \overline{YZ}$. Sendo $\overline{ZT}$ a bissetriz de $X\hat{Z}Y$, determine os valores de a e b. _____

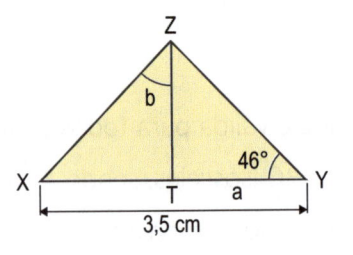

32 O triângulo ABC é isósceles, com $\overline{AB} \cong \overline{AC}$. Sabendo que $\overline{AM}$ é a bissetriz relativa ao ângulo $C\hat{A}B$, determine x, y e z.

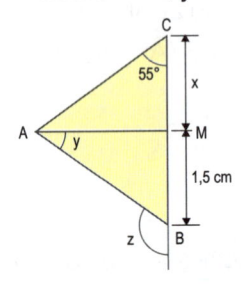

_____

33 Sabendo que na figura abaixo $\overline{DT}$ é a bissetriz do ângulo $C\hat{D}M$, que ABCD é um retângulo, que $\overline{DM} \cong \overline{CM}$ e que $\overline{DT} \cong \overline{CT}$, determine os valores de x e y.

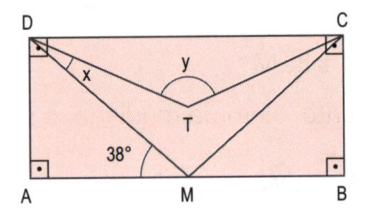

34 Em um triângulo isósceles, cada ângulo da base mede o quádruplo da medida do ângulo do vértice. Quais são as medidas dos três ângulos desse triângulo? _____

144

Relação entre lados e ângulos de um triângulo

Considere o △ ABC, abaixo:

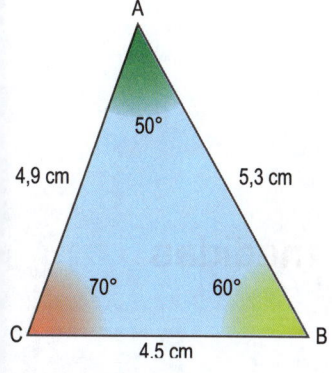

Vamos escrever em ordem decrescente as medidas dos ângulos internos desse triângulo e as medidas dos respectivos lados opostos.

Ângulo interno	70°	60°	50°
Lado oposto	5,3 cm	4,9 cm	4,5 cm

Observe que ao maior ângulo interno se opõe o maior lado.

Essa relação se verifica também no triângulo obtusângulo ABC, abaixo:

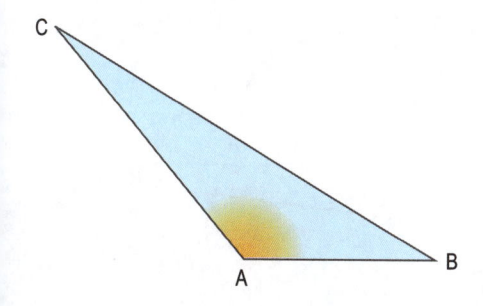

 é o maior ângulo. Ele se opõe a $\overline{BC}$, que é o maior lado.

Pode-se demonstrar que:

> Em qualquer triângulo o maior lado se opõe ao maior ângulo.

ATIVIDADES

35 Sem medir, indique qual é o maior dos lados de cada triângulo abaixo:

a)

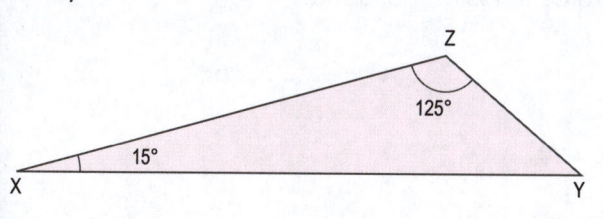

b)

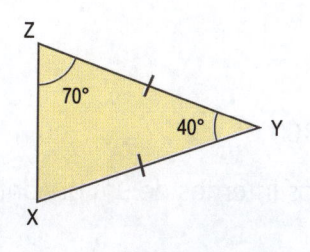

36 Em um triângulo ABC, o lado $\overline{AB}$ mede 5 cm, o lado $\overline{BC}$ mede 7 cm e o lado $\overline{CA}$ mede 11 cm. Qual é o maior ângulo desse triângulo?

37 Em um triângulo DEF, o ângulo $\hat{D}$ mede 48°, o ângulo $\hat{E}$, 67° e o ângulo $\hat{F}$, 65°. Qual é o maior dos lados desse triângulo?

145

Capítulo 8

QUADRILÁTEROS

▶ Elementos de um quadrilátero e soma das medidas dos ângulos internos

Elementos

Observe o quadrilátero ABCD.

- Os pontos A, B, C e D são os vértices.
- $\overline{AB}$, $\overline{BC}$, $\overline{CD}$ e $\overline{DA}$ são os lados.
- $\overline{AC}$ e $\overline{BD}$ são as diagonais.
- $A\hat{B}C$, $B\hat{C}D$, $C\hat{D}A$ e $D\hat{A}B$ são os ângulos internos.
- $\hat{e}_1$, $\hat{e}_2$, $\hat{e}_3$ e $\hat{e}_4$ são os ângulos externos.

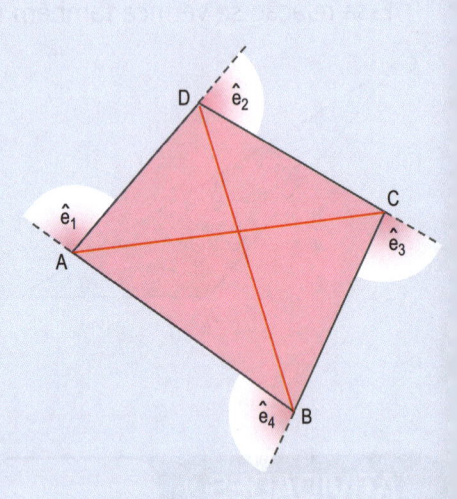

O par de lados $\overline{AB}$ e $\overline{CD}$, assim como o par de lados $\overline{BC}$ e $\overline{AD}$ são chamados **lados opostos**.

O par de ângulos $A\hat{B}C$ e $C\hat{D}A$, assim como o par de ângulos $B\hat{C}D$ e $D\hat{A}B$ são chamados **ângulos internos opostos**.

Soma das medidas dos ângulos internos de um quadrilátero

Já demonstramos que a soma das medidas dos ângulos internos de um polígono convexo pode ser determinada usando-se a fórmula:

$S_i = (n - 2) \cdot 180°$, em que n representa o número de lados do polígono.

No caso dos quadriláteros, temos:

$S_i = (n - 2) \cdot 180°$

$S_i = (4 - 2) \cdot 180°$

$S_i = 2 \cdot 180°$

$S_i = 360°$

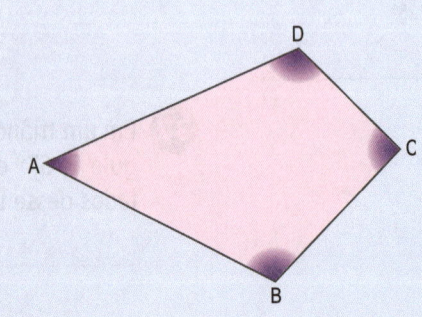

$m(\hat{A}) + m(\hat{B}) + m(\hat{C}) + m(\hat{D}) = 360°$

Logo, podemos concluir que a soma das medidas dos ângulos internos de um quadrilátero é igual a 360°.

ATIVIDADES

1 Observe o quadrilátero abaixo:

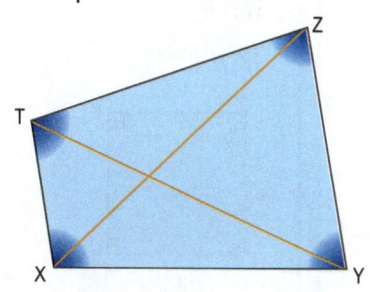

a) Quais são seus vértices? _____

b) Quais são seus lados? _____

c) Quais são seus ângulos internos? _____

d) Qual é o ângulo interno oposto ao ângulo $\hat{X}$? E ao ângulo $\hat{T}$? _____

e) Quais são suas diagonais? _____

2 Qual é o valor de x no quadrilátero ABCD?

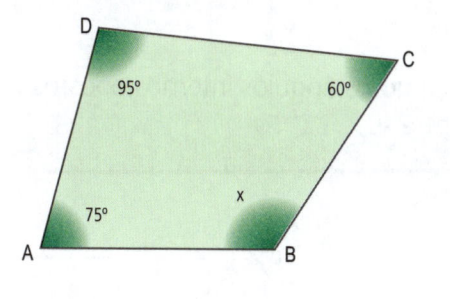

_____
_____
_____

3 As medidas dos lados de um quadrilátero são indicadas, em centímetros, por 2x; 4x + 8; 6x − 4 e 11x − 20. O perímetro desse quadrilátero é expresso por (3x + 24) cm.

> O perímetro de um polígono é igual à soma das medidas de seus lados.

a) Qual é o valor de x? _____

b) Quais são as medidas dos lados do quadrilátero? _____

4 Num quadrilátero ABCD temos: m($\hat{A}$) = 17°, m($\hat{B}$) = 36°, m($\hat{C}$) = 128°. Calcule m($\hat{D}$).

_____
_____
_____

5 Qual é o valor de x indicado no quadrilátero ABCD?

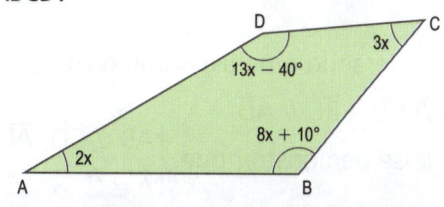

_____

Paralelogramos

Os quadriláteros que têm os lados opostos paralelos são chamados **paralelogramos**.

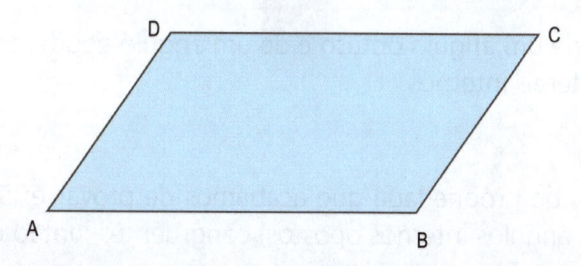

147

Alguns paralelogramos recebem nomes especiais.

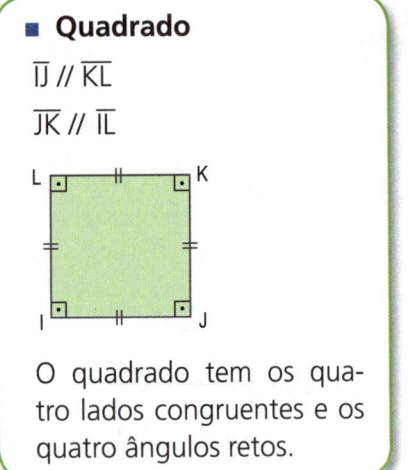

■ Retângulo

$\overline{AB} \parallel \overline{DC}$
$\overline{AD} \parallel \overline{BC}$

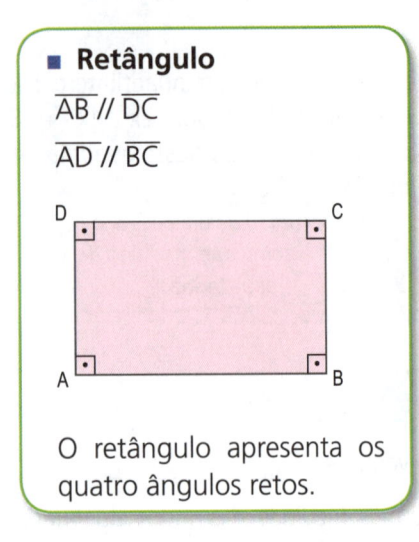

O retângulo apresenta os quatro ângulos retos.

■ Losango

$\overline{EF} \parallel \overline{GH}$
$\overline{FG} \parallel \overline{HE}$

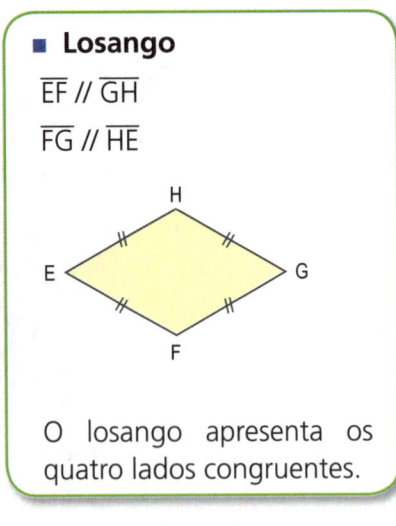

O losango apresenta os quatro lados congruentes.

■ Quadrado

$\overline{IJ} \parallel \overline{KL}$
$\overline{JK} \parallel \overline{IL}$

O quadrado tem os quatro lados congruentes e os quatro ângulos retos.

Propriedades dos paralelogramos

Vamos estudar as propriedades dos paralelogramos.

PROPRIEDADE 1

> Os lados opostos de um paralelogramo, assim como os ângulos internos opostos, são congruentes entre si.

Considerando o paralelogramo ABCD, temos:

$\overline{AB} \parallel \overline{CD}$ e $\overline{BC} \parallel \overline{AD}$

Pode-se demonstrar que: $\begin{cases} \overline{AB} \cong \overline{CD}, \overline{AD} \cong \overline{CB} \\ \hat{A} \cong \hat{C}, \hat{B} \cong \hat{D} \end{cases}$

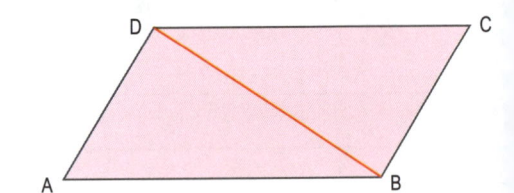

Observações

■ Os pares de ângulos internos opostos congruentes em um paralelogramo são: dois ângulos obtusos e dois ângulos agudos.

■ A soma das medidas de um ângulo obtuso e de um ângulo agudo de um paralelogramo é 180°, pois são ângulos colaterais internos.

Propriedade recíproca

A propriedade recíproca da propriedade que acabamos de provar é: Se um quadrilátero convexo tem os lados opostos (ou os ângulos internos opostos) congruentes, então ele é um paralelogramo.

Essa propriedade recíproca também pode ser demonstrada.

PROPRIEDADE 2

> Se um quadrilátero é um paralelogramo, então suas diagonais se cortam ao meio.

Considerando o paralelogramo ABCD e suas diagonais $\overline{AC}$ e $\overline{BD}$, temos:

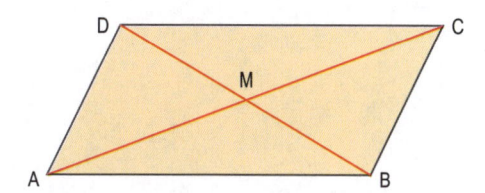

$\overline{AB} \parallel \overline{CD}$ e $\overline{BC} \parallel \overline{AD}$

Pode-se demonstrar que: $\begin{cases} \overline{AM} \cong \overline{CM} \\ \overline{BM} \cong \overline{DM} \end{cases}$

Propriedade recíproca

A propriedade recíproca da propriedade que acabamos de provar é: Se as diagonais de um quadrilátero convexo se interceptam ao meio, então esse quadrilátero é um paralelogramo.

Essa propriedade recíproca também pode ser demonstrada.

ATIVIDADES

6 Determine as medidas dos quatro ângulos internos deste paralelogramo.

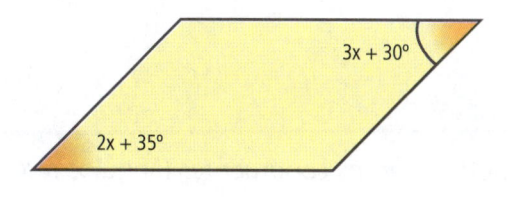

(3x + 30°)
(2x + 35°)

_____
_____
_____
_____

7 Determine o valor de x no paralelogramo ABCD.

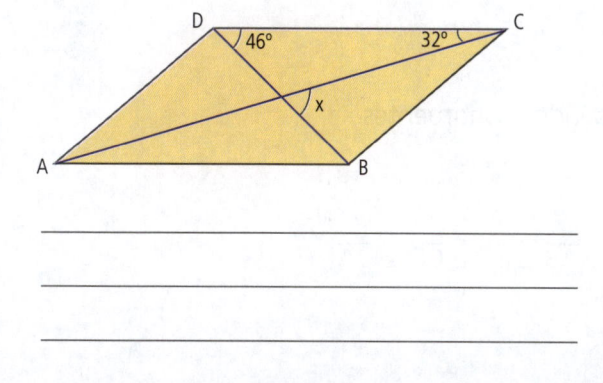

(D: 46°, C: 32°, x)

_____
_____
_____
_____

8 Determine o valor de x e y no paralelogramo ABCD.

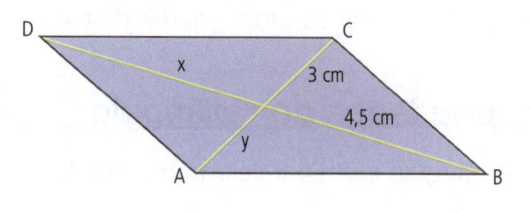

(x, 3 cm, 4,5 cm, y)

_____
_____
_____
_____

9 As medidas de dois ângulos opostos de um paralelogramo são indicadas, respectivamente, por 5x − 15° e 3(x + 5°). Quais são as medidas dos outros ângulos desse paralelogramo?

_____
_____
_____
_____

10 Qual é o valor de y indicado neste paralelogramo?

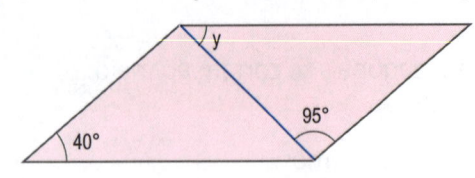

_____

_____

11 Se um dos ângulos de um paralelogramo mede 55°, quanto medem os outros ângulos desse paralelogramo?

12 A medida de um dos ângulos agudos de um paralelogramo é a quarta parte da medida de um dos ângulos obtusos. Determine a medida desse ângulo agudo.

_____

_____

_____

_____

Retângulos, losangos, quadrados e suas propriedades

Sabemos que um paralelogramo pode receber nomes especiais: **retângulo**, **losango** ou **quadrado**. Vamos estudar as propriedades de cada um deles.

Propriedades do retângulo

Retângulo é um paralelogramo que tem os quatro ângulos internos congruentes (ângulos retos):

$m(\hat{A}) = m(\hat{B}) = m(\hat{C}) = m(\hat{D}) = 90°$

Num retângulo pode-se provar que: $\overline{AC} \cong \overline{BD}$

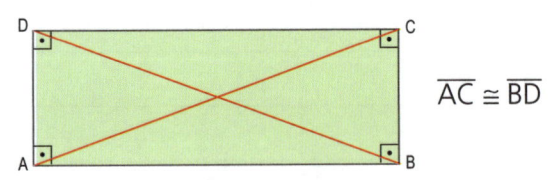

$\overline{AC} \cong \overline{BD}$

As diagonais de um retângulo são congruentes.

Propriedades do losango

Losango é um paralelogramo que tem os quatro lados congruentes.

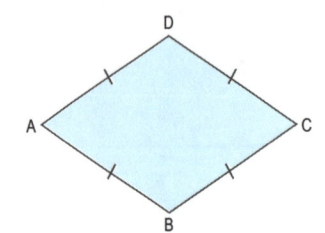

$\overline{AB} \cong \overline{BC} \cong \overline{CD} \cong \overline{DA}$

Num losango valem estas propriedades:

> As diagonais de um losango são perpendiculares entre si.

> As diagonais de um losango estão contidas nas bissetrizes dos ângulos internos.

Considerando o losango ABCD, temos:

$\overline{AB} \cong \overline{BC} \cong \overline{CD} \cong \overline{DA}$

Pode-se demonstrar que: $AC \perp BD$ e $A\hat{O}O \cong C\hat{D}O$

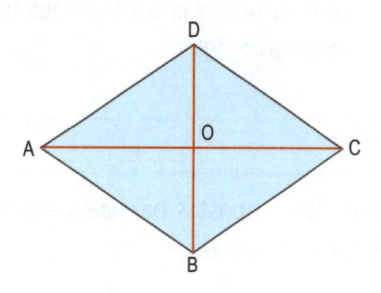

Propriedades do quadrado

Quadrado é um paralelogramo que tem os quatro ângulos internos retos e os quatro lados congruentes.

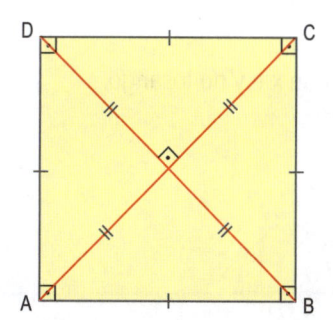

$m(\hat{A}) = m(\hat{B}) = m(\hat{C}) = m(\hat{D}) = 90°$

$\overline{AB} \cong \overline{BC} \cong \overline{CD} \cong \overline{DA}$

Um quadrado é ao mesmo tempo um retângulo e um losango, portanto, possui todas as propriedades desses quadriláteros.

> As diagonais do quadrado são congruentes, perpendiculares entre si e estão contidas nas bissetrizes de seus ângulos internos.

ATIVIDADES

13 Identifique se as sentenças são verdadeiras ou falsas.

( ) Se um losango tem as diagonais congruentes, então ele é um quadrado.

( ) Se um paralelogramo tem os lados congruentes e suas diagonais são perpendiculares entre si, então ele é um losango.

( ) Se um paralelogramo tem três ângulos retos, então suas diagonais são congruentes.

( ) Se um paralelogramo tem os quatro ângulos retos, então ele é um quadrado.

( ) Se as diagonais de um quadrilátero convexo são perpendiculares entre si, então ele é um losango.

14 Que quadrilátero é esse?

a) Tem os lados opostos paralelos e suas diagonais são perpendiculares entre si.

_____

_____

b) Tem os lados opostos paralelos, suas diagonais são perpendiculares entre si e seus quatro lados são congruentes.

_____

_____

c) Tem os lados opostos paralelos e suas diagonais são congruentes.

_____

_____

d) Tem os lados opostos paralelos, suas diagonais são congruentes e perpendiculares entre si.

_____

_____

15 Determine o valor de x e y no retângulo.

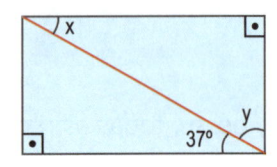

Lembre-se: os ângulos x e 37° são alternos internos.

_____

_____

_____

_____

16 Determine o valor de x e y indicados no quadrado.

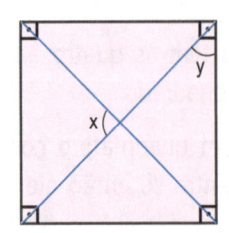

17 Determine as medidas x e y indicadas no retângulo.

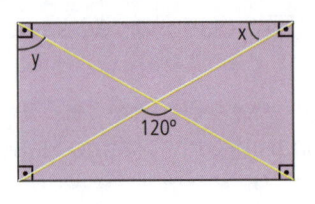

_____

_____

_____

_____

_____

_____

_____

_____

18 Determine o valor de x e y no losango.

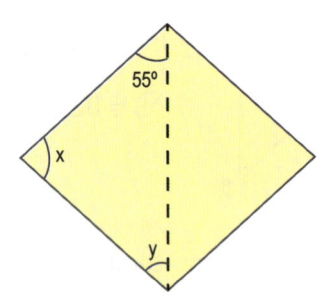

Lembre-se: as diagonais do losango estão contidas nas bissetrizes dos ângulos internos desse losango.

19 Usando as propriedades dos quadriláteros, determine os valores de x, y, a e b:

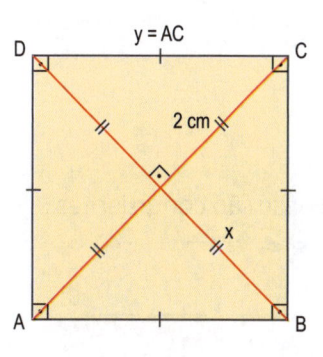

x = _____

y = _____

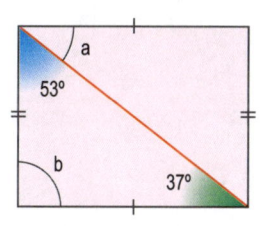

x = _____

y = _____

20 Na figura abaixo, os triângulos ABC e ACD são equiláteros. Qual o nome do quadrilátero ABCD?

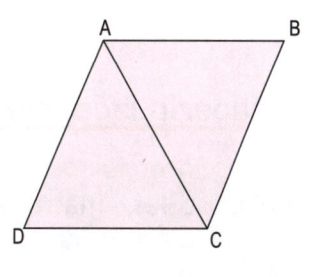

_____
_____

21 Num losango ABCD a medida de cada ângulo agufo A e C é 80o. Qual é a medida do ângulo formado pela diagonal BC com um dos lados?

_____
_____

▶ Trapézios

Trapézio é um quadrilátero que apresenta somente dois lados paralelos. Esses lados são chamados **bases**.

No trapézio ABCD, temos:

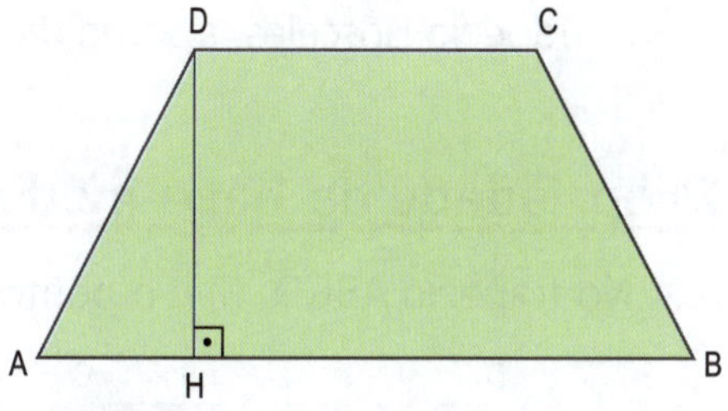

- $\overline{AB}$ é a base maior.
- $\overline{CD}$ é a base menor.
- $\overline{DH}$ é a altura.

Os trapézios podem ser classificados em:

- Trapézio retângulo: é aquele que apresenta dois ângulos internos retos.
- Trapézio isósceles: é aquele que tem os lados não paralelos congruentes.
- Trapézio escaleno: é aquele que tem os lados não paralelos com medidas diferentes.

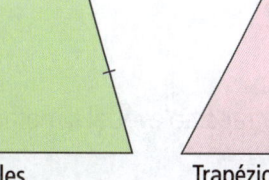

Trapézio retângulo 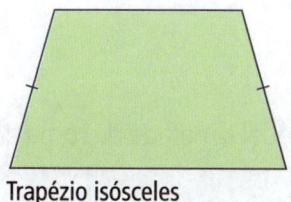   Trapézio isósceles 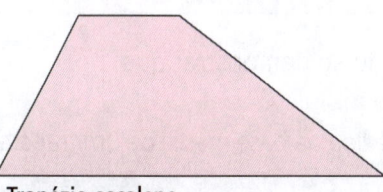   Trapézio escaleno

153

Propriedades do trapézio

A seguir vamos apresentar a propriedade do trapézio **isósceles** e a propriedade da base média de um trapézio.

Propriedade do trapézio isósceles

> Se um trapézio é **isósceles**, então os ângulos adjacentes à mesma base são congruentes.

Hipótese: ABCD é trapézio isósceles.

Tese: $\hat{A} \cong \hat{B}$ e $\hat{C} \cong \hat{D}$

Demonstração

Inicialmente, traça-se pelo vértice C o segmento $\overline{CE}$ paralelo a $\overline{AD}$. Com isso obtém-se o paralelogramo AECD. Observando-o, podemos escrever que:

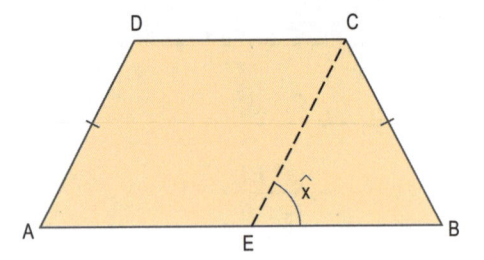

1. $\overline{AD} \cong \overline{EC}$, pois são lados opostos de um paralelogramo.
2. $\overline{AD} \cong \overline{BC}$, pois são lados não paralelos de um trapézio isósceles.
3. $\overline{BC} \cong \overline{EC}$, pois $\overline{BC} \cong \overline{AD} \cong \overline{EC}$ (de 1 e 2).
4. $\triangle$ EBC é isósceles, pois $\overline{BC} \cong \overline{EC}$.
5. $\hat{B} \cong \hat{x}$, pois são ângulos da base de um triângulo isósceles.
6. $\hat{A} \cong \hat{x}$, pois são ângulos correspondentes.
7. $\hat{A} \cong \hat{B}$, pois $\hat{A} \cong \hat{x} \cong \hat{B}$ (de 5 e 6).

Traçando pelo vértice D o segmento $\overline{DF}$ paralelo a $\overline{CB}$, prova-se de maneira análoga que $\hat{C} \cong \hat{D}$.

Observação

- Num trapézio, cada lado não paralelo forma com as bases ângulos cuja soma é 180°. Então, num trapézio isósceles, a soma das medidas de dois ângulos internos opostos é 180°.

Propriedade da base média de um trapézio

No trapézio ABCD, M é o ponto médio de $\overline{BC}$, N é o ponto médio de $\overline{AD}$, e $\overline{NM}$ é a base média.

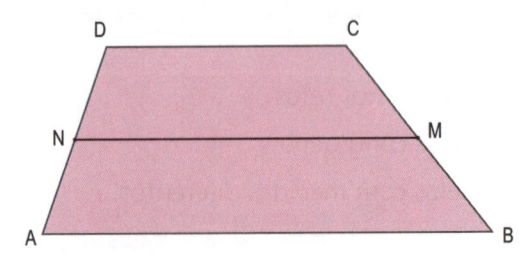

$$NM = \frac{AB + CD}{2}$$

Pode-se demonstrar que:

> A medida da base média de um trapézio é igual à metade da soma das medidas das bases desse trapézio.

ATIVIDADES

22 Determine os valores de x, y, u e v nestes trapézios:

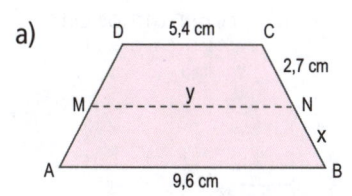

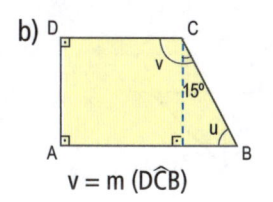

a) [Trapézio ABCD com DC = 5,4 cm; AB = 9,6 cm; BC = 2,7 cm; MN = y; NB = x]

b) [Trapézio ABCD com ângulo em C dividido: v e 15°; ângulo u em B; v = m(DĈB)]

23 As bases de um trapézio medem, respectivamente, $(5 + \sqrt{2})$ cm e $(8 - \sqrt{2})$ cm. Quanto mede o segmento que une os pontos médios dos lados não paralelos?

24 O quadrilátero abaixo é um trapézio retângulo. $\overline{CE}$ é bissetriz do ângulo interno $\hat{C}$ e $\overline{DF}$ é bissetriz do ângulo interno $\hat{D}$. Calcule as medidas dos ângulos $\hat{x}$, $\hat{y}$ e $\hat{z}$.

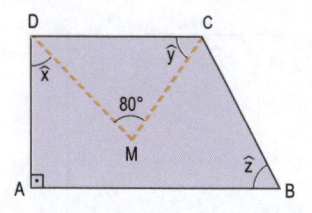

[Figura do trapézio DCBA com ângulo de 80° em M, ângulos x em D, y em C, z em B]

25 As medidas de dois ângulos internos opostos de um trapézio isósceles são indicadas por $2x + 10°$ e $3x - 20°$. Quanto medem esses ângulos?

26 O segmento que une os pontos médios dos lados não paralelos de um trapézio mede 6 cm e a base menor, 4 cm. Determine a medida da base maior desse trapézio.

27 Cada um dos lados congruentes de um trapézio isósceles mede 28,4 cm e o segmento que une os pontos médios desses lados mede 31,2 cm. Calcule o perímetro desse trapézio.

28 Num retângulo ABCD, a base $\overline{AB}$ mede 9,6 cm e a altura $\overline{BC}$ mede 6,5 cm. Sobre $\overline{CD}$ marcamos o ponto E, distante 1,2 cm do vértice C, e o ponto F, distante 1,4 cm do vértice D. Quanto mede o segmento que une os pontos médios de $\overline{AF}$ e $\overline{BE}$?

155

EXPERIMENTOS, JOGOS E DESAFIOS

Quebrando a cabeça

Agrupando 4 triângulos isósceles, com a mesma forma e o mesmo tamanho, construímos estas figuras:

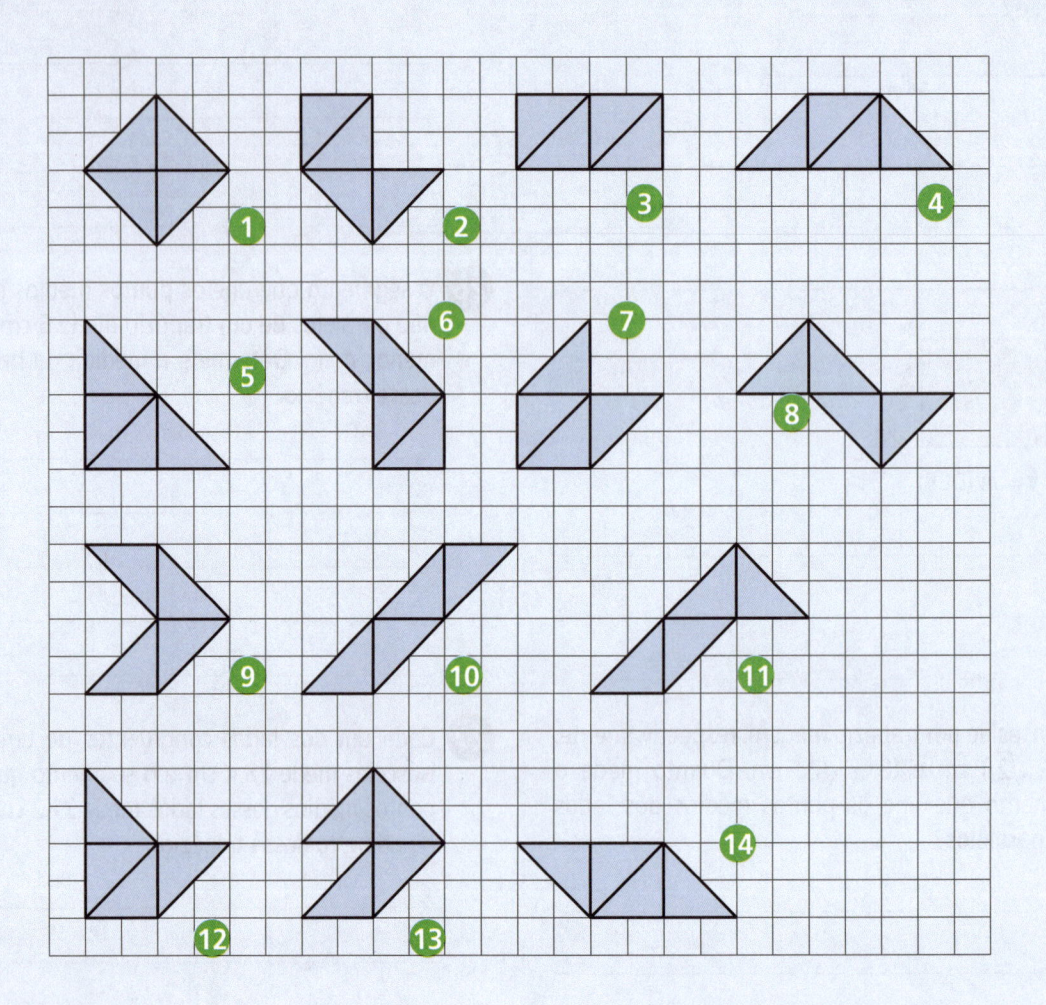

Desenhe todas as figuras em um papel quadriculado, recorte-as e monte as seguintes figuras:

- Com 4 das 14 peças, forme um quadrado.
- Com 9 das 14 peças, forme um retângulo.

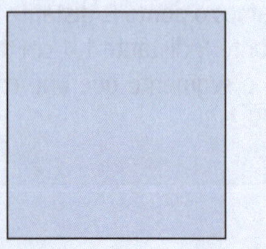

Capítulo 9

CIRCUNFERÊNCIA E CÍRCULO

▶ Circunferências, cordas, arcos e círculos

Vamos estudar:

- **circunferência**, **corda** e **arco**
- **círculo** e suas partes

Circunferência

Observe os seguintes objetos. As linhas de contorno destacadas lembram circunferências.

Se quisermos traçar uma circunferência na lousa, podemos usar um pedaço de barbante e um giz. Amarramos uma ponta do barbante no giz e com o indicador prendemos a outra ponta na lousa. Giramos de um lado, giramos de outro e, pronto, traçamos uma circunferência.

O instrumento mais indicado para traçar circunferências é o compasso.

Dados um ponto O e um segmento $\overline{AB}$ de um plano, chama-se circunferência de centro O e raio $\overline{AB}$ ao conjunto dos pontos desse plano cuja distância ao ponto O é igual à medida de $\overline{AB}$.

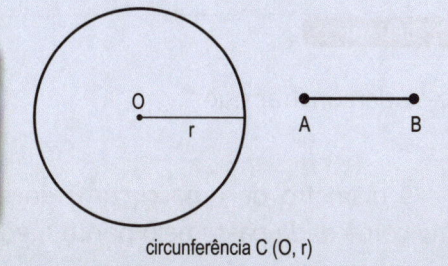

circunferência C (O, r)

Indica-se essa circunferência por C (O, r).

Lê-se: circunferência de centro O e raio de medida r.

A circunferência divide o plano em duas regiões: uma interna e outra externa à circunferência.

Corda e diâmetro

O segmento determinado por dois pontos de uma circunferência é chamado corda.

Toda corda que passa pelo centro da circunferência é chamada diâmetro.

Na figura ao lado:

- $\overline{FG}$ é corda
- $\overline{HI}$ é diâmetro

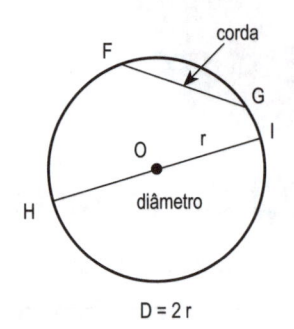

A medida do diâmetro é o dobro da medida do raio. Indicando a medida do diâmetro por D, temos: D = 2r.

Arco de circunferência

Considere os pontos A e B distintos de uma circunferência. Eles determinam dois arcos. Os dois pontos são as extremidades dos arcos.

Indicamos o arco menor por $\overset{\frown}{AB}$.

Quando queremos indicar o arco maior usamos outro ponto auxiliar: arco $\overset{\frown}{ACB}$.

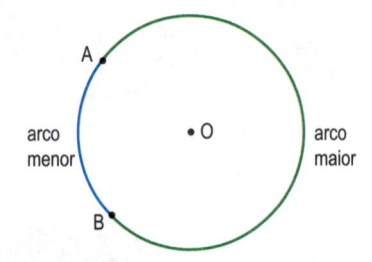

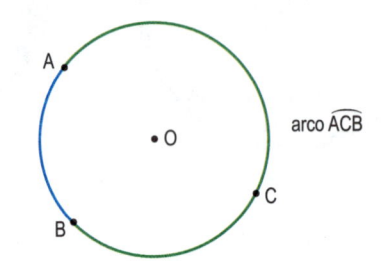

Semicircunferência

O diâmetro divide uma circunferência em duas partes, cada uma chamada semicircunferência. Na figura, o arco em azul é uma semicircunferência.

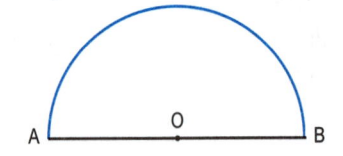

Propriedades geométricas

PROPRIEDADE 1

Pode-se demonstrar que:

> O diâmetro de uma circunferência perpendicular a uma corda dada passa pelo ponto médio dessa corda.

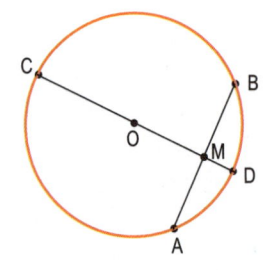

M é o ponto médio de $\overline{AB}$.

PROPRIEDADE 2

Pode-se demonstrar que:

> Um diâmetro que divide uma corda ao meio é perpendicular a essa corda.

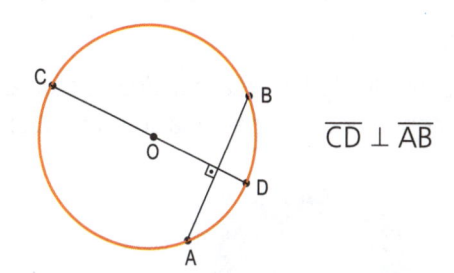

$\overline{CD} \perp \overline{AB}$

Três pontos não colineares determinam uma circunferência.

Usando a propriedade estudada, vamos construir uma circunferência por três pontos não colineares.

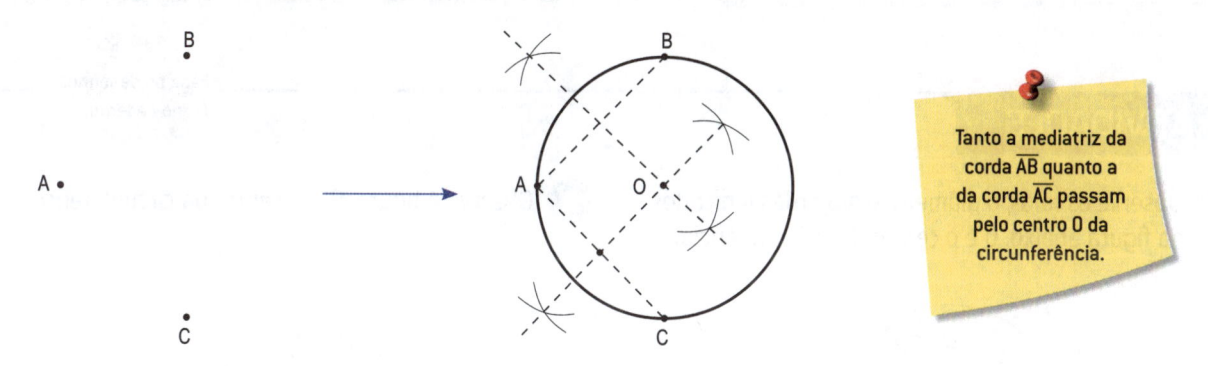

Tanto a mediatriz da corda $\overline{AB}$ quanto a da corda $\overline{AC}$ passam pelo centro O da circunferência.

Círculo

A circunferência e a região interna a ela formam uma figura chamada círculo.

O centro, o raio, o diâmetro, a corda e o arco de uma circunferência também são o centro, o raio, o diâmetro, a corda e o arco do círculo correspondente.

círculo

Partes do círculo

Semicírculo

Semicírculo é a parte do círculo determinada por uma semicircunferência.

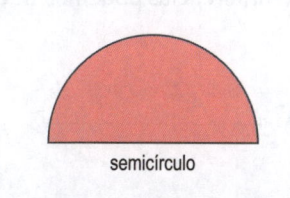

semicírculo

Setor circular

A região do círculo determinada por um ângulo central é chamada setor circular.

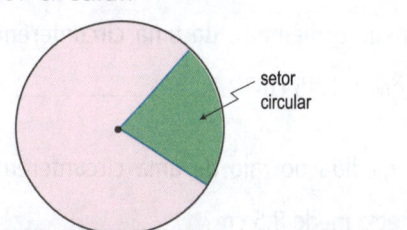

setor circular

Coroa circular

A parte do círculo limitada por duas circunferências concêntricas é chamada coroa circular.

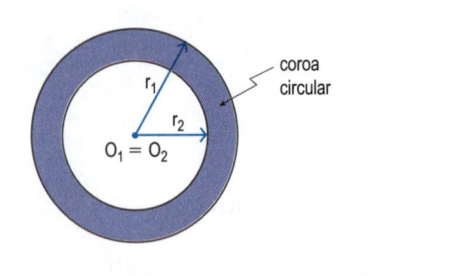

Segmento circular

A parte do círculo limitada por uma corda e pelo arco determinado pelos pontos extremos dessa corda é chamada segmento circular.

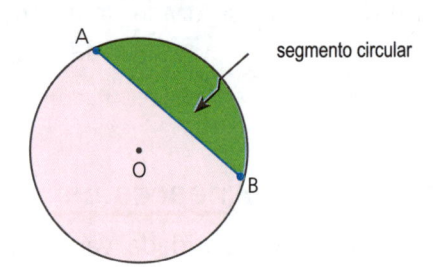

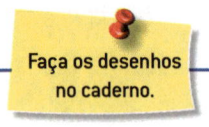

ATIVIDADES

Faça os desenhos no caderno.

1) Observe os raios, o diâmetro e as cordas indicados na figura abaixo. O é o centro da circunferência.

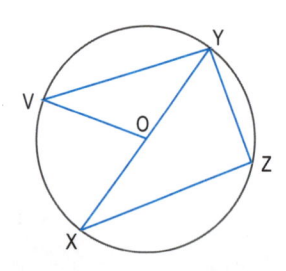

a) Quais dos segmentos assinalados são raios da circunferência?

_____

b) Quais deles são cordas?

_____

c) Qual deles é um diâmetro?

_____

2) Quanto mede o diâmetro de uma circunferência cujo raio mede 1,45 cm? _____

3) Qual é a medida do raio de uma circunferência cujo diâmetro mede 8,5 cm? _____

4) Observe a figura. O é o centro da circunferência.

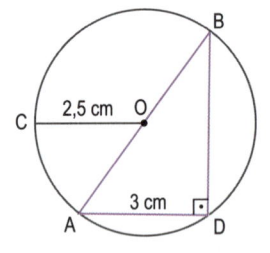

a) Qual é a medida do segmento $\overline{OA}$?

_____

b) Qual é a medida do segmento $\overline{AB}$?

_____

5) Observe os pontos A, B, C.

Diga quantas circunferências podemos traçar, passando:

a) pelo ponto A? _____

160

b) ao mesmo tempo pelos pontos A e B?

_____

c) ao mesmo tempo pelos pontos A, B e C?

_____

6 Identifique se as sentenças são falsas (F) ou verdadeiras (V). Corrija as sentenças falsas.

( ) Todo diâmetro perpendicular a uma corda divide a corda ao meio.

_____

( ) Se um diâmetro corta uma corda ao meio, ele é perpendicular à corda.

_____

( ) Unindo-se as extremidades de uma corda ao centro de uma circunferência, obtém-se um triângulo equilátero.

_____
_____

( ) Toda corda perpendicular a um diâmetro divide o diâmetro ao meio.

_____
_____

( ) Unindo-se as extremidades de uma corda ao centro de uma circunferência, obtém-se um triângulo isósceles.

_____
_____

7 Construa uma circunferência e trace o diâmetro $\overline{AB}$. Marque um ponto C sobre a circunferência e ligue esse ponto aos pontos A e B. O triângulo obtido é retângulo, acutângulo ou obtusângulo?

- O triângulo acutângulo tem três ângulos agudos
- O triângulo retângulo tem um ângulo reto
- O triângulo obtusângulo tem um ângulo obtuso

8 Quando podemos dizer que um setor circular é um semicírculo?

_____
_____

9 Desenhe um segmento circular limitado por uma corda cujo comprimento seja igual ao do diâmetro do círculo.

Esse segmento circular é um semicírculo?

_____

▶ Posições relativas

Aqui são apresentadas **as posições de uma circunferência relativas ao ponto, à reta e à circunferência**.

Posições relativas de ponto e circunferência

O ponto pode estar em três posições: sobre a circunferência, interno à circunferência ou externo à circunferência.

De modo geral, se a distância de um ponto ao centro de uma circunferência for:

- menor que a medida do raio dessa circunferência, então o ponto é interno à circunferência.

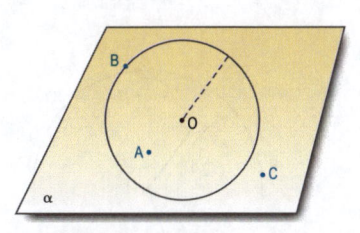

O ponto B está sobre a circunferência, o ponto A é interno à circunferência e o ponto C é externo à circunferência.

- maior que a medida do raio dessa circunferência, então o ponto é externo à circunferência.
- igual à medida do raio dessa circunferência, então o ponto está sobre a circunferência.

Na figura ao lado, temos:
- m($\overline{OX}$) > r, portanto o ponto X é externo à circunferência.
- m($\overline{OY}$) < r, portanto o ponto Y é interno à circunferência.
- m($\overline{OZ}$) = r, portanto o ponto Z está sobre a circunferência.

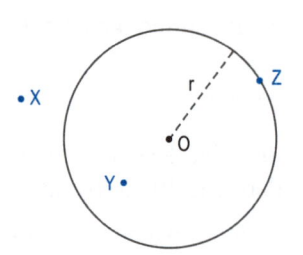

Posições relativas de reta e circunferência

Uma reta pode ser secante, tangente ou externa a uma circunferência.

Reta secante
A reta r é secante à circunferência, pois a intercepta em dois pontos.

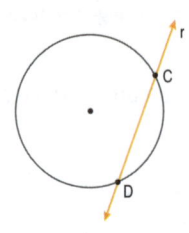

Reta tangente
A reta s é tangente à circunferência, pois a intercepta em um ponto.

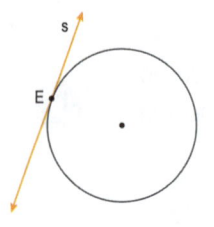

Reta externa
A reta t é externa à circunferência, pois não a intercepta.

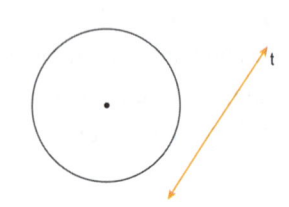

Distância de um ponto a uma reta

Distância de um ponto Q a uma reta s é a distância de Q ao ponto de intersecção da reta s, perpendicular a t, traçada pelo ponto Q.

Na figura ao lado está representada a distância de Q a Q', sendo Q' o ponto de intersecção da reta s com a perpendicular t.

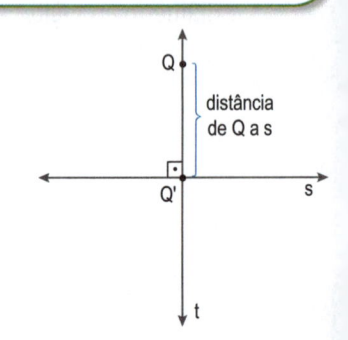

Podemos escrever que:

- Quando a reta é **secante** a uma circunferência, a distância d do centro à reta s é menor que a medida do raio.

  $d < r$

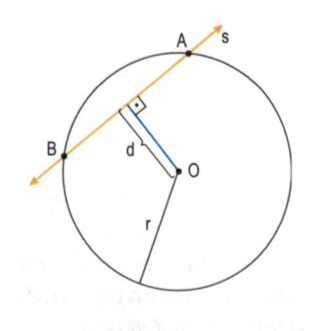

- Quando a reta é **tangente** a uma circunferência, a distância d do centro à reta s é igual à medida do raio.

  $d = r$

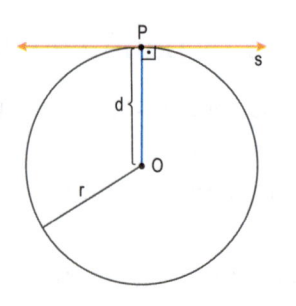

- Quando a reta é **externa** a uma circunferência, a distância d do centro à reta s é maior que a medida do raio.

  $d > r$

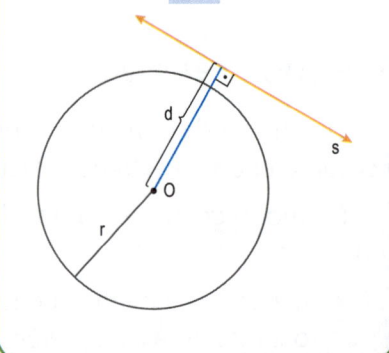

ATIVIDADES

10 Considerando a figura abaixo, responda:

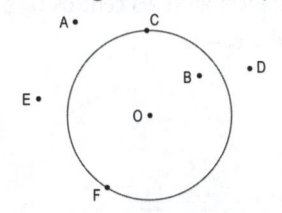

a) Quais dos pontos são internos à circunferência?
_____

b) Quais são externos à circunferência?
_____

c) Quais estão sobre a circunferência?
_____

11 Observe esta figura e responda:

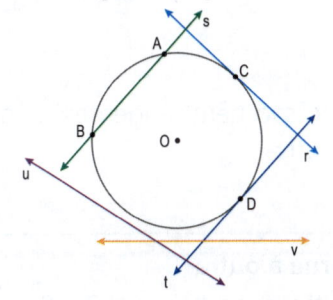

a) Qual das retas é secante à circunferência?
_____

b) Quais retas são tangentes? _____

c) Quais retas são externas? _____

12 Observe a figura:

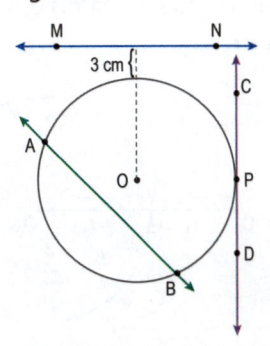

a) A distância do centro O à reta que passa pelos pontos A e B é menor, igual ou maior que a medida do raio? _____

b) Se a medida do raio da circunferência é 10 cm, qual é a distância do ponto O à reta $\overleftrightarrow{CD}$? E a distância do ponto O à reta $\overleftrightarrow{MN}$?
_____
_____

13 Na figura abaixo, qual é a distância do ponto O à reta s? _____

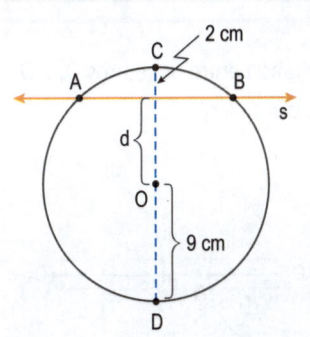

Posições relativas de duas circunferências

Duas ou mais circunferências podem ter, entre si, dois pontos em comum, um só ponto em comum ou nenhum ponto em comum, dependendo da posição que uma ocupa em relação à outra.

Duas circunferências podem ser tangentes, secantes ou nem tangentes, nem secantes.

Circunferências tangentes

Tangentes externamente

Sendo d a distância entre os centros O_1 e O_2, podemos observar que $d = r_1 + r_2$.

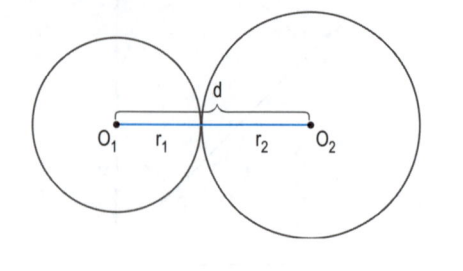

Tangentes internamente

Sendo d a distância entre os centros O_1 e O_2, podemos verificar que $d = r_2 - r_1$.

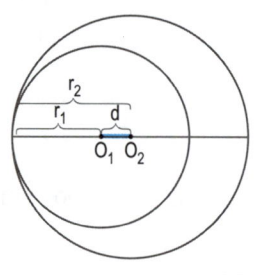

Circunferências secantes

Sendo d a distância entre os centros O_1 e O_2, podemos perceber que: $d < r_1 + r_2$ e $d > r_2 - r_1$.

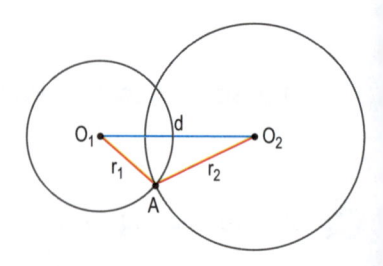

Circunferências nem tangentes nem secantes

Quando duas circunferências não têm pontos em comum, não são nem tangentes nem secantes. Essas circunferências podem ser externas ou uma delas interna à outra.

Externas

Sendo d a distância entre os centros O_1 e O_2, podemos perceber que $d > r_1 + r_2$.

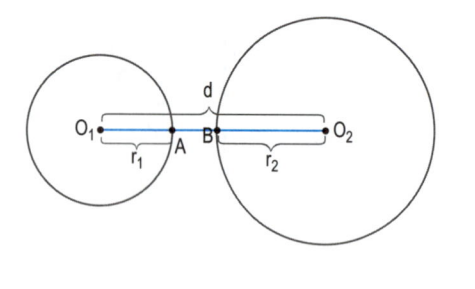

Uma interna à outra

Sendo d a distância entre os centros O_1 e O_2, podemos perceber que $d < r_2 - r_1$.

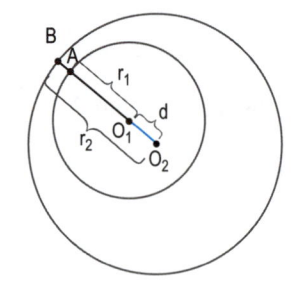

Observação

Duas circunferências internas e com mesmo centro são denominadas **circunferências concêntricas**.

Na figura ao lado, as circunferências C_1 e C_2 são concêntricas.

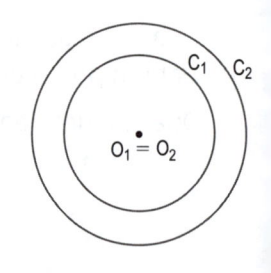

ATIVIDADES

14 Que nome se dá às posições relativas ocupadas pelas circunferências, em cada caso?

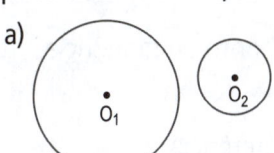

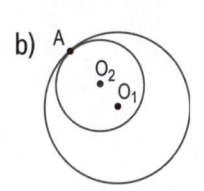

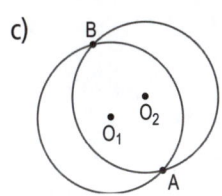

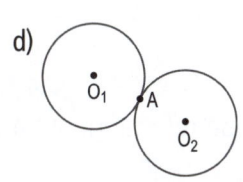

a)

b)

c)

d)

15 Diga quantos pontos de intersecção há entre duas circunferências em cada caso:

a) que não se tocam _____

b) que são secantes _____

c) que são tangentes _____

16 Determine o valor de x em cada caso:

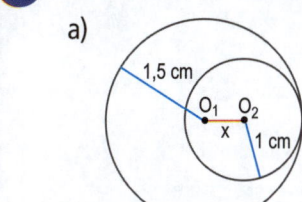

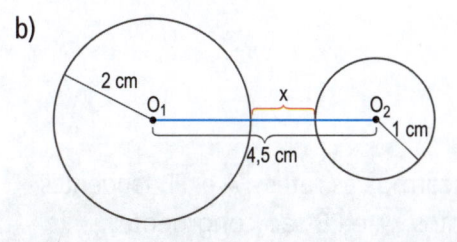

a)

b)

17 Qual é a posição relativa de duas circunferências, uma com centro em X e raio de 5 cm e outra com centro em Y e raio de 8 cm, quando a distância entre seus centros é de:

a) 10 cm _____

b) 13 cm _____

c) 15 cm _____

18 Na figura abaixo, o raio de cada circunferência é 1,5 cm. Qual é o perímetro do hexágono ABCDEF?

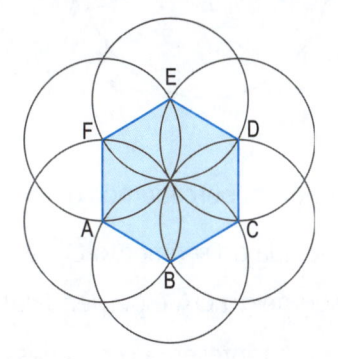

19 Sabendo que $\overline{AB} \cong \overline{CD} \cong \overline{EF}$; que as circunferências C_1, C_2 e C_3 têm raios de 2 cm e que a medida de $\overline{AB}$ é 1,4 cm, calcule o perímetro do triângulo O_1, O_2 e O_3.

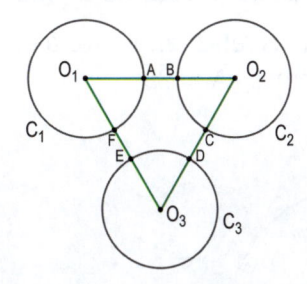

20 Dadas duas circunferências com raios: $r_1 = 5$ cm e $r_2 = 2$ cm, indique a posição relativa dessas circunferências quando a distância d, entre os centros, for:

a) d = 8 cm _____

b) d = 7 cm _____

c) d = 6 cm _____

d) d = 3 cm _____

e) d = 1 cm _____

165

▶ Propriedades que envolvem retas tangentes a uma circunferência

PROPRIEDADE 1

> Toda reta tangente a uma circunferência é perpendicular ao raio no ponto de tangência.

Considere a circunferência de centro O e a reta r, tangente a essa circunferência.

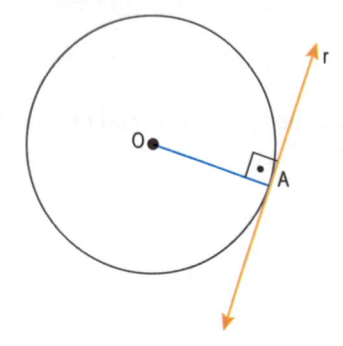

Nessa figura, percebemos que:

- A medida do segmento $\overline{OA}$ é a distância do centro O à reta r.
- O segmento $\overline{OA}$ é perpendicular à reta r.

Como $\overline{OA}$ representa o raio dessa circunferência, podemos escrever que toda reta tangente a uma circunferência é perpendicular ao raio no ponto de tangência.

PROPRIEDADE 2

Desenhamos um ponto P, externo a uma circunferência de centro O e raio r.

Traçamos por P duas retas tangentes a essa circunferência, e chamamos os pontos de tangência de A e B. Nessa figura temos $\overline{PA} \cong \overline{PB}$.

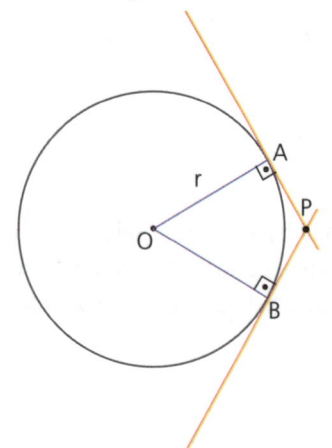

Pode-se demonstrar que:

> Se por um ponto P, externo a uma circunferência, traçarmos as retas $\overleftrightarrow{PA}$ e $\overleftrightarrow{PB}$ tangentes à circunferência nos pontos A e B, então os segmentos $\overline{PA}$ e $\overline{PB}$ são congruentes.

ATIVIDADES

21) Determine o valor de x e y nas figuras:

a) [Figura: circunferência com AC = 2,6 cm, CB = x, BD = 4,4 cm, DE = y]

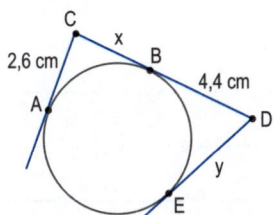

b) [Figura: circunferência com tangentes; y, 12 cm, 5 cm, x]

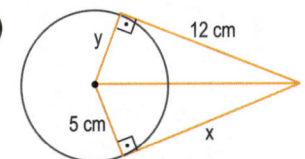

22) Calcule o valor de *x* nas figuras:

a) [Figura: MP = (3x − 1) cm, MQ = ($\frac{2x}{3}$ + 13) cm]

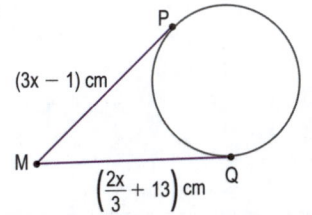

b) [Figura: AB = 2(x − 1), ED = $\frac{x}{5}$ + 4,1, BD = 12]

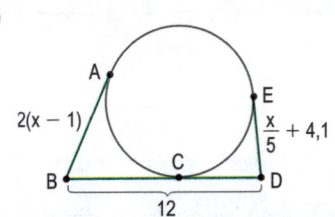

23) Determine o valor de x:

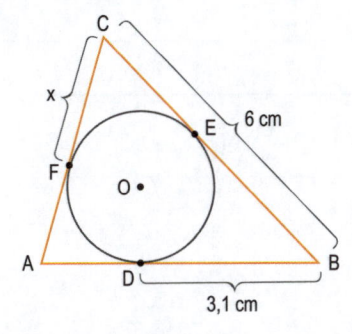

[Figura: triângulo ABC circunscrito à circunferência; CE = 6 cm, DB = 3,1 cm, CF = x]

24) Observando esta figura, determine:

[Figura: triângulo ABC circunscrito à circunferência de centro O; AF = 2 cm, EC = 1,2 cm, BD = 2,8 cm]

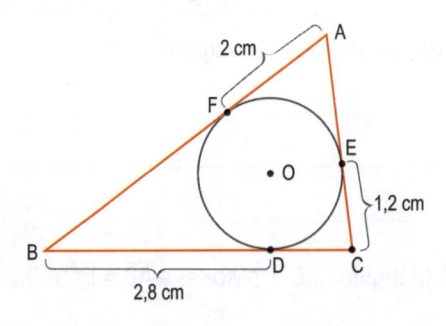

a) as medidas dos segmentos $\overline{BF}$, $\overline{AE}$ e $\overline{CD}$

_____
_____
_____
_____
_____

b) as medidas dos lados do △ABC

_____
_____
_____
_____

c) o perímetro desse triângulo

_____
_____

25) Observando esta figura, determine:

[Figura: triângulo retângulo com hipotenusa z, cateto vertical BC dividido por ponto de tangência (parte superior 4 cm, parte inferior 3 cm → x e 3 cm), cateto horizontal AC = 21 cm + y]

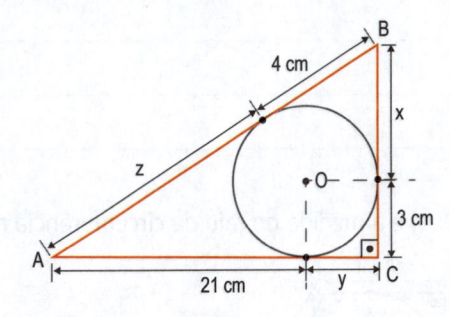

a) o raio da circunferência _____

b) as medidas x, y e z _____

_____

167

c) o perímetro do triângulo ABC

d) a área desse triângulo

26 O triângulo ABC é isósceles e $\overline{AB} \cong \overline{BC}$ e D é ponto médio de $\overline{AC}$.

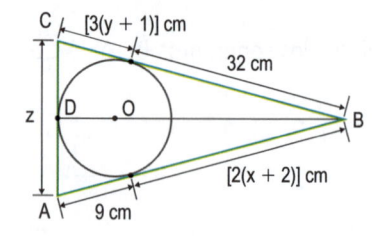

$\overline{DB}$ é altura do △ABC e mede 40 cm.

Determine:

a) os valores de x, y e z

b) o perímetro do triângulo ABC

c) a área do triângulo ABC

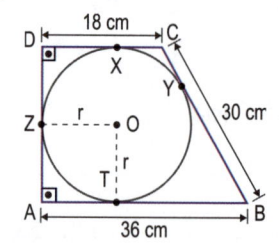

27 Qual é a medida do raio da circunferência na figura abaixo?

168

▶ Ângulos de circunferências e suas medidas

Vamos estudar o **ângulo central**, o **ângulo inscrito** e **suas medidas**, e duas propriedades de ângulos cujos vértices não estão sobre a circunferência.

Ângulo central

Qualquer ângulo cujo vértice coincide com o centro de uma circunferência é chamado **ângulo central**.

Os lados de um ângulo central sempre determinam um arco na circunferência. Na figura ao lado, $\overarc{CD}$ é o arco determinado pelo ângulo central CÔD.

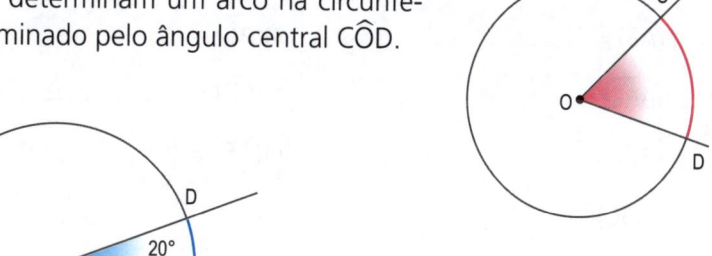

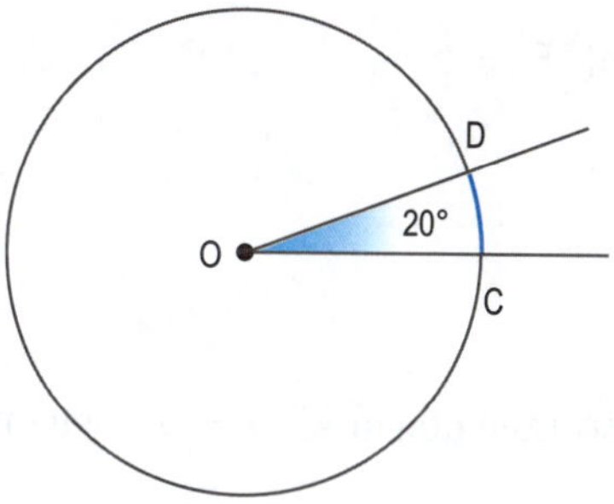

$m(\overarc{CD}) = m(C\hat{O}D) = 20°$

Para medir o ângulo central vamos usar, como unidade de medida, o **grau**.

A medida de um arco de circunferência é igual à medida do ângulo central correspondente.

ATIVIDADES

28 O ângulo formado pelos ponteiros de um relógio é central. Determine a medida do ângulo assinalado em cada caso:

a) b)  c)  d)

29 Qual é a medida do arco $\overarc{CD}$ em cada caso?

a) 60° b) 320° c)

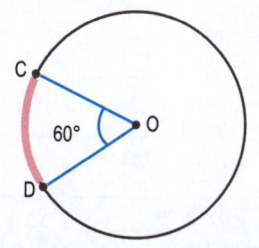

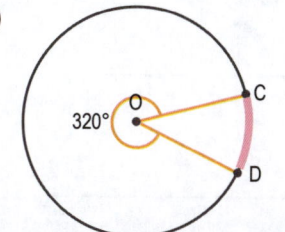

169

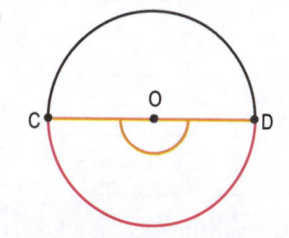

30 Observe as figuras e determine o que se pede em cada caso:

a)

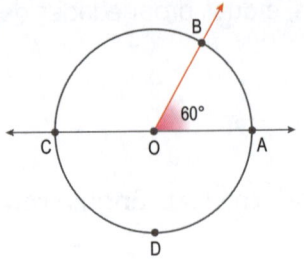

m(AB) = _____

m(ABC) = _____

m(BC) = _____

m(ADC) = _____

m(BÔC) = _____

b)

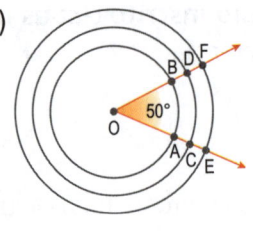

m(AB) = _____

m(CD) = _____

m(EF) = _____

c)

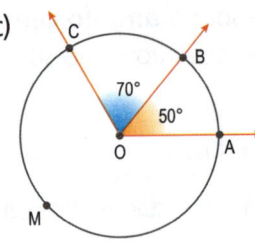

m(AB) = _____

m(AC) = _____

m(BC) = _____

m(AMC) = _____

31 Sabendo que o triângulo ABC é isósceles e que m(AB̂C) = 37°, determine:

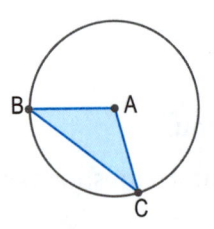

a) medida do ângulo AĈB

_____

b) medida do arco BC

_____

32 Determine o valor de x nas figuras:

a) 140°; 3x + 20°

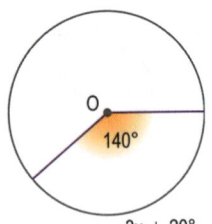

b) 2(x − 90°); x/2

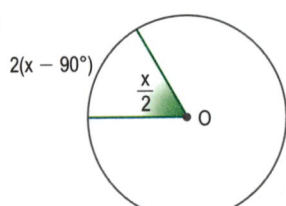

c) 4x − 15°; 3x; 20°

170

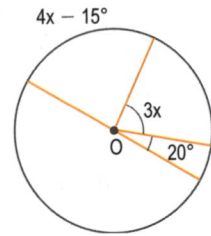

Ângulo inscrito

Ângulo inscrito é todo ângulo cujo vértice está sobre uma circunferência e seus lados são semirretas secantes a ela.

Na figura, AB̂C é um ângulo inscrito. Ele determina na circunferência o arco $\widehat{AC}$.

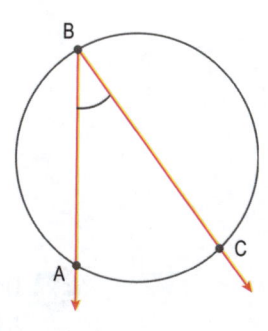

Vamos considerar 3 casos possíveis de ângulos inscritos.

| Um dos lados do ângulo passa pelo centro da circunferência. | O centro O é interno ao ângulo inscrito. | O centro O é externo ao ângulo inscrito. |

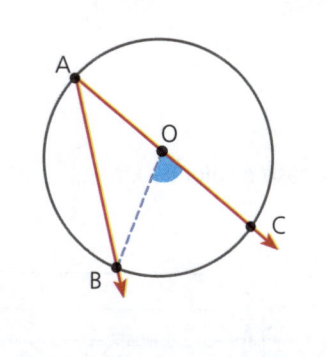

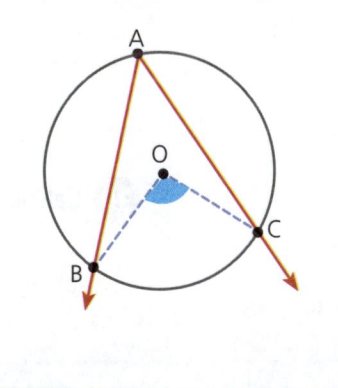

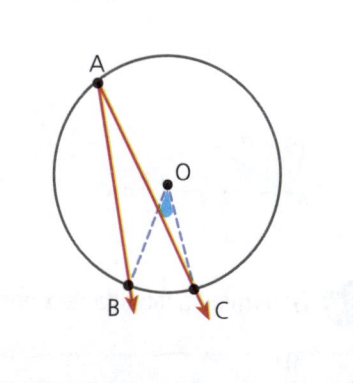

Pode-se demonstrar que:

> A medida de um ângulo inscrito é igual à metade da medida do ângulo central correspondente.
>
> $$m(B\hat{A}C) = \frac{m(B\hat{O}C)}{2}$$

ATIVIDADES

33 Observe a figura:

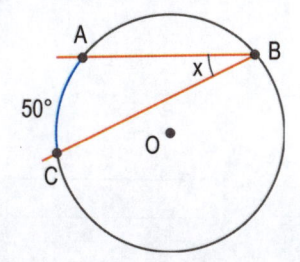

a) Quantos graus mede o arco $\widehat{AC}$? _____

b) O que a letra x está representando? _____

c) Como se calcula o valor de x? _____

d) Qual é o valor de x? _____

171

34 Em relação à figura abaixo, determine:

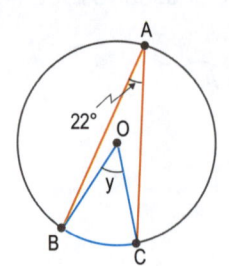

a) a medida do ângulo inscrito _____
b) a medida do arco $\widehat{BC}$ _____
c) o valor de y _____
d) a medida do arco $\widehat{BAC}$ _____

35 Na figura abaixo, qual é a medida de u em função v? _____

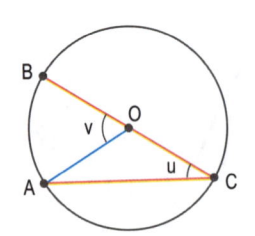

36 Determine a medida de x em cada caso:

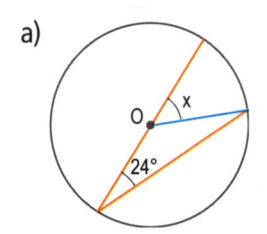

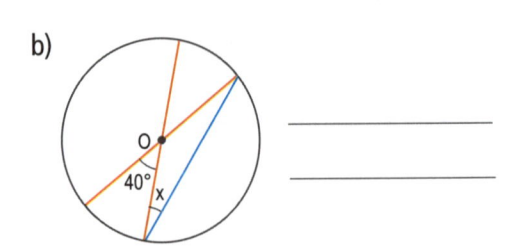

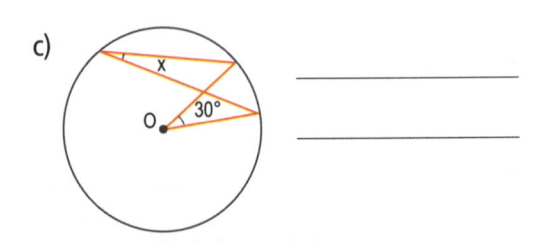

a)

b)

c)

37 Quais são os valores de a, b e c, assinalados na figura?

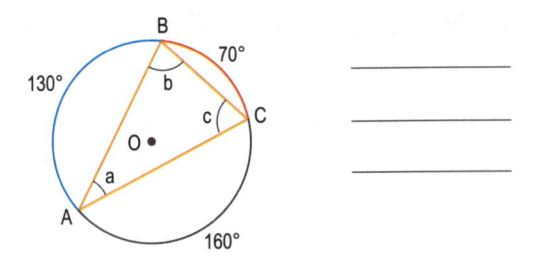

_____
_____
_____

38 Determine as medidas dos ângulos internos do triângulo ABC.

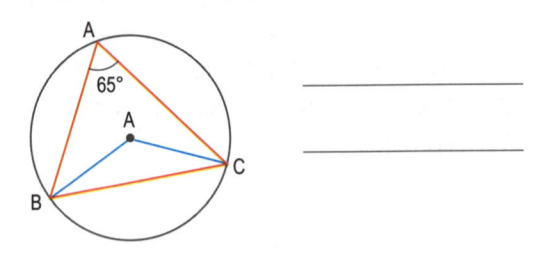

_____
_____
_____

39 Calcule em cada caso o valor de x e y:

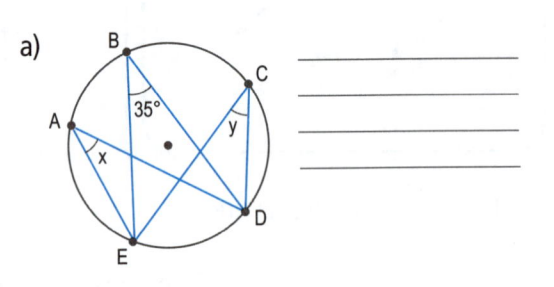

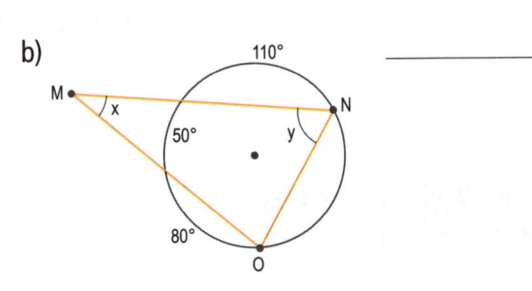

a)
_____
_____
_____
_____

b)
_____
_____
_____
_____

172

Ângulos cujos vértices não estão na circunferência

Existem dois casos possíveis:

O vértice é um ponto distinto do centro e interno à circunferência.

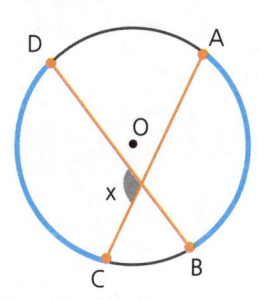

Pode-se demonstrar que:

$$x = \frac{m(\widehat{CD}) + m(\widehat{AB})}{2}$$

O vértice é um ponto externo à circunferência.

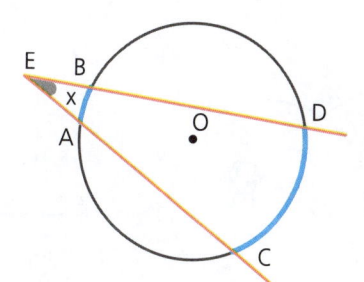

Pode-se demonstrar que:

$$x = \frac{m(\widehat{CD}) - m(\widehat{AB})}{2}$$

ATIVIDADES

40 Qual é a medida de y indicada nesta figura?

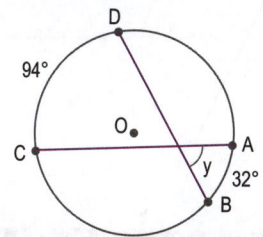

41 Determine a medida de y indicada nesta figura.

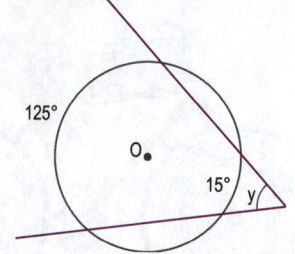

42 Determine, em graus, o valor de x nas seguintes figuras:

a)

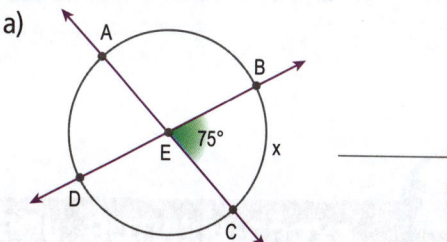

b)

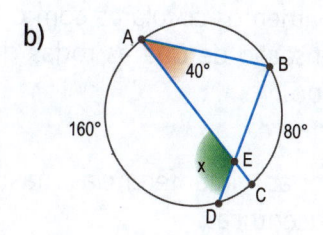

173

c)

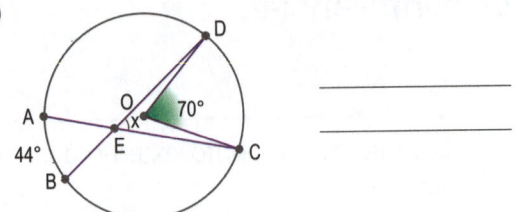

d)

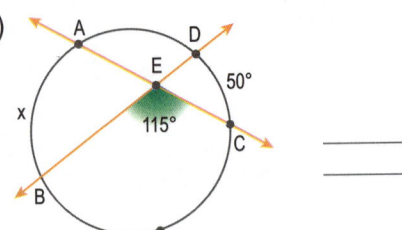

e)

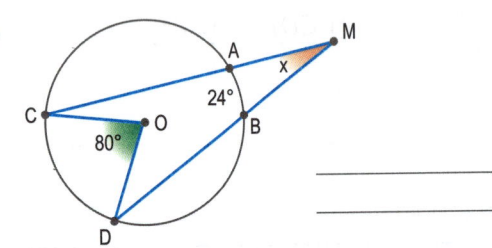

f)

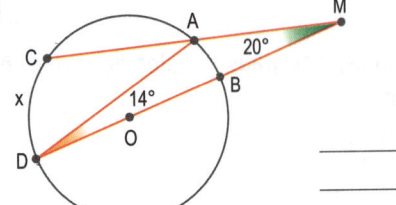

43 Considerando os valores indicados nesta figura, determine x − y.

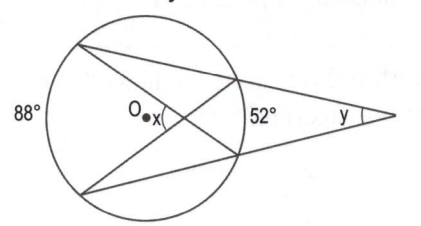

44 Determine o valor de x.

a)

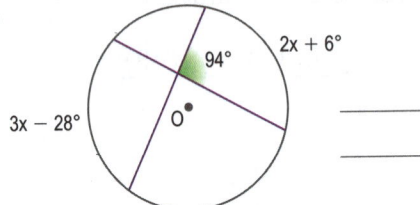

b)

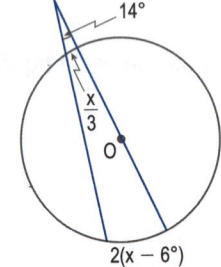

EXPERIMENTOS, JOGOS E DESAFIOS

Movimentando a bicicleta

Ao fazer movimentos circulares com o livro, você poderá ter a sensação de que as rodas da bicicleta estão se movendo.

Observe que as circunferências nas rodas da bicicleta são concêntricas.

Capítulo 9
ESTATÍSTICA E PROBABILIDADE

▶ Gráficos de barras ou de colunas múltiplas

Gráficos de barras ou de colunas múltiplas são usados quando precisamos representar, ao mesmo tempo, dois ou mais fenômenos, a fim de compará-los. Veja um exemplo de gráfico de colunas múltiplas.

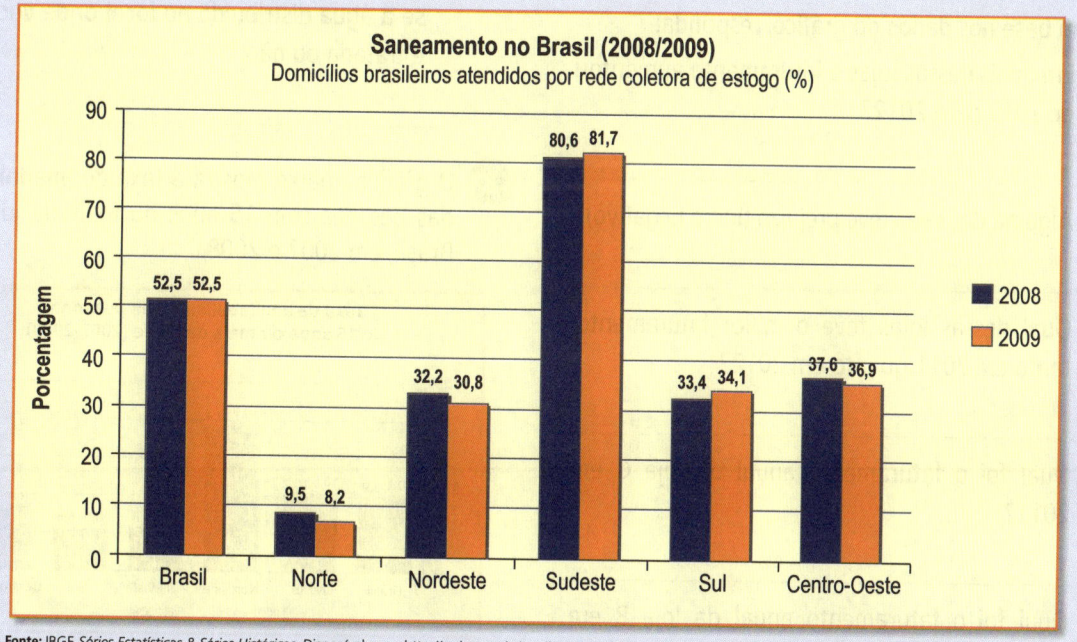

Saneamento no Brasil (2008/2009)
Domicílios brasileiros atendidos por rede coletora de esgoto (%)

Região	2008	2009
Brasil	52,5	52,5
Norte	9,5	8,2
Nordeste	32,2	30,8
Sudeste	80,6	81,7
Sul	33,4	34,1
Centro-Oeste	37,6	36,9

Fonte: IBGE *Séries Estatísticas & Séries Históricas*. Disponível em: <http://seriesestatisticas.ibge.gov.br/series.aspx?vcodigo=PD268&sv=12&t=esgotamento-sanitario>. Acesso em: 14 jun. 2012.

Neste gráfico, comparamos a porcentagem de domicílios brasileiros com serviços de esgoto em dois anos diferentes: 2008 e 2009.

Podemos notar que:

- a região brasileira com maior porcentagem de rede coletora de esgoto é a Região Sudeste;
- na Região Norte a porcentagem de domicílios com rede coletora de esgoto diminuiu;
- tanto em 2008 como em 2009, somente 52,5% dos domicílios brasileiros eram atendidos por rede coletora de esgoto.

Laureni Fochetto

175

ATIVIDADES

1 O gráfico abaixo mostra o faturamento anual de cinco lojas em 2011 e 2012.

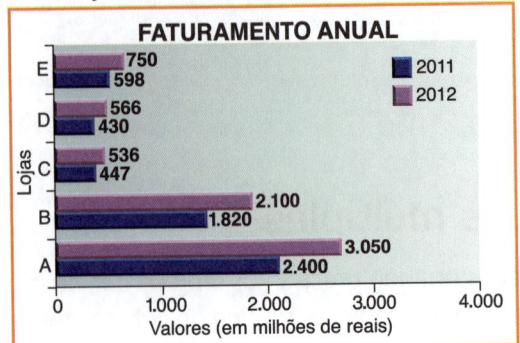

FATURAMENTO ANUAL

Lojas:
- E: 750 (2011 não — ver legenda) — 2011: 598; 2012: 750
- D: 2011: 430; 2012: 566
- C: 2011: 447; 2012: 536
- B: 2011: 1.820; 2012: 2.100
- A: 2011: 2.400; 2012: 3.050

Valores (em milhões de reais)

Com base nos dados do gráfico, responda:

a) Em quais dessas lojas o faturamento aumentou de 2011 para 2012?

b) Alguma das lojas teve prejuízo (lucro negativo)?

c) Qual dessas lojas teve o maior faturamento, tanto em 2011 quanto em 2012?

d) Qual foi o faturamento anual da loja C em 2011?

e) Qual foi o faturamento anual da loja B em 2012?

2 O gráfico abaixo mostra a porcentagem de distribuição de água sem tratamento no Brasil em 1989 e 2000.

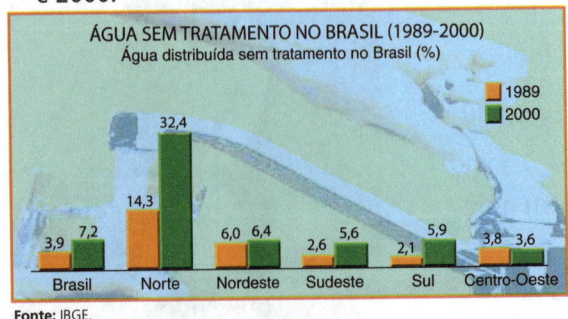

ÁGUA SEM TRATAMENTO NO BRASIL (1989-2000)
Água distribuída sem tratamento no Brasil (%)

- Brasil — 1989: 3,9; 2000: 7,2
- Norte — 1989: 14,3; 2000: 32,4
- Nordeste — 1989: 6,0; 2000: 6,4
- Sudeste — 1989: 2,6; 2000: 5,6
- Sul — 1989: 2,1; 2000: 5,9
- Centro-Oeste — 1989: 3,8; 2000: 3,6

Fonte: IBGE.

Com base nos dados do gráfico, responda às questões:

a) Em 2000, em que região brasileira a porcentagem de água distribuída sem tratamento foi maior?

b) Em qual das regiões brasileiras a porcentagem de água distribuída sem tratamento diminuiu entre 1989 e 2000?

c) No Brasil, de 1989 a 2000 houve aumento ou diminuição de água distribuída sem tratamento?

• Pesquise como é feito o tratamento de água e se a água distribuída no local onde você mora é tratada ou não.

3 O gráfico abaixo mostra a taxa de analfabetismo das pessoas com 15 anos ou mais de idade, no Brasil, em 2007 e 2008.

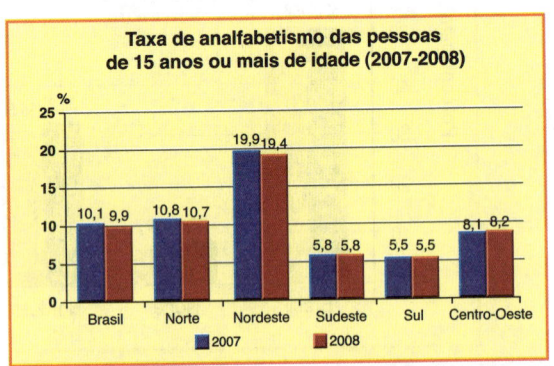

Taxa de analfabetismo das pessoas de 15 anos ou mais de idade (2007-2008)

- Brasil — 2007: 10,1; 2008: 9,9
- Norte — 2007: 10,8; 2008: 10,7
- Nordeste — 2007: 19,9; 2008: 19,4
- Sudeste — 2007: 5,8; 2008: 5,8
- Sul — 2007: 5,5; 2008: 5,5
- Centro-Oeste — 2007: 8,1; 2008: 8,2

Fonte: IBGE, 2008. Séries Estatísticas & Séries Históricas. Disponível em: <http://seriesestatisticas.ibge.gov.br/series.aspx?vcodigo=PD366&sv=8&t=taxa-de-analfabetismo-de-pessoas-de-15-anos-ou-mais-de-idade>. Acesso em: 14 jun. 2012.

Responda às questões a seguir com base nos dados do gráfico:

a) Em que regiões brasileiras houve declínio da taxa de analfabetismo de 2007 para 2008?

b) Quais são as regiões brasileiras em que houve um aumento na taxa de analfabetismo?

c) No Brasil, houve aumento ou diminuição da taxa de analfabetismo entre 2007 e 2008?

▶ Gráficos de setores

Existem várias formas de representação gráfica de dados estatísticos. Umas dessas representações são os **gráficos de setores**. Neles, é possível observar a relação entre as diferentes partes de um todo.

Como o círculo é uma excelente representação de 100%, nos gráficos de setores, os dados são geralmente expressos em porcentagem. Acompanhe esta situação.

Interpretando gráficos de setores

Com os dados obtidos em pesquisa realizada pelo Instituto *Vox Populi,* em 1997, pôde-se saber que a maioria dos brasileiros considera importante o seu trabalho na empresa. Outras pessoas pesquisadas consideram seu trabalho na empresa: muito importante, mais ou menos importante, pouco importante ou nada importante.

Observe no gráfico a porcentagem de entrevistados de acordo com as diferentes respostas.

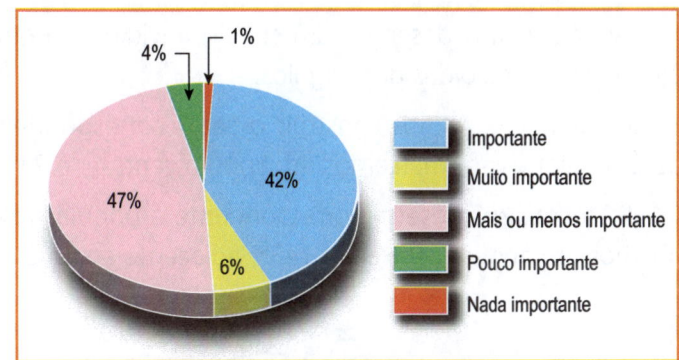

- Importante: 42%
- Muito importante: 6%
- Mais ou menos importante: 47%
- Pouco importante: 4%
- Nada importante: 1%

Construindo gráficos de setores

Vamos construir um gráfico de setores considerando os dados de população referentes aos 5 países mais populosos do mundo em 2011 (valores aproximados).

País	População (milhões de habitantes)*
China	1348
Índia	1242
Estados Unidos	313
Indonésia	242
Brasil	197
Total	3342

* valores aproximados
Fonte: Disponível em: <http://exame.abril.com.br/economia/noticias/os-10-paises-mais-populosos-do-mundo-3>. Acesso em: 15 jun. 2012.

Com os valores dessa tabela, lembrando que um círculo tem 360° e usando o conceito de proporcionalidade, vamos determinar a medida do ângulo correspondente ao setor que representa o número de habitantes no Brasil em relação à população total dos 5 países mais populosos do mundo.

$$\frac{197}{3342} = \frac{a}{360°}$$

$$a = \frac{360° \cdot 197}{3342} \quad \rightarrow \quad a \cong 21°$$

Chamando de **b** a medida do ângulo correspondente ao setor que representa o número de habitantes da China, de **c** o da Índia, de **d** o dos Estados Unidos e de **e** o da Indonésia, vamos determinar a medida aproximada do ângulo desses setores.

$$\frac{1\,348}{3\,342} = \frac{b}{360°}$$
$$b = \frac{360° \cdot 1\,348}{3\,342}$$
b ≅ 145°

$$\frac{1\,242}{3\,342} = \frac{c}{360°}$$
$$c = \frac{360° \cdot 1\,242}{3\,342}$$
c ≅ 134°

$$\frac{313}{3\,342} = \frac{d}{360°}$$
$$d = \frac{360° \cdot 313}{3\,342}$$
d ≅ 34°

$$\frac{242}{3\,342} = \frac{e}{360°}$$
$$e = \frac{360° \cdot 242}{3\,342}$$
e ≅ 26°

Observe que a + b + c + d + e = 360°.

Agora, vamos desenhar um círculo, dividindo-o em setores, tendo como base as medidas dos ângulos.

Inicialmente, vamos construir o setor correspondente à população do Brasil. Para isso, marcamos um ângulo central de 21°.

Para construir o setor correspondente à população da China, desenhamos um ângulo central de 145°, adjacente ao de 21°.

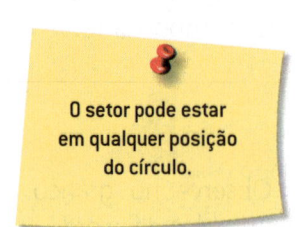

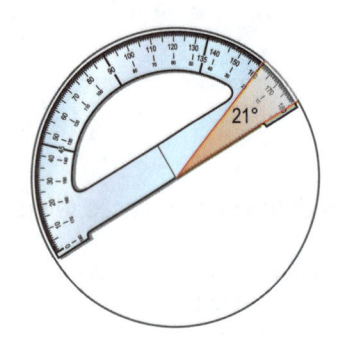

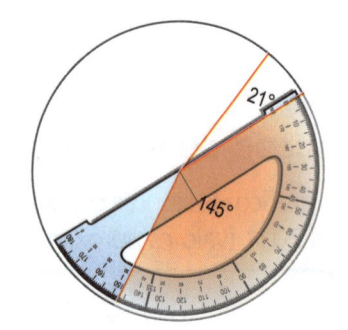

> O setor pode estar em qualquer posição do círculo.

Procedemos da mesma maneira para construir os outros setores e, dessa forma, completar o círculo.

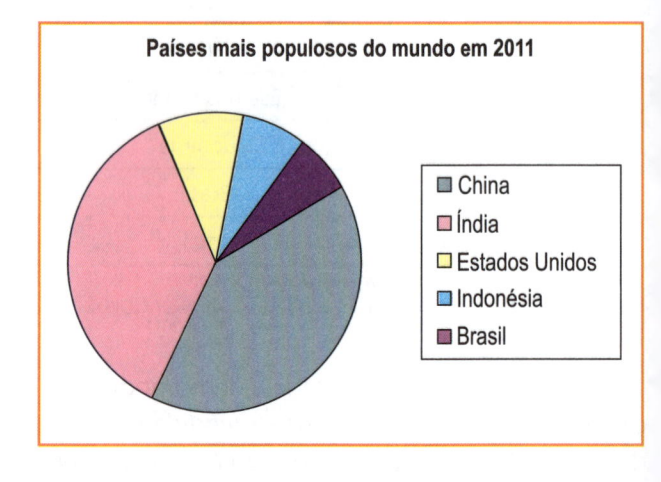

Países mais populosos do mundo em 2011
- China
- Índia
- Estados Unidos
- Indonésia
- Brasil

Podemos usar o conceito de proporcionalidade para encontrar a porcentagem correspondente a cada setor. Como exemplo, vamos calcular a porcentagem correspondente à população do Brasil:

$$\frac{197}{3\,342} = \frac{x}{100} \quad \rightarrow \quad x \cong 5{,}9\%$$

178

Da mesma forma, obtemos as porcentagens correspondentes à população dos outros países.

China ≅ 40,3%; Índia ≅ 37,2%;

Estados Unidos ≅ 9,4%; Indonésia ≅ 7,2%.

Observe que o total das porcentagens é 100%.

Escrevemos essas porcentagens nos setores correspondentes no gráfico.

Países mais populosos do mundo em 2011
- Estados Unidos 9,4%
- Indonésia 7,2%
- Brasil 5,9%
- China 40,3%
- Índia 37,2%

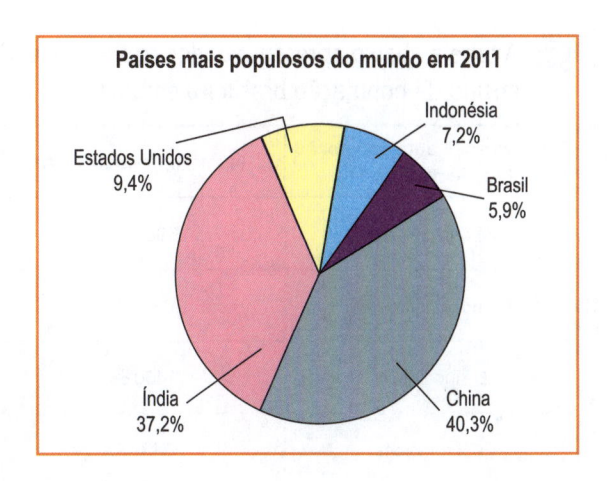

ATIVIDADES

4) O gráfico abaixo foi construído com base nos dados da tabela.

Rebanho brasileiro (2010)	Nº de cabeças (milhões)*
Bovinos	209,5
Suínos	38,9
Ovinos	17,4
Caprinos	9,3
Galinhas, galos, frangos e pintos	1210,8

* valores aproximados

Fonte: IBGE. Disponível em: <http://www.ibge.gov.br/home/presidencia/noticias/noticia_visualiza.php?id_noticia=2002&id_pagina=1>. Acesso em: 18 jun. 2012.

Rebanho brasileiro (milhões de cabeças*)

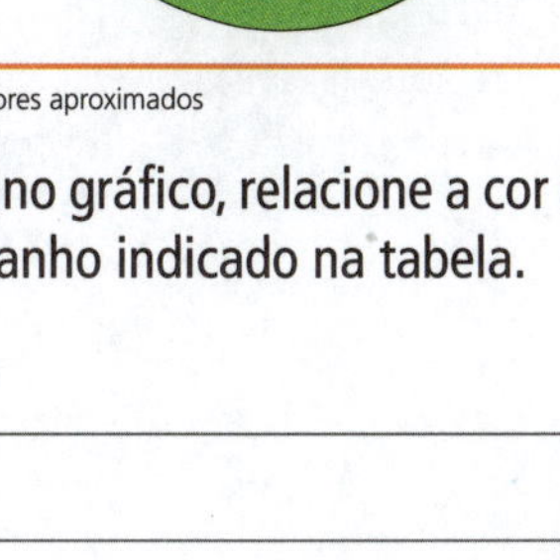

* valores aproximados

Com base no gráfico, relacione a cor de cada setor com o rebanho indicado na tabela.

___

5) Com base no gráfico abaixo, calcule:

Cor da população brasileira (2010)
- Amarela 1,1%
- Outras 0,4%
- Preta 7,6%
- Parda 43,1%
- Branca 47,7%

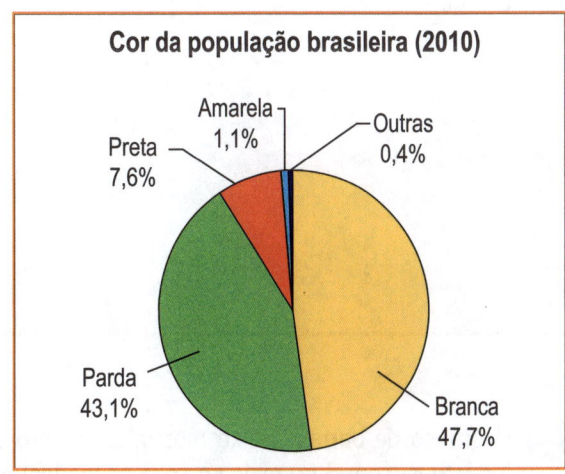

Fonte: IBGE – Censo 2010. Disponível em: <http://www.ibge.gov.br/home/estatistica/populacao/censo2010/caracteristicas_da_populacao/resultados_do_universo.pdf>. Acesso em: 18 jun. 2012.

a) A medida aproximada do ângulo correspondente ao setor da população de cor preta.

___

b) O número de brasileiros de cor parda, sabendo que a população brasileira era de aproximadamente 191 milhões de habitantes em 2010.

___

6 A tabela abaixo apresenta dados sobre o nível de ensino da população brasileira em 2011.

Nível de ensino da população brasileira (2011)	Número de matrículas
Educação Infantil	6 980 052
Ensino Fundamental	30 358 640
Ensino Médio	8 400 689
Ed. Profissional	993 187
Total	46 732 568

Fonte: Inep. *Sinopse Estatística da Educação Básica*. 2011. Disponível em: <http://portal.inep.gov.br/basica-censo-escolar-sinopse-sinopse>. Acesso em: 18 jun. 2012.

Use uma calculadora para fazer os cálculos e construa um gráfico de setores com os dados acima.

7 O gráfico de barras abaixo mostra o número de indústrias (com 5 ou mais pessoas ocupadas) de cada região do país, em 2009.

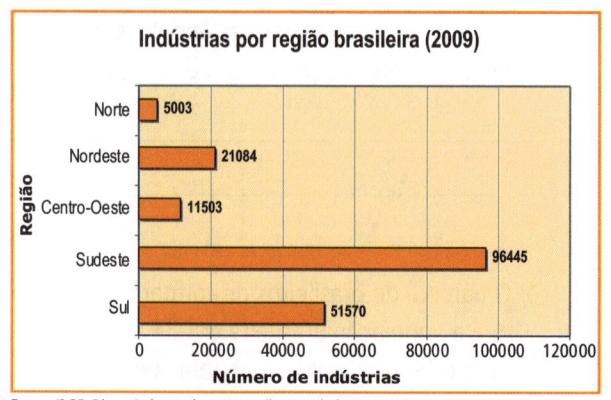

Indústrias por região brasileira (2009)

- Norte: 5003
- Nordeste: 21084
- Centro-Oeste: 11503
- Sudeste: 96445
- Sul: 51570

Fonte: IBGE. Disponível em: <http://www.ibge.gov.br/home/estatistica/economia/industria/pia/empresas/2009/tabelas_pdf/tabela2_4.pdf>. Acesso em: 18 jun. 2012.

Com base nos dados do gráfico de barras construa um gráfico de setores. Use uma calculadora.

8 Os dados da tabela referem-se à produção brasileira, em dezembro de 2011, dos principais produtos agrícolas em milhões de toneladas. Esses dados foram obtidos do IBGE.

Produto agrícola	Produção * (milhões de t)
Arroz (em casca)	13,5
Feijão (em grãos)	3,6
Milho (em grãos)	56,1
Soja (em grãos)	74,8

* Valores aproximados

Fonte: IBGE/*Levantamento Sistemático de Produção Agrícola (LSPA)*. Disponível em: <http://www.ibge.gov.br/home/estatistica/indicadores/agropecuaria/lspa/estProdAgr_201112.pdf>. Acesso em: 18 jun. 2012.

Com base nos dados da tabela, construa um gráfico de setores.

▶ Gráficos de linhas simples

Os **gráficos de linhas**, também chamados **gráficos de segmentos**, são adequados para representar a variação de uma grandeza no decorrer do tempo. Veja, por exemplo, o gráfico de produção de leite no Brasil entre os anos 2005 e 2010.

Observando o gráfico, percebe-se, por exemplo, que no Brasil, ano a ano, entre 2005 e 2010, a produção de leite de vaca vem aumentando.

Produção de leite de vaca no Brasil

(Valores em milhões de litros: 24 621 em 2005; 25 398 em 2006; 26 137 em 2007; 27 585 em 2008; 29 085 em 2009; 30 715 em 2010.)

Fonte: IBGE. *Pesquisa Pecuária Municipal*. Disponível em: <http://www.sidra.ibge.gov.br/bda/tabela/listabl.asp?c=74&z=p&o=30>. Acesso em: 18 jun. 2012.

Construção de gráficos de linhas

A tabela mostra o faturamento de uma empresa ao longo dos quatro primeiros meses do ano.

FATURAMENTO DA EMPRESA X (MILHARES DE REAIS)	
Mês	Faturamento
Jan.	10
Fev.	5
Mar.	7
Abr.	12

Fonte: Departamento Financeiro.

Para representar esses dados por meio de um gráfico de segmentos precisamos:

- Determinar um título e a fonte.
- Traçar dois eixos perpendiculares.
- Escrever os dados no eixo horizontal. No exemplo, os meses.
- Escrever os dados no eixo vertical. No exemplo, o faturamento (em milhares de reais).
- Com base nos dados, formar pares ordenados e marcar o ponto correspondente a cada par.
- Ligar os pontos com segmentos de reta.

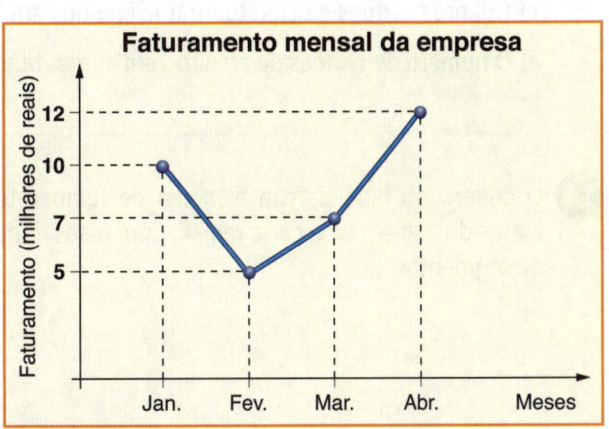

Faturamento mensal da empresa

Fonte: Departamento Financeiro.

181

ATIVIDADES

9 Observe o gráfico abaixo:

Rendimento médio mensal das famílias brasileiras

Valor (R$): 994 (2001), 1 083 (2002), 1 173 (2003), 1 259 (2004), 1 393 (2005), 1 540 (2006), 1 653 (2007), 1 836 (2008), 1 935 (2009)

Fonte: IBGE/PNAD. Disponível em: <http://www.sidra.ibge.gov.br/bda/tabela/listabl.asp?z=pnad&o=3&i=P&c=1940>. Acesso em: 18 jun. 2012.

a) Do que trata o gráfico? _____

b) Qual é a fonte dos dados? _____

c) Em qual dos anos pesquisados a média de rendimento mensal foi maior? E a menor?
_____

d) Essa média vem diminuindo ou aumentando ao longo do tempo? _____

10 Observe o gráfico a seguir:

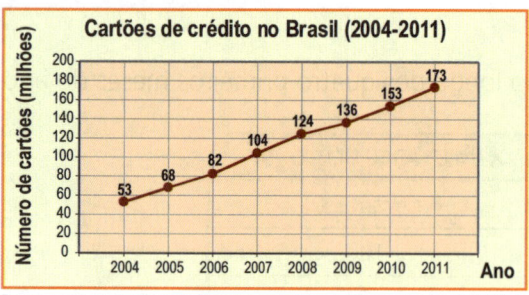

Cartões de crédito no Brasil (2004-2011)

Número de cartões (milhões): 53 (2004), 68 (2005), 82 (2006), 104 (2007), 124 (2008), 136 (2009), 153 (2010), 173 (2011)

Fonte: Associação Brasileira das Empresas de Cartões de Crédito e Serviços (ABECS). Disponível em: <http://www.abecs.org.br/site2012/indicadores.asp>. Acesso em: 18 jun. 2012.

a) Do que trata o gráfico? _____

b) Qual é a fonte dos dados? _____

c) Quantos cartões de crédito foram vendidos em 2006? _____

d) O número de cartões de crédito vem aumentando ou diminuindo ao longo dos anos?
_____

11 O quadro ao lado mostra a média de temperatura nos seis primeiros meses do ano em uma certa região. Com esses dados, construa um gráfico de segmentos.

Temperaturas médias (°C)	
Jan.	28
Fev.	30
Mar.	25
Abr.	20
Maio	17
Jun.	15

Gráficos de linhas múltiplas

Alguns gráficos de segmentos representam dois ou mais fenômenos. Eles também são adequados para a representação e a comparação dos dados dessas grandezas ao longo do tempo.

Um exemplo desse tipo de gráfico é o que apresenta a comparação do número de medalhas de ouro, prata e bronze do Brasil nas Olimpíadas de 1996 a 2008:

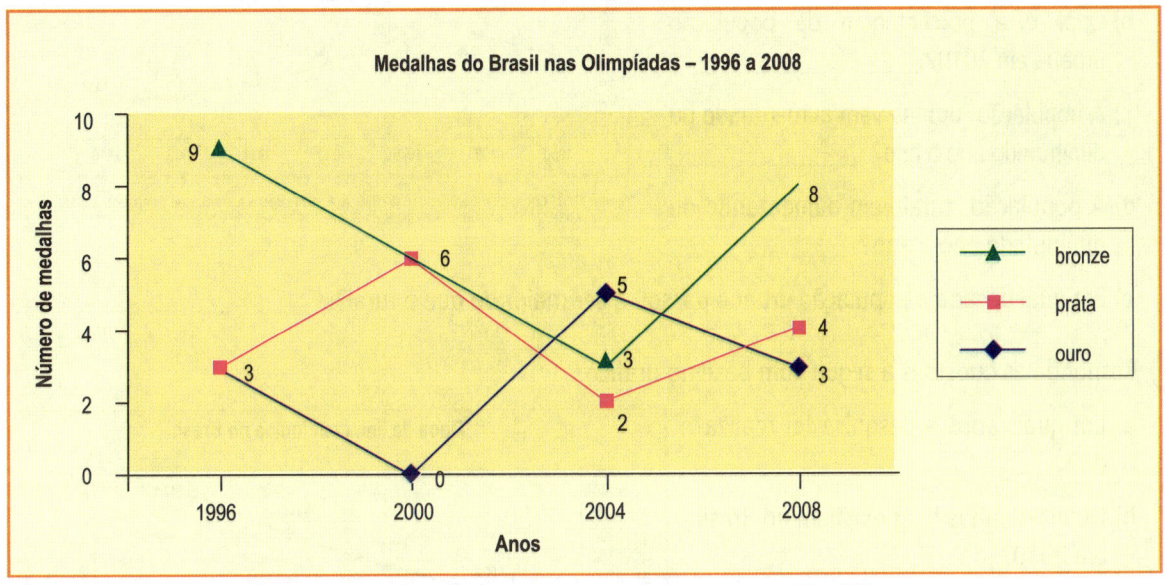

Medalhas do Brasil nas Olimpíadas – 1996 a 2008

Ano	bronze	prata	ouro
1996	9	3	3
2000	—	6	0
2004	3	2	5
2008	8	4	3

Fonte: Comitê Olímpico Brasileiro (COB). Disponível em: <http://www.cob.org.br/brasil_jogos/home.asp>. Acesso em: 18 jun. 2012.

ATIVIDADES

12 O gráfico abaixo mostra o nível de desemprego em algumas regiões do mundo, de 2006 a 2010.

Utilize os dados apresentados no gráfico para responder:

a) Em algum momento o nível de desemprego do Sul da Ásia foi maior que o das outras regiões? _____

b) Em qual das regiões citadas o nível de desemprego foi superior às outras em todos os anos? _____

c) Em qual das regiões a porcentagem de desemprego aumentou entre 2007 e 2010? _____

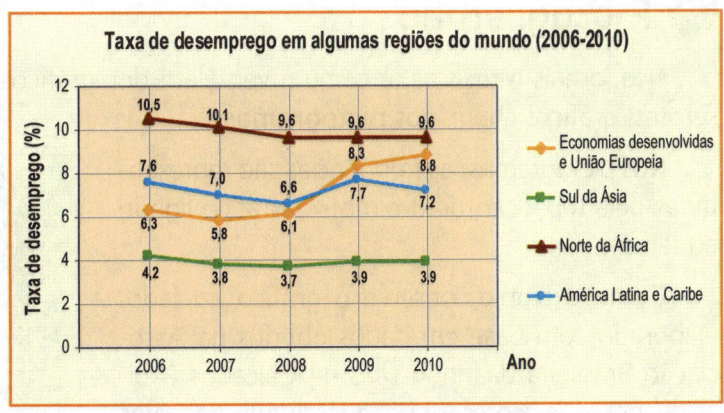

Taxa de desemprego em algumas regiões do mundo (2006-2010)

Ano	Economias desenvolvidas e União Europeia	Sul da Ásia	Norte da África	América Latina e Caribe
2006	6,3	4,2	10,5	7,6
2007	5,8	3,8	10,1	7,0
2008	6,1	3,7	9,6	6,6
2009	8,3	3,9	9,6	7,7
2010	8,8	3,9	9,6	7,2

Fonte: Organização Internacional do Trabalho. *Tendências Mundiais de Emprego 2012*. Disponível em: <http://www.oitbrasil.org.br/sites/default/files/topic/employment/doc/get2012_763.pdf>. Acesso em: 19 jun. 2012.

13 O gráfico mostra a porcentagem da população urbana e da população rural de 1950 a 2010 no Brasil. Observando-o, responda:

a) Qual é a porcentagem da população urbana em 1950? _____
E a porcentagem da rural? _____

b) Qual é a porcentagem da população urbana em 2010? _____

c) A população urbana vem aumentando ou diminuindo ano a ano? _____

d) A população rural vem aumentando ou diminuindo ano a ano? _____

e) Em qual década a população urbana passou a ser maior do que a rural? _____

População por situação de domicílio

Ano	urbana	rural
1950	36,16	63,84
1960	45,08	54,92
1970	55,98	44,02
1980	67,7	32,3
1991	75,47	24,53
2000	81,23	18,77
2010	84,36	15,64

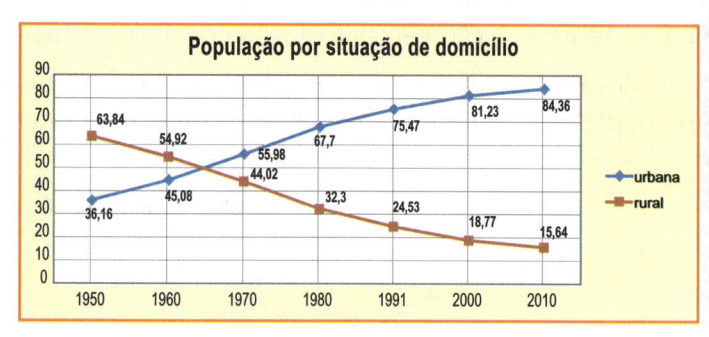

Fonte: IBGE, *Censo Demográfico 1950/2010*. Até 1991, dados extraídos de *Estatísticas do Século XX*, Rio de Janeiro: IBGE, 2007 no *Anuário Estatístico do Brasil*, 1993, vol 53, 1993.

14 Responda às questões a seguir com base no gráfico.

a) Em quais anos a pesquisa foi realizada? _____

b) Quantas linhas fixas existiam no Brasil em 2010? _____

c) Qual era a diferença entre o número de linhas móveis e linhas fixas em 2011? _____

d) Em qual dos tipos o número de linhas foi sempre inferior aos demais? _____

Tipos de linha telefônica no Brasil

n° de linhas (milhões)

Ano	Fixas	Móveis	Públicas
2008	57,9	150,6	1,1
2009	59,6	173,9	1,1
2010	62	202,9	1,1
2011	64,7	242,2	1

Fonte: Anatel. Disponível em: <http://www.anatel.gov.br/Portal/exibirPortalPaginaEspecial.do?org.apache.struts.taglib.html.TOKEN=996e207887043a86d98965a9465379ad&acao=carregaPasta&codItemCanal=1634&pastaSelecionada=2968>. Acesso em: 15 jun. 2012.

▶ Pictogramas

Nos jornais e revistas, é comum ver, além dos gráficos de colunas, de barras, de segmentos e de setores, gráficos chamados **pictogramas**.

Nos pictogramas, as frequências são representadas pela repetição de um motivo gráfico ligado ao tema.

Como exemplo, observe o gráfico ao lado, elaborado com base em dados obtidos na Associação Brasileira das Indústrias de Calçados (Abicalçados), que representa a quantidade de pares de calçados que o Brasil exportou para a Argentina em 2008 e 2009.

Exportação de pares de calçados para a Argentina

Ano	Pares
2008	18 536 579
2009	12 925 721

Fonte: Abicalçados. Disponível em: <http://www.abicalcados.com.br/documentos/resenha_estatistica/Historico%20das%20Exportacoes%202010.pdf>. Acesso em: 19 jun. 2012.

Em alguns tipos de pictogramas escolhe-se uma figura, que é ampliada ou reduzida conforme dados que se quer representar.

Observe este gráfico elaborado com dados obtidos na Agência Nacional de Transportes Terrestres (ANTT). Ele apresenta a quantidade de passageiros transportados por companhias de trens regulares metropolitanas, no Brasil.

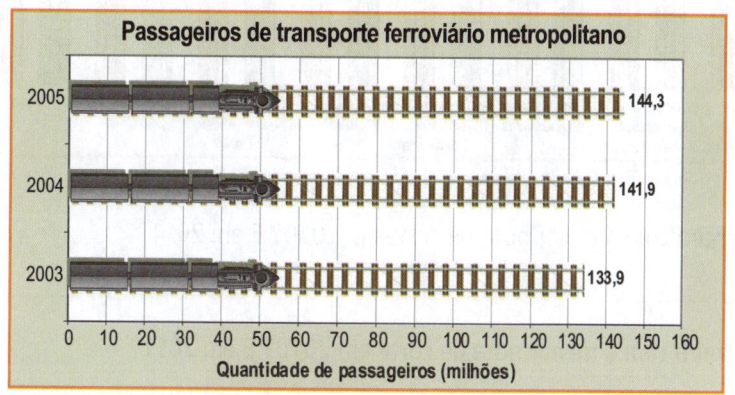

Passageiros de transporte ferroviário metropolitano

- 2005: 144,3
- 2004: 141,9
- 2003: 133,9

Quantidade de passageiros (milhões)

Fonte: ANTT. Disponível em: <http://www.revistaferroviaria.com.br/upload/relatoriopreviodaantt.pdf>. Acesso em: 19 jun. 2012.

Para construir um pictograma no qual as frequências são apresentadas pela repetição de um motivo devemos:

- dar um título ao gráfico;
- indicar o significado de cada símbolo usado;
- usar símbolos relacionados ao objeto de estudo;
- desenhar os símbolos em linhas ou em colunas, espaçadamente;
- expressar a frequência desejada com maior ou menor número de símbolos.

Lançamentos de um dado

Face 1   Face 2   Face 3   Face 4   Face 5   Face 6

Neste gráfico, cada dado representa um lançamento.

ATIVIDADES

15 Este pictograma está correto? Justifique.

População do Brasil - 2001 a 2008

- 2001
- 2006
- 2008

185

16 Observe o pictograma abaixo.

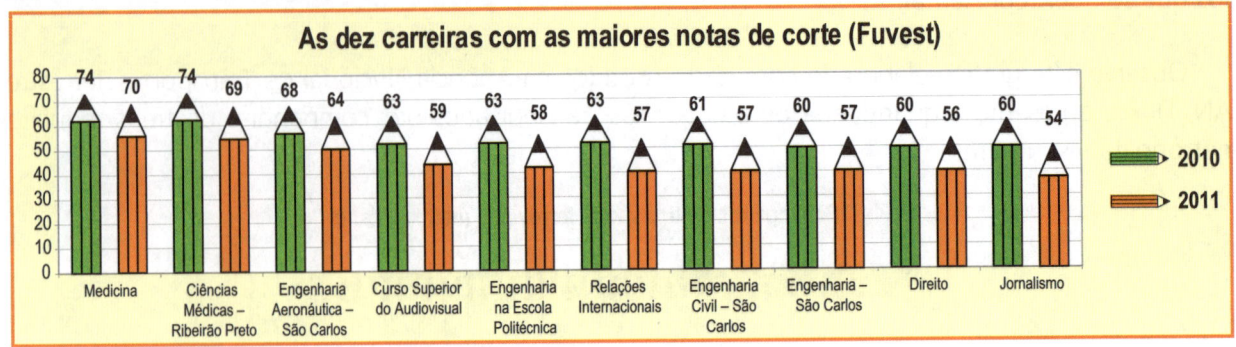

As dez carreiras com as maiores notas de corte (Fuvest)

Carreira	2010	2011
Medicina	74	70
Ciências Médicas – Ribeirão Preto	74	69
Engenharia Aeronáutica – São Carlos	68	64
Curso Superior do Audiovisual	63	59
Engenharia na Escola Politécnica	63	58
Relações Internacionais	63	57
Engenharia Civil – São Carlos	61	57
Engenharia – São Carlos	60	57
Direito	60	56
Jornalismo	60	54

Fonte: Fuvest. Disponível em: <http: www.fuvest.br/vest2011/informes/ii142011.html>. Acesso em: 19 jun. 2012.

a) Qual foi a carreira com a maior nota de corte em 2010? E em 2011?

b) Qual foi a carreira com a menor nota de corte em 2010? E em 2011?

c) Quais carreiras tiveram a maior redução da nota de corte de 2010 para 2011?

17 O gráfico ao lado indica as formas de locomoção usadas pelos alunos de uma determinada classe para se dirigir de suas casas à escola.

Formas de locomoção

De automóvel — 3 símbolos
De ônibus — 3 símbolos
De bicicleta — 2 símbolos
A pé — 2 símbolos

Cada símbolo representa 5 alunos

Com base no gráfico, responda às questões:

a) Qual é a forma de locomoção mais usada pelos alunos?

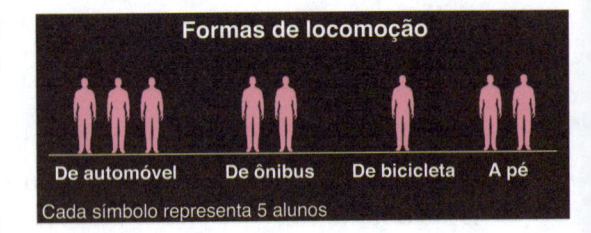

b) Quantos alunos vão de ônibus para a escola?

c) Qual é a quantidade total de alunos na classe?

18 Com base nos dados do quadro ao lado, construa um pictograma usando o símbolo (◉). Cada símbolo representa quatro bolas.

Loja	A	B	C	D
Número de bolas vendidas	4	32	16	8

19 Procure, em jornais ou revistas, um pictograma e interprete-o.

20 Pesquise com 10 colegas de seu bairro a quantidade de irmãos que eles têm e represente a situação por meio de um pictograma.

186

▶ Probabilidades

Para realizar uma aposta mínima na loteria, da Quina, deve-se marcar cinco números no cartão que é fornecido pela casa lotérica, para maiores de 18 anos.

Anotar os números é fácil. Difícil é prever os números que serão sorteados.

Quando se realiza um experimento em que não se pode prever o resultado, dizemos que se trata de um experimento aleatório.

Exemplos de experimento aleatório:

Ao se lançar um dado, não há como prever o número que aparecerá na face superior: 1, 2, 3, 4, 5 ou 6.

Ao se lançar uma moeda para o alto, a possibilidade de a face cara ficar voltada para cima é a mesma da face coroa.

Os acontecimentos associados a um experimento são chamados **eventos**. Veja alguns exemplos de eventos que podem ocorrer ao se lançar um dado:

- Sair um número par na face de cima: 2, 4 ou 6.
- Sair um número primo na face de cima: 2, 3 ou 5.
- Sair um número maior que 4 na face de cima: 5 ou 6.

Calculando probabilidades

Vamos calcular a **probabilidade** de um evento ocorrer em quatro situações diferentes:

SITUAÇÃO 1

Ao se lançar um dado, qual é a probabilidade de sair o número 4?

Solução

Ao lançarmos um dado, na face superior pode sair qualquer um dos seis números: 1, 2, 3, 4, 5 ou 6. Portanto, são 6 possibilidades. Há apenas uma possibilidade de ocorrer o evento: "sair o número 4".

Indicando a probabilidade de ocorrer um evento pela letra P, podemos escrever:

$$P = \frac{\text{número de possibilidades de o evento ocorrer}}{\text{número total de possibilidades}}$$

Portanto, nessa situação, a probabilidade de ocorrer o número 4 é:

$$P = \frac{1}{6}$$

SITUAÇÃO 2

Ao se lançar um dado, qual é a probabilidade de sair um número múltiplo de 3?

Solução

Na face superior pode sair qualquer dos seis números: 1, 2, 3, 4, 5 ou 6. Portanto, são 6 possibilidades.

No dado, apenas dois números são múltiplos de 3 (3 e 6). Portanto, há 2 possibilidades de ocorrer o evento: "sair um número múltiplo de 3".

Logo, a probabilidade é: $P = \frac{2}{6}$ ou $\frac{1}{3}$

SITUAÇÃO 3

Lançando-se uma moeda para o alto, qual é a probabilidade de se obter cara na face superior?

Solução

Uma moeda tem duas faces: cara e coroa. Portanto, são 2 possibilidades. Há apenas 1 possibilidade de ocorrer o evento: "sair cara".

Logo, a probabilidade é: $P = \frac{1}{2}$

SITUAÇÃO 4

Lançando um dado duas vezes, qual é a probabilidade de a soma dos números ser 9?

Solução

Na face superior dos dados, podem sair os pares de números indicados a seguir.

1 1	1 2	1 3	1 4	1 5	1 6
2 1	2 2	2 3	2 4	2 5	2 6
3 1	3 2	3 3	3 4	3 5	3 6
4 1	4 2	4 3	4 4	4 5	4 6
5 1	5 2	5 3	5 4	5 5	5 6
6 1	6 2	6 3	6 4	6 5	6 6

São 36 possibilidades. Dessas, apenas os seguintes pares têm soma 9:

| 3 6 | | 4 5 | | 5 4 | | 6 3 |

Portanto, são quatro possibilidades. Logo, temos:

$$P = \frac{4}{36} \text{ ou } \frac{1}{9}$$

ATIVIDADES

21 Supondo que estes círculos sejam alvos, qual é a probabilidade de acertar a área vermelha com uma flecha?

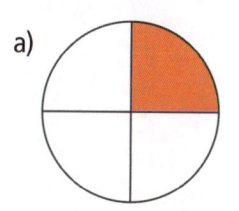

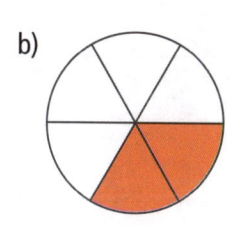

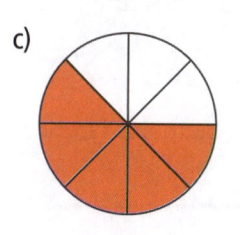

a)

b)

c)

22 Nesta figura, qual é a probabilidade de girar o disco e a seta apontar para o verde?

23 Numa sacola há 5 bolas brancas e 2 bolas azuis. Retirando-se ao acaso uma bola, diga qual é a probabilidade de:

a) Sair uma bola branca

b) Sair uma bola azul

24 Lança-se um dado ao acaso. Escreva a probabilidade de se obter na face superior:

a) O número 2

b) Um número ímpar

c) Um divisor de 10

d) Um número menor que 7

25 Numa classe de 35 alunos, 7 deles usam óculos. Sorteia-se um aluno ao acaso. Qual é a probabilidade de esse aluno usar óculos?

26 Lança-se um dado ao acaso. Escreva a probabilidade de obter na face superior:

a) O número 5

b) Um número menor que 5

c) Um divisor de 5

d) Um múltiplo de 5

27 Recortam-se as letras da palavra AMORA e colocam-se essas letras num saco.
Retira-se, sem olhar, uma dessas letras. Qual é a probabilidade de a letra sorteada ser um A?

189

28 Numa urna encontram-se 5 bolas numeradas de 1 a 5. Retiram-se duas bolas ao acaso.

a) Escreva os pares de números possíveis de ser retirados.

b) Quantos são esses pares?

c) Qual é a probabilidade de as bolas retiradas serem a de número 1 e a de número 2?

VOCÊ SABIA?   Apostando na loteria

Atualmente existem vários tipos de loterias liberadas para maiores de 18 anos. Podemos citar a Super Sena, a Quina, a Mega Sena, entre outras.

- **Super Sena** – o apostador pode escolher de 6 a 15 números entre os 48 do volante.

Segundo as probabilidades matemáticas, a chance de um apostador acertar os 6 números fazendo a aposta mínima é de 1 para 12271512.

- **Quina** – podem-se escolher de 5 a 8 números entre os 80 do volante.

Fazendo a aposta mínima, a chance de acertar os 5 números é de 1 para 24040016.

Observe, abaixo, informações relativas à Mega Sena (jogo em que a aposta mínima é de 6 números), extraídas do site da Caixa Econômica Federal.

CHANCES DE GANHAR	
Quantidade de números jogados	Chance de 1 em
6	50 milhões
7	7,2 milhões
8	1,8 milhão
9	596 mil
10	238,4 mil
15	10 mil

Fonte: Caixa Econômica Federal. Disponível em: <http://www1.caixa.gov.br/loterias/loterias/megasena/probabilidades.asp>. Acesso em: 19 jun. 2012.

Observe que a probabilidade de uma pessoa acertar na loteria é extremamente pequena.

- A probabilidade de uma pessoa jogar 6 dezenas e ganhar na Mega Sena é $\dfrac{1}{50\,000\,000}$

Perceba que é mais fácil um raio cair sobre uma pessoa do que ganhar na Mega Sena apostando 6 dezenas.

ATIVIDADES COMPLEMENTARES

▶ Capítulo 1 – Números reais

1. Escreva três números:
   a) naturais _____
   b) inteiros _____
   c) racionais _____

2. Qual é o único número inteiro?
   a) $\dfrac{3}{5}$
   b) 1,4
   c) $-\dfrac{1}{2}$
   d) 1,333…
   e) – 10

3. Qual destas divisões tem como quociente o número 1,444…?
   a) 9 ÷ 9
   b) 10 ÷ 9
   c) 11 ÷ 9
   d) 12 ÷ 9
   e) 13 ÷ 9

4. (PUC) A dízima periódica 0,4999… é igual a:
   a) $\dfrac{49}{99}$
   b) $\dfrac{5}{11}$
   c) $\dfrac{1}{2}$
   d) $\dfrac{49}{90}$
   e) $\dfrac{4}{9}$

5. Qual destes números tem uma representação infinita e não periódica?
   a) $\sqrt{2}$
   b) $\sqrt{4}$
   c) $-\dfrac{1}{2}$
   d) $\dfrac{1}{9}$
   e) $-\sqrt{9}$

6. Escreva a fração geratriz de cada dízima periódica.
   a) 1,111… _____
   b) $2,\overline{35}$ _____
   c) –1,11222… _____
   d) $-0,1\overline{23}$ _____

7. Escreva uma dízima periódica maior que – 3 e menor que – 2,9.
   _____

8. Classifique os números em racionais (ℚ) ou irracionais (I):
   a) 2 _____
   b) – 3 _____
   c) π _____
   d) $\dfrac{1}{2}$ _____
   e) – 0,555… _____
   f) $\sqrt{5}$ _____
   g) 0,15 155 1555… _____
   h) $\dfrac{11}{2}$ _____

9. Observe os números:
   $-1,1;\ 4,25;\ -\pi;\ 3;\ 0;\ -5;\ 3{,}1415926\ldots\ e\ -\sqrt{9}$
   Identifique os que são:
   a) naturais _____
   b) inteiros _____
   c) racionais _____
   d) irracionais _____
   e) reais _____

10 Qual das sentenças é a única verdadeira?

( ) Todo número inteiro é natural.

( ) Todo número real é irracional.

( ) Todo número racional é real.

( ) Existe um número irracional que não é real.

11 Descubra qual é a alternativa correta:

( ) $\sqrt{3} + 1$ é um número irracional.

( ) $\dfrac{5}{4}$ é um número inteiro.

( ) 0,666... é um número irracional.

( ) – 2 é um número natural.

12 (Saresp) Joana e seu irmão estão representando uma corrida em uma estrada assinalada em quilômetros, como na figura:

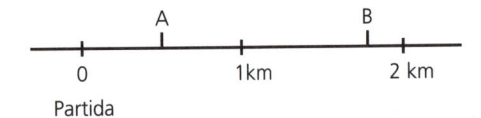

Joana marcou as posições de dois corredores com os pontos A e B.
Esses pontos A e B representam que os corredores já percorreram, respectivamente, em km:

a) 0,5 e $1\dfrac{3}{4}$ c) $\dfrac{1}{4}$ e 2,75

b) 0,25 e $\dfrac{10}{4}$ d) $\dfrac{1}{2}$ e 2,38

13 (Saresp) Na reta numérica abaixo, representamos os números x, y, z e zero:

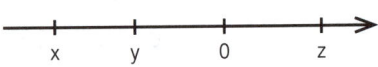

É correto dizer que:

a) y > z

b) x > 0

c) y < x

d) z é um número positivo.

14 Identifique o número maior.

a) $\dfrac{2}{3}$ ou 0,7 _____

b) $-1\dfrac{1}{2}$ ou $-\dfrac{11}{9}$ _____

c) $-1\dfrac{1}{2}$ ou $0,\overline{7}$ _____

d) – 1 ou $2,\overline{08}$ _____

15 (Saresp) Observe a reta numérica:

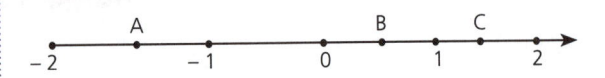

Os números A, B e C são, respectivamente:

a) $-\dfrac{15}{10}$; – 0,6; $\sqrt{2}$ c) 1,5; 0,6; 1,5

b) – 1,5; $\dfrac{6}{10}$; $\sqrt{2}$ d) 1,5; $\sqrt{2}$; π

16 Qual é, com uma casa decimal, a raiz quadrada aproximada do número 4,5?

_____

17 A raiz quadrada do número 18,8 com aproximação para os centésimos é:

a) 0,01   c) 4,33   e) 4,55

b) 0,001   d) 3,44

18 (Saresp) O resultado de $-2\dfrac{1}{4} + \dfrac{1}{5}$ é:

a) $-\dfrac{23}{10}$ c) $-\dfrac{49}{10}$

b) $-\dfrac{41}{20}$ d) $-\dfrac{8}{9}$

19 Considerando π = 3,14, qual é o valor da expressão $2 \cdot \pi + 0,\overline{5}$? _____

a) 6,8   d) $6,8\overline{35}$

b) 6,835   e) $6,83\overline{5}$

c) $6,\overline{835}$

20 Qual é a diferença entre a raiz cúbica de – 27 e a raiz quarta de 1 296?

_____

_____

21 Um azulejo quadrangular ilustrado tem 306,25 cm² de área. Qual é a medida do lado desse azulejo?

A = 306,25 cm²

_____

Capítulo 2 – Cálculo algébrico

1) Traduza para a linguagem matemática:

a) A soma do cubo de um número com o seu dobro. _____

b) A diferença entre a raiz cúbica de um número e quatro. _____

c) A raiz quadrada da quarta parte de um número. _____

2) Considerando que x é um número real, escreva uma sentença verbal correspondente a cada expressão algébrica.

a) $2x - 4$ _____

b) $\dfrac{x}{2} - \dfrac{x}{3}$ _____

c) $\sqrt[3]{\dfrac{2x}{5}}$ _____

d) $\sqrt{x} + \sqrt[3]{x}$ _____

3) A expressão algébrica que representa a sentença: *O triplo do quadrado de um número adicionado ao dobro de sua raiz quadrada* é:

a) $2x^2 + 3\sqrt{x}$ c) $3x + 2\sqrt{x}$

b) $2x + 3\sqrt{x}$ d) $3x^2 + 2\sqrt{x}$

4) Calcule a área de cada quadrado e complete o quadro.

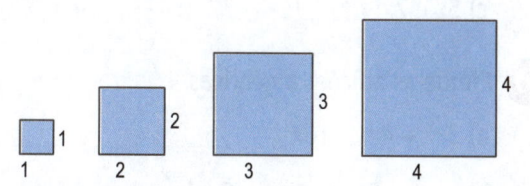

Comprimento do lado (cm)	1	2	3	4
Área (cm²)				

- Com base nos dados da tabela, encontre a fórmula matemática que relaciona a área (A) e o lado (a) de um quadrado. _____

5) (Saresp) Uma locadora cobra R$ 20,00 por dia pelo aluguel de uma bicicleta. Além disso, ela também cobra, apenas no primeiro dia, uma taxa de R$ 30,00. Chamando de x o número de dias que a bicicleta permanece alugada e de y o valor do aluguel, é correto afirmar que:

a) $y = 600x$ c) $y = 30x + 20$

b) $y = 50x$ d) $y = 20x + 30$

6) Qual equação representa este problema:

> A soma de dois números consecutivos é 403. Quais são esses números?

a) $x + x + 1 = 203$

b) $x + x - 1 = 403$

c) $x + x + 1 = 403$

d) $3x + 1 = 403$

7) Numa determinada escola, a média bimestral é dada pela fórmula:

$$M = \dfrac{P + 2P_1 + 3 \cdot P_2}{6}, \text{ em que:}$$

- P é a nota de participação.
- P_1 é a nota da 1ª avaliação escrita.
- P_2 é a nota da 2ª avaliação escrita.

a) Luís obteve $P = 6$; $P_1 = 5$ e $P_2 = 7$. Com que média bimestral ficou? Dê a resposta com aproximação de uma casa decimal.

b) Valéria obteve $P = 7$, $P_1 = 8,5$ e ficou com média 6,5. Qual foi sua nota na 2ª avaliação escrita?

8 Complete os quadros.

a)

y	3		4	
2y – 1		–2		6

b)

y	4		–2	
$\frac{y}{2}$ + 2		8		–4

9 (Saresp) Calcule o valor numérico da expressão $x^3 + 2x^2$, para x igual a 2.

_____
_____
_____
_____

10 Calcule o valor numérico da expressão algébrica $3x^2 + 5y^3 - 4$ para x = 2 e y = 4.

_____
_____
_____
_____

11 (Saresp) Calculando-se os valores da expressão $n^2 + 3n + 1$, para n valendo 1, 2, 3 etc., obtém-se uma das sequências. Qual delas?

a) 5, 11, 17, 23, ...   c) 5, 7, 9, 11, ...

b) 5, 11, 19, 29, ...   d) 1, 5, 9, 13, ...

12 Este é um quadrado mágico. A soma dos números das colunas, das linhas e das diagonais é a mesma. Encontre o valor de x.

4	3 · (x – 1)	$\frac{x}{2}$
x – 1	x + 1	2x – 1
2x	x – 3	x + 2

13 Complete o quadro.

Monômio	$3x^2y$	$-\frac{1}{5}xy^4$	$-x^3$	5	
Coeficiente					–2
Parte Literal					xyz

14 O único monômio semelhante a $4xy^3z$ é:

a) $8x^3yz$ d) $8xy^3z$

b) $8xyz^3$ e) $8x^3y^3z^3$

c) 8xyz

15 Considere o cubo de aresta x.

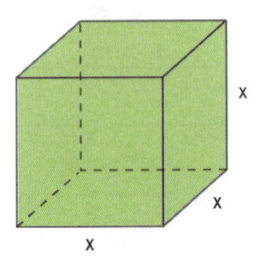

Escreva uma expressão algébrica para indicar:

a) a soma das medidas das arestas do cubo

_____

b) o volume do cubo _____

c) a área de uma das faces do cubo _____

16 Ao simplificarmos os polinômios $3x^2 - x^2$ e $4x - 3x + 4x$, obtemos, respectivamente, como resultados os monômios:

a) $4x^2$ e 5x   d) $5x^2$ e 2x

b) $2x^2$ e 5x   e) $2x^2$ e 0

c) 5x e $2x^2$

17 Efetue as adições algébricas.

a) $3x^2 + 4x^2 - 10x^2$ _____

b) $5xy^2 + 6xy^2 - 6xy^2 - 5xy^2$ _____

c) $\frac{2}{5}y + \frac{1}{10}y - \frac{1}{2}y$ _____

d) $3xy + 0,5\,xy - 2,5\,xy$ _____

18 Simplifique as expressões algébricas.

a) $(x - y) + (2x - 3y)$

b) $(2x^2 + 3y^2) + (x^2 - 2y^2) - (x^2 - y^2)$

19 Determine os polinômios que representam o perímetro e a área desta figura.

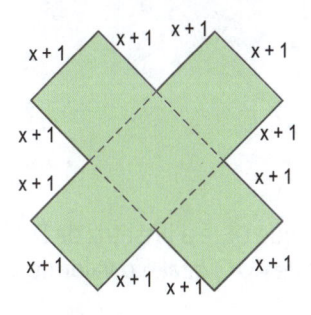

20 (Saresp) Escreva a expressão que representa a área da parte pintada da figura.

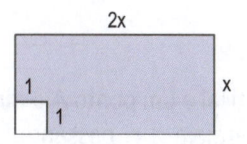

21 Escreva a expressão que representa o perímetro desta figura.

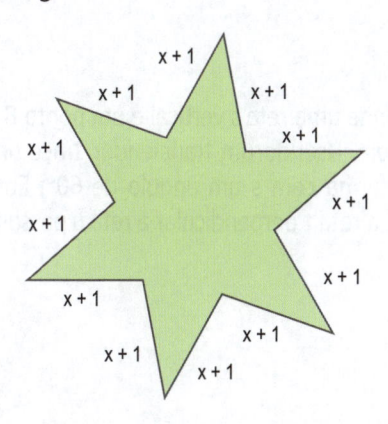

22 A figura abaixo é formada por um paralelogramo e um triângulo isósceles.

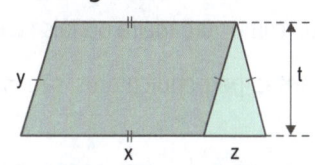

Escreva as expressões que representam respectivamente o perímetro do paralelogramo e a área do triângulo.

23 Sabendo que $x = a - 1$, $y = a - 2$, $z = 2a + 1$ e $t = 3a + 2$, calcule:

a) $x + y + z + t$

b) $x + y + z - t$

c) $-x + y + z - t$

d) $2x + 3y - z + 4t$

e) $2 \cdot (x + y) - 3(z + t)$

f) $(x + y) \cdot (z + t)$

24 Sendo $A = 2x^2 + 3y^3$ e $B = x^3 - y^2$, então o valor de $A \cdot B$ é:

a) $2x^5 - 2x^2y^2 + 3x^3y^3 + 3y^5$

b) $2x^5 - 2x^2y^2 - 3x^3y^3 - 3x^5$

c) $2x^5 + 2x^2y^2 - 3x^3y^3 - 3y^5$

d) $2x^5 - 2x^2y^2 + 3x^3y^3 - 3y^5$

25 O produto do monômio $4xy$ por um polinômio dá $12x^2y^3 + 24x^5y$. O polinômio é:

a) $12x^2y^3 + 24x^5y$ c) $3x^3y^4 + 6x^6y^2$

b) $3xy^2 - 6x^4$ d) $3x^2y + 6x^4$

Capítulo 3 – Ampliando o estudo da geometria

1 Classifique como verdadeira ou falsa cada sentença.

( ) Duas retas perpendiculares são também concorrentes.

( ) Todos os pares de retas concorrentes também são perpendiculares.

2 Observe as retas na pirâmide abaixo.

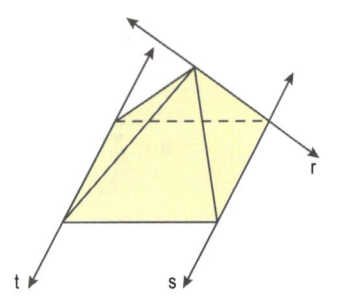

Identifique pares de retas:

a) paralelas _____

b) concorrentes _____

3 Observe o ângulo abaixo:

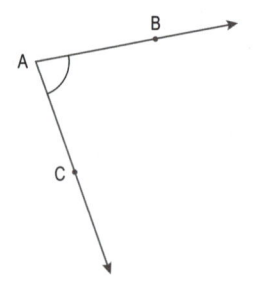

a) Nomeie esse ângulo. _____

b) Identifique seus lados. _____

c) Identifique seu vértice. _____

d) Meça esse ângulo. _____

4 Usando um transferidor, construa os seguintes ângulos. Faça no caderno.

a) 35°   c) 125°

b) 90°   d) 270°

5 Sobre uma reta s marcamos 4 pontos distintos. Quantos segmentos de reta são determinados por esses pontos? _____

6 Sendo $\vec{OB}$ bissetriz de $A\hat{O}C$ e $\vec{OE}$ bissetriz de $D\hat{O}F$, qual é o valor de x? _____

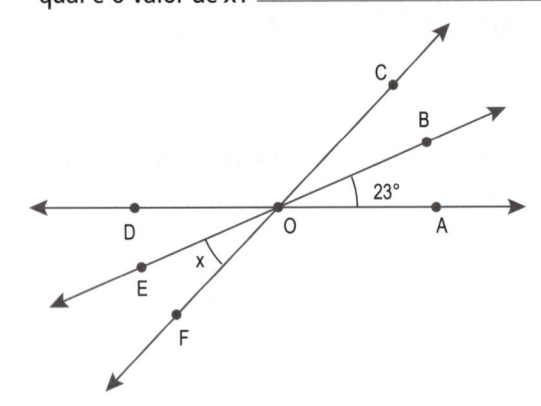

7 Sabendo que $\vec{OE}$ é a bissetriz de $D\hat{O}F$ e que $\vec{OB}$ é a bissetriz de $A\hat{O}C$, qual é o valor de x na figura?

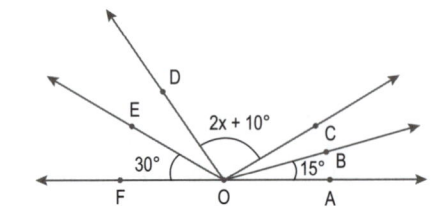

_____

8 Desenhe uma reta r vertical e um ponto A à direita de r. Trace a reta s, paralela a r, passando pelo ponto A.

9 Desenhe uma reta s vertical e um ponto B à esquerda dela. Usando um transferidor, trace uma reta u que forma com s um ângulo de 60°. Em seguida, trace a reta t perpendicular à reta u passando por B.

10 A reta s é mediatriz do segmento $\overline{AB}$.

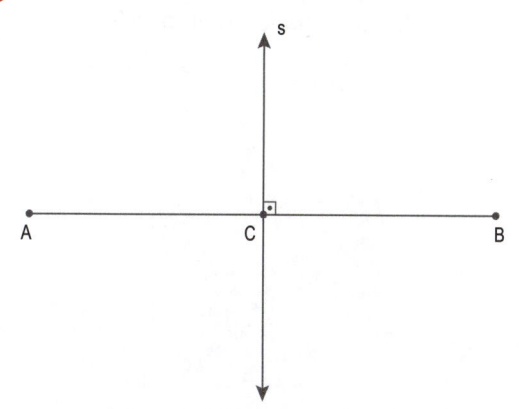

Então, é falso dizer que:

a) A mediatriz é perpendicular a $\overline{AB}$.

b) O ângulo formado pela mediatriz e pelo segmento $\overline{AB}$ é reto.

c) C é o ponto médio de $\overline{AB}$.

d) $\overline{AC}$ e $\overline{CB}$ têm medidas diferentes.

11 Trace um segmento de reta $\overline{AB}$ com 4 cm e um segmento $\overline{CD}$ com 5 cm, de tal forma que um passe pelo ponto médio do outro.

12 Use uma régua e um esquadro e desenhe um paralelogramo. Trace a mediatriz de todos os lados desse paralelogramo.

13 Os segmentos $\overline{BA}$, $\overline{AC}$, $\overline{CD}$ e $\overline{DE}$ são colineares. A é ponto médio do segmento $\overline{BC}$ e D é ponto médio do segmento $\overline{CE}$. O segmento $\overline{BA}$ mede 0,5 cm e $\overline{DE}$ mede 1,5 cm. A medida do segmento $\overline{AD}$ é:

a) 2 cm   c) 0,5 cm

b) 1,5 cm   d) 3 cm

14 Diga se essas afirmações são verdadeiras (V) ou falsas (F).

( ) Por um ponto passa uma única reta.

( ) Uma reta tem infinitos pontos.

( ) Entre dois pontos distintos de uma reta não existe outro ponto dessa reta.

( ) Três pontos não colineares determinam um, e somente um, plano.

15 Qual das alternativas é falsa?

a) Dois pontos distintos determinam uma única reta.

b) Três pontos estão sempre alinhados.

c) Por um ponto fora de uma reta podemos traçar uma única reta paralela à reta dada.

d) Num plano e fora dele existem infinitos pontos.

16 Complete com as palavras paralela ou perpendicular. Se duas retas são paralelas, então toda reta _____ a uma delas é _____ à outra.

17 Quais são os valores de x e y indicados na figura?

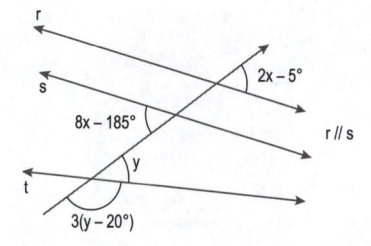

18 Na figura r//s, calcule o valor de $\dfrac{x+y}{2}$.

197

19 Na figura, as retas r e s são paralelas. A soma $\hat{a} + \hat{b} + \hat{c}$ das medidas dos ângulos indicados na figura é:

a) 180°
b) 270°
c) 360°
d) 480°
e) 540°

20 Observe o octógono desenhado numa malha de quadrados. Este polígono é regular? Justifique sua resposta.

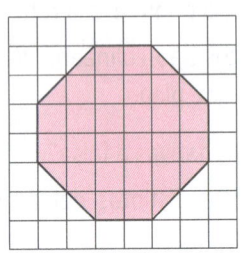

_____
_____

21 Um pentágono regular tem o mesmo perímetro de um octógono regular. Sabendo que o lado do octógono mede 14,5 cm, qual é a medida do lado do pentágono?

_____

22 Neste polígono regular, a soma dos ângulos internos é 1 080°. Quanto mede cada ângulo interno?

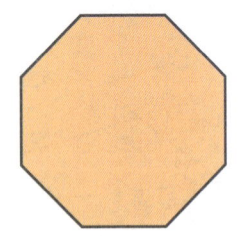

23 Este polígono é um hexágono regular. Quanto mede o ângulo x?

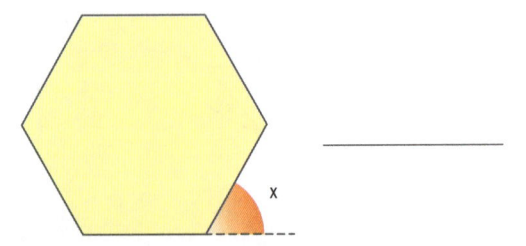

24 (Saresp) A figura abaixo é um pentágono regular e a soma de seus ângulos internos é 540°.

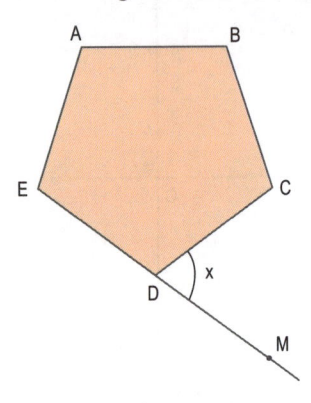

Conclui-se, então, que a medida de MD̂C é:

a) 72°   c) 108°
b) 92°   d) 100°

25 A soma dos ângulos internos de um polígono com 24 lados é:

a) 3 930°   c) 3 950°   e) 3 970°
b) 3 940°   d) 3 960°

26 Calcule a soma dos ângulos internos de um polígono de 23 lados. _____

27 Quantos lados tem um polígono cuja soma dos ângulos internos é 4 320°? _____

28 A figura mostra parte de um polígono regular. Esse polígono é um:

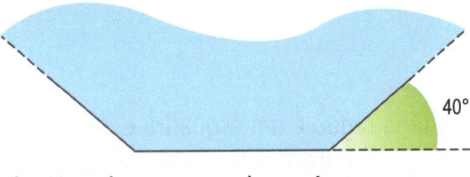

a) triângulo   c) eneágono
b) quadrado   d) decágono

29 (Saresp) Você já deve ter observado o seguinte: de cada vértice de um pentágono é possível traçar duas diagonais e de cada vértice de um hexágono é possível traçar três diagonais. De um dos vértices de um polígono convexo foi possível traçar nove diagonais. Então esse polígono tem:

a) 8 lados   c) 12 lados
b) 10 lados   d) 11 lados

30 O polígono abaixo é regular.

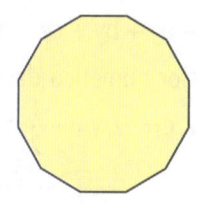

a) Quantas são suas diagonais? _____

b) Qual é a soma das medidas dos seus ângulos internos? _____

31 Quantas são as diagonais de um polígono de 16 lados? _____

32 (Saresp) Observe as diagonais dos polígonos regulares de 4, 5 e 6 lados.

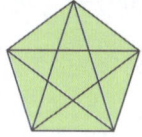

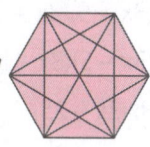

Quantas diagonais tem um polígono regular de 7 lados?

a) 13   c) 15
b) 14   d) 16

33 Um polígono com n lados tem $3 \cdot n$ diagonais. O valor de n é:

a) 5
b) 6
c) 7
d) 8
e) 9

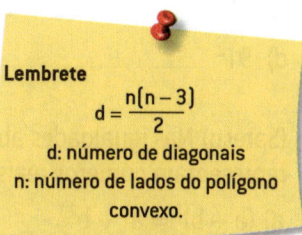

Lembrete
$d = \dfrac{n(n-3)}{2}$
d: número de diagonais
n: número de lados do polígono convexo.

34 Num polígono regular, o número de diagonais é o sêxtuplo do número de lados. Calcule a medida de cada ângulo interno desse polígono.

_____

35 A soma das medidas dos ângulos internos de um polígono regular é 1 260°. Quantas diagonais tem esse polígono?

_____

Capítulo 4 – Produtos notáveis e fatoração

1 Relacione as expressões das duas colunas.

A) $(x + 2)^2$ I) $x^2 + 6x + 9$
B) $(x + 4)^2$ II) $x^2 + 4x + 4$
C) $(3 + x)^2$ III) $x^2 + 8x + 16$
D) $(5 + x)(5 + x)$ IV) $x^2 + 10x + 25$

2 Escreva o polinômio que, multiplicado por $(2x + y)$, dá $4x^2 + 4xy + y^2$.

_____

3 Classifique as sentenças matemáticas em verdadeiras ou falsas. Corrija as falsas.

a) $(x - 10) \cdot (x - 10) = x^2 + 20x + 100$

_____

b) $(7 - x)^2 = 49 - 14x + x^2$

_____

c) $(6 - 2x)^2 = 16 - 6x + 4x^2$

_____

d) $(3x - 4y)(3x - 4y) = 9x^2 - 24xy + 16y^2$

_____

4 Simplifique a expressão algébrica:
$(4x^2 - y^2)^2 - (2x^2 + 3y^2)^2$

_____

5 Observe estas figuras:

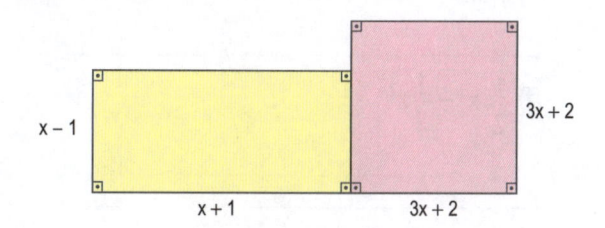

Escreva a expressão que representa:

a) A área do retângulo _____

b) A área do quadrado _____

c) A área total da figura _____

199

6 Calcule mentalmente.

a) 11^2 _____

b) 22^2 _____

c) 51^2 _____

d) 91^2 _____

7 (Saresp) Nas igualdades abaixo, em que a e b representam números reais, a única verdadeira é:

a) $(a + b)^2 = a^2 + b^2$

b) $(a + b)(a + b) = a^2 - 2ab + b^2$

c) $a(a + b) = a^2 + ab$

d) $\dfrac{a + b}{a} = b$

8 Fatorando-se a expressão $a^4 + a^3 + a^2 + a$ obtém-se:

a) $(a + 1)(a^2 + 1)$ c) $(a + 1)(a - 1)^2$

b) $(a + 1)(a^2 - 1)$ d) $a(a + 1)(a^2 + 1)$

9 Fatore os polinômios.

a) $36x^2y + 48xy^2$

_____

b) $a^2(x - y) + b^2(x - y)$

_____

c) $(y + 2)(3x + 2y) - (y + 2)(3x - 2y)$

_____

d) $12x^2y^3 - 28xy^2 - 14x^2y$

_____

e) $0{,}2x^2 - 0{,}8x - 0{,}4x^3$

_____

f) $\dfrac{1}{2}x^3 - \dfrac{1}{2}x^2$

_____

10 (PUC-MG) Se a e b são números reais inteiros positivos tais que $a - b = 7$ e $a^2b - ab^2 = 210$, o valor de ab é:

a) 7   c) 30

b) 10   d) 37

11 Fatore a expressão.

$ax + bx + cx + ay + by + cy + az + bz + cz$

e calcule o valor numérico dessa expressão para $x = -1$, $b = 2$, $c = -2$, $y = -\dfrac{1}{2}$, $z = -\dfrac{1}{4}$, $a = 4$.

_____

_____

12 Use a fatoração para calcular:

a) $6 \cdot 85 + 6 \cdot 15$ _____

b) $2 \cdot 125 + 2 \cdot 175$ _____

13 (Saresp) A expressão $9x^2 - 25$ é equivalente a:

a) $(3x + 5)(3x - 5)$

b) $(3x + 5)(3x + 5)$

c) $(3x - 5)(3x - 5)$

d) $3x(3x - 25)$

14 Simplifique as expressões algébricas:

a) $y^2 - (y + 4)^2$ _____

b) $(2a + 3)^2 - 4a^2$ _____

c) $(2 + 3x)(2 - 3x) - (2 - 3x)^2$ _____

15 Verifique se o trinômio $x^2 + 6xy^2 + 9y^4$ é trinômio quadrado perfeito.
Em caso afirmativo, fatore esse trinômio.

_____

16 (Cefet-MG) O termo que se deve acrescentar ao binômio $\dfrac{x^2}{4} + \dfrac{b^3x}{3}$, para obter um trinômio quadrado perfeito, é:

a) $\dfrac{b^6}{9}$ c) $\dfrac{b^2}{12}$

b) $\dfrac{b^4}{6}$ d) $\dfrac{b^5}{4}$

17 (Saresp) Fatorando-se $4x^2 + 16x + 16$, obtém-se:

a) $(x + 4)^2$ c) $(x + 4)(x - 4)$

b) $(2x + 2)^2$ d) $4(x + 2)^2$

18 Fatore completamente:

a) $4a^4 - 4y^4$

_____

b) $y^4 - 2y^2z^2 + z^4 + 5y^2 - 5z^2$

b) $7a^3 - 343a = 0$

19 Fatore e, em seguida, resolva as equações:
a) $x^6 + 4x^5 + 4x^4 = 0$

20 As soluções da equação $y^3 - 8y^2 + 16y = 0$ são:
a) -8 e 8 c) -4 e 0 e) 8 e 0
b) 4 e 0 d) -8 e 0

Capítulo 5 – Frações algébricas e equações fracionárias

1 Qual das expressões abaixo é uma fração algébrica?
a) $\dfrac{2-x}{5}$ c) $\dfrac{-x+y}{4}$ e) $\dfrac{-x+y}{x+y}$
b) $\dfrac{2x}{5}$ d) $\dfrac{12}{5+4}$

2 O carro de Felipe fez 320 quilômetros com x litros de combustível. Que fração algébrica representa o consumo médio desse carro?

3 Para qual valor de y a expressão $\dfrac{4}{2y-10}$ não representa uma fração algébrica?

4 Para qual valor de x a expressão $\dfrac{3x}{2x-9}$ não representa uma fração algébrica?

5 Que número inteiro é representado pela fração $\dfrac{-36y^2x^4}{3x^4y^2}$?
a) 0   c) 12   e) -36
b) -12 d) 3

6 Para quais valores de x cada expressão representa uma fração algébrica?
a) $\dfrac{x-5}{x}$
b) $\dfrac{x-3}{3x-5}$

c) $\dfrac{2x+4}{5-x}$

7 Escreva o polinômio que representa cada fração:
a) $\dfrac{26x^2y}{13x^2}$
b) $\dfrac{3a+5b}{6a+10b}$
c) $\dfrac{x^2y^3 - xy^4}{x^2 - xy}$
d) $\dfrac{ax^2 + bx^2 + cx^2}{x^2}$

8 (Cefet-PR) Classifique em verdadeira (V) ou falsa (F) estas igualdades:

( ) $\dfrac{a^2 + b^2}{a+b} = a+b$

( ) $\dfrac{x}{2y^2} = \dfrac{2x}{4y}$

( ) $\dfrac{y^2 - y}{y-1} \, y$

( ) $\dfrac{x^2 - 2xy + y^2}{x-y} = x-y$

9 Se existir, calcule o valor numérico de:
$\dfrac{ab + 2b + 3a + 6}{a^2 - 4}$

a) Para $a = -1$ e $b = \dfrac{1}{2}$

201

b) Para $a = -\dfrac{2}{3}$ e $b = -\dfrac{3}{5}$ _____

c) Para $a = 2$ e $b = 1$ _____

10 Escreva uma fração algébrica que represente a soma algébrica $\dfrac{x}{x-y} + \dfrac{x}{x+y} + \dfrac{xy}{x^2-y^2}$ e calcule o valor numérico para $x = 0{,}2$ e $y = -0{,}3$.

_____

11 Sabendo que $A = \dfrac{4x^2 - 25y^2}{9x^2 - 16}$ e

$B = \dfrac{9x^2 - 24x + 16}{6x^2 - 8x - 15xy + 20y}$, encontre o valor numérico de $A \cdot B$, para $x = -5$ e $y = -10$.

12 Que fração devemos multiplicar por $\dfrac{x^2y + x^3}{x^3 - xy^2}$ para obter como quociente a fração $\dfrac{x^3 + xy^2}{x^3y^2 - x^2y^3}$?

13 Simplifique a expressão:

$\left(\dfrac{a-3b}{x} \div \dfrac{a^2-9b^2}{3x^2}\right) - \left(\dfrac{1}{3x+6y} \cdot \dfrac{9ax^2+18axy}{a^2+6ab+9b^2}\right)$

14 Simplifique a expressão:

$\dfrac{\left(\dfrac{2}{a}+\dfrac{2}{b}\right) \cdot \left(\dfrac{a^2-ab}{a^2-b^2}\right)}{\dfrac{a^2}{b} - \dfrac{a^2b-4}{b^2}}$

15 Simplificando a expressão

$\left(\dfrac{3y+6}{y+2} - \dfrac{3y^2}{y^2-4}\right) \div \left(\dfrac{y+2}{y-2} + \dfrac{4}{y^2-4y+4}\right)$

obtemos:

a) $\dfrac{-12(y-2)}{y^2(y+2)}$ c) $\dfrac{-12(y+2)}{y^2(y-2)}$

b) $\dfrac{-y^2(y+2)}{12(y-2)}$ d) $\dfrac{-y^2(y-2)}{12(y+2)}$

16 (Cefet-PR) Calcule o valor numérico da expressão

$E = \dfrac{x^2-y^2}{2x-2y} - \dfrac{2(x^2-2xy+y^2)}{3x-3y}$ quando $x = -4$ e $y = -2$.

17 Qual das equações é fracionária?

a) $\dfrac{1}{3} = 2x$ c) $\dfrac{2}{x} = 3$

b) $\dfrac{2}{x^{-1}} = 2$ d) $\dfrac{2x}{4} = 5$

18 A expressão $\dfrac{2x+1}{x-3} - \dfrac{12x+5}{x^2-9} - \dfrac{2x+1}{x+3}$ é equivalente a:

a) $\dfrac{11}{x^2-9}$ c) $\dfrac{12x+11}{x^2-9}$

b) $\dfrac{12x+1}{x^2-9}$ d) $\dfrac{1}{x^2-9}$

19 Resolva estas equações fracionárias:

a) $\dfrac{4}{y} + \dfrac{1}{2} = \dfrac{11}{6}$

b) $\dfrac{3y-3}{y-4} = \dfrac{3y-1}{y-2}$

c) $\dfrac{2y-1}{2y} + \dfrac{4y+1}{y+2} = \dfrac{5y^2}{y^2+2y}$

d) $\dfrac{y}{y-1} = \dfrac{2}{y+1} = \dfrac{y(y-3)}{y^2-1}$

20 A solução da equação $\dfrac{x}{1-x} + \dfrac{x-2}{x} = \dfrac{-5}{x-x^2}$ é um número:

a) natural   c) fracionário

b) inteiro negativo   d) irracional

21 Ao dividirmos um número por seu antecessor obtemos como quociente o número 1,5. Qual é esse número? _____

Capítulo 6 – Equações e sistemas de equações

1 Resolva as equações literais em x:

a) $\dfrac{6+x}{2} + \dfrac{3a}{4} = \dfrac{a}{8}$

b) $\dfrac{3x-a}{2} - \dfrac{2x+a}{5} = \dfrac{4a}{10}$

c) $\dfrac{ax+bx}{4} = \dfrac{a-b}{6}$

2 (Cefet-CE) Dê as condições para p, de modo que a equação $\dfrac{x}{p-1} + \dfrac{x}{p+1} = 1$ tenha solução, e resolva a equação em x.

3 Na equação $\dfrac{2x}{a+b} + \dfrac{3a}{a-b} = \dfrac{-4bx}{a^2-b^2}$ (com $a \neq b$ e $a \neq -b$), o valor de x é:

a) $\dfrac{3}{2}a$ 　　 c) $-\dfrac{1}{3}a$ 　　 e) $-\dfrac{3}{2}a$

b) $\dfrac{1}{3}a$ 　　 d) $-\dfrac{2}{3}a$

4 Em qual dos quadrantes de um plano cartesiano se localiza o par ordenado $\left(-1, -\dfrac{1}{2}\right)$? _____

5 Localize os pares ordenados no plano cartesiano:

a) $A(-1, 0)$ 　　 c) $C\left(-2, \dfrac{3}{4}\right)$

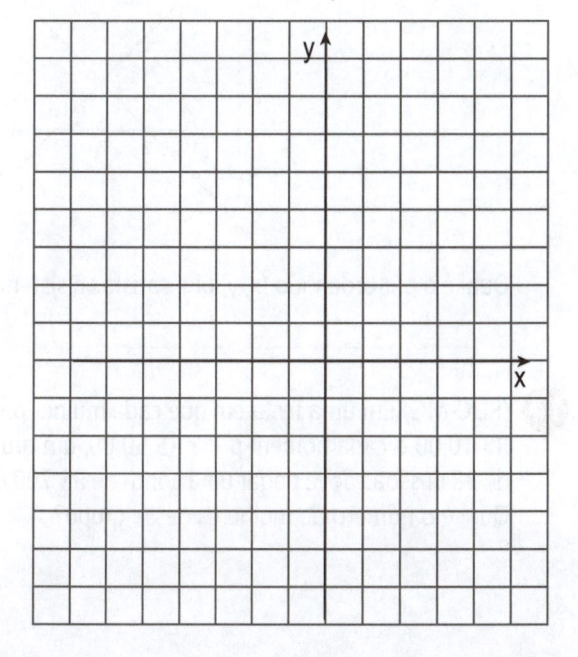

b) $B(0, -3)$ 　　 d) $D\left(-\dfrac{1}{2}, -\dfrac{3}{2}\right)$

6 Faça o que se pede:

a) Marque num plano cartesiano os pares $A(1, 2)$; $B(3, 1)$ e $C\left(4, \dfrac{1}{2}\right)$

b) Esses pontos são colineares, ou seja, existe uma reta que os contém?

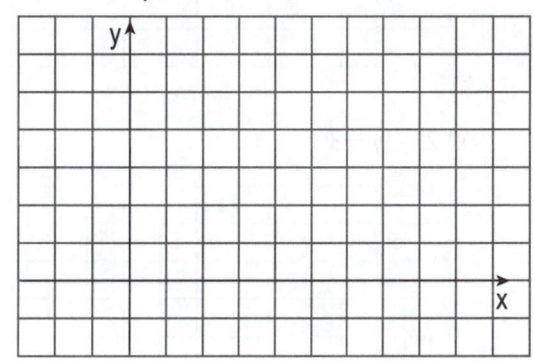

7 Faça o que se pede no quadriculado abaixo.

a) Marque os pares $A(2, 2)$; $B(-2, 2)$; $C(-2, -2)$ e $D(2, -2)$ num plano cartesiano.

b) Ligue os pontos A e B; B e C; C e D; D e A com segmentos de reta. Que polígono você construiu?

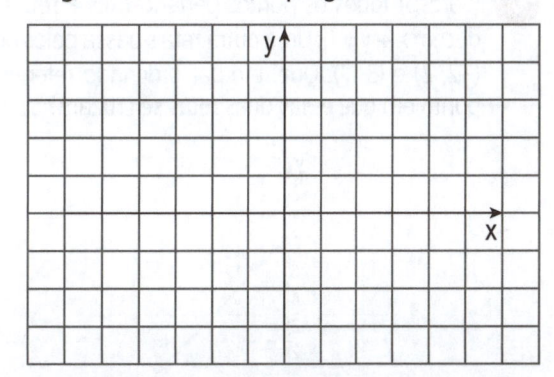

8 No quadriculado abaixo, construa o gráfico das seguintes equações:

a) $x - y = 4$

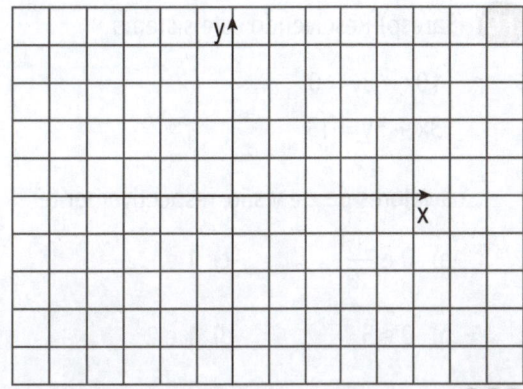

b) $3x - 2y = 0$

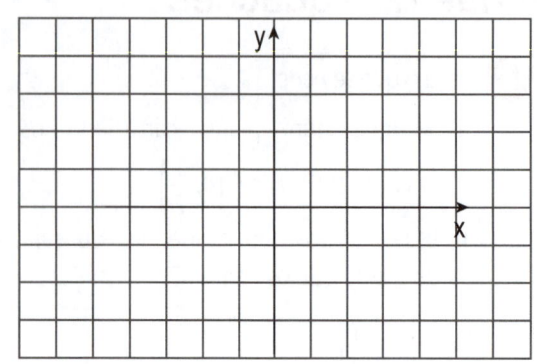

c) $2x + y = 3$

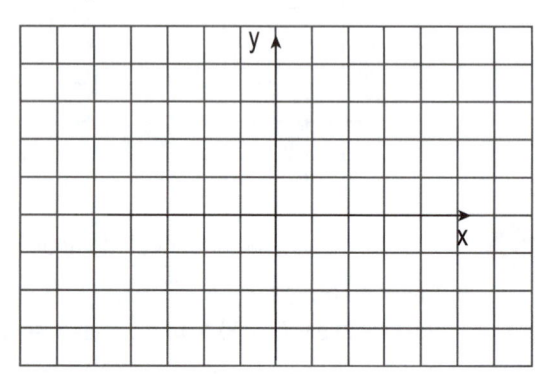

9 (Saresp) Todos os pontos pertencentes à reta r obedecem $x + y = 6$. Uma outra reta s passa pelos pontos $(-2, 2)$ e $(3, 7)$. Qual é o par ordenado referente ao ponto em que essas duas retas se cruzam? _____

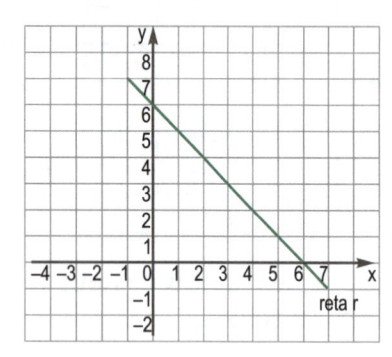

10 (Saresp) Resolvendo este sistema

$$\begin{cases} 10x - 5y = 0 \\ 3x + 5y = 13 \end{cases}$$

os valores de x e y são, respectivamente:

a) 0 e $\dfrac{13}{5}$ c) 1 e -2

b) 0 e 5 d) 1 e 2

11 Resolva os sistemas de equação pelo método mais conveniente:

a) $\begin{cases} -(x-3) + 2(y-1) = 8 \\ 3(x-4) = -(y+12) \end{cases}$

b) $\begin{cases} a - \dfrac{b}{3} = 6 \\ 3a - 4 = 2(-b - 2) \end{cases}$

12 (SAEB) Na 7ª série há 44 alunos entre meninos e meninas. A diferença entre o número de meninos e meninas é 10. O sistema de equações do 1º grau que melhor representa a situação é:

a) $\begin{cases} x - y = 10 \\ x \cdot y = 44 \end{cases}$ c) $\begin{cases} x - y = 10 \\ x + y = 44 \end{cases}$

b) $\begin{cases} x - y = 10 \\ x = 44 + y \end{cases}$ d) $\begin{cases} x = 10 - y \\ x + y = 44 \end{cases}$

13 (Saresp) O gráfico abaixo representa o sistema:

$$\begin{cases} x + y = 4 \quad (r) \\ x - y = 2 \quad (s) \end{cases}$$

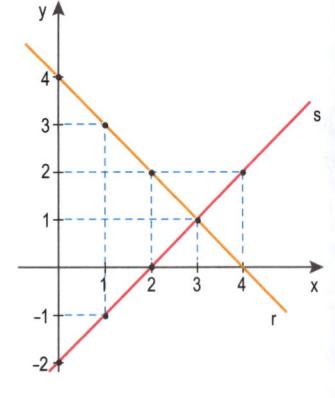

Qual é o par ordenado (x, y) que satisfaz o sistema?
_____

14 (PUC-MG) Em uma festa em que cada mulher paga R$ 10,00 e cada homem paga R$ 50,00, um grupo de 38 pessoas deve pagar uma conta de R$ 700,00. Qual é o número de mulheres desse grupo?
_____

15 (Saresp) Tenho 100 moedas que dão um total de R$ 60,00. Uma certa quantidade são moedas de R$ 1,00 e as restantes são moedas de R$ 0,50. A quantidade de moedas de R$ 1,00 é:

a) 20   c) 15

b) 80   d) 10

16 Represente no plano cartesiano o sistema de equações:

$$\begin{cases} 3x - \dfrac{y}{2} = 1 \\ -2(x+1) = y - 8 \end{cases}$$

Em seguida, indique que par ordenado é solução desse sistema.

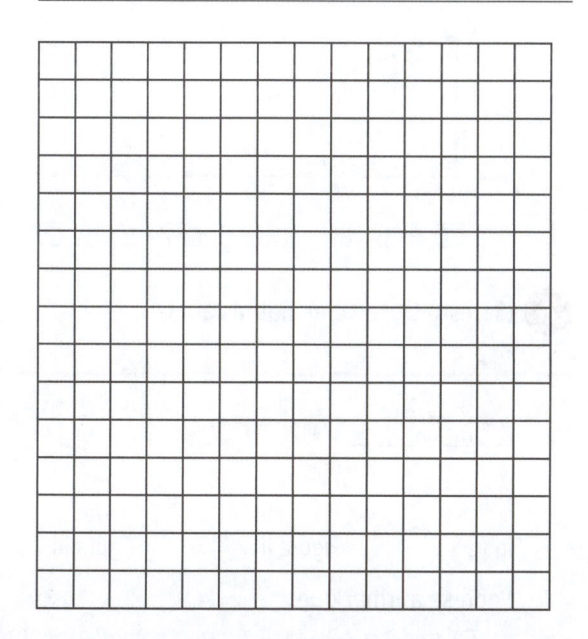

17 As retas r e s são representações gráficas das equações de um sistema.
Classifique os sistemas em possível e determinado, possível e indeterminado ou impossível.

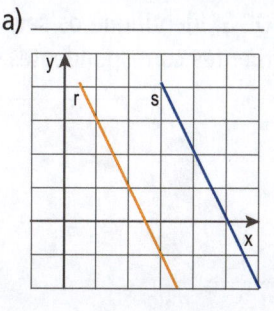

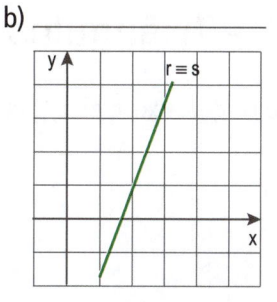

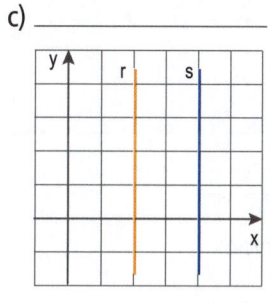

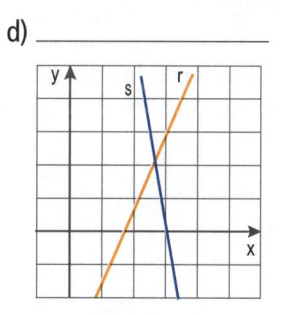

a) _____

b) _____

c) _____

d) _____

18 Resolva os sistemas:

a) $\begin{cases} \dfrac{x}{y} = \dfrac{7}{2} \\ x + y = 126 \end{cases}$

b) $\begin{cases} a - b = 18 \\ \dfrac{a}{b} = \dfrac{13}{4} \end{cases}$

19 Sendo $2x + 3y = 8$ e $\dfrac{3x}{x-y} = 1$, então o valor de $x \cdot y$ é:

a) – 8   c) 4   e) – 5

b) 8   d) – 4

20 O quociente de dois números é 1,5. Adicionando-se 4 ao menor desses números, obtém-se como resultado a metade do número maior, mais 8. O maior desses números é:

a) 16   c) 24   e) 32

b) 20   d) 28

205

Capítulo 7 – Triângulos

1 Observe o triângulo UTV, abaixo, e identifique:

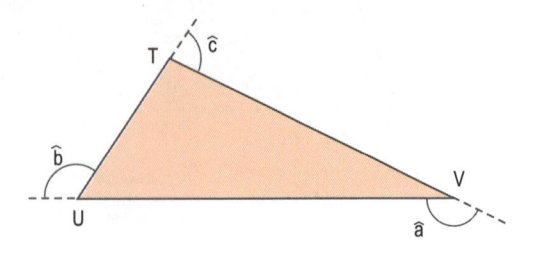

a) seus vértices _____

b) seus lados _____

c) seus ângulos internos _____

d) seus ângulos externos _____

2 O triângulo abaixo é escaleno. Um outro triângulo com o dobro de suas medidas terá um perímetro de _____.

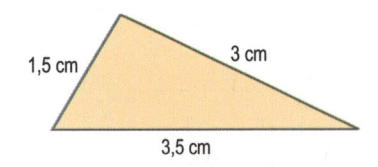

3 Classifique as sentenças em verdadeiras ou falsas. Em seguida, corrija as falsas.

( ) É possível construir um triângulo com lados medindo 16 cm, 9 cm e 5 cm.

_____

( ) É possível construir um triângulo com lados medindo 6 cm, 8 cm, 10 cm.

_____

( ) É possível construir um triângulo com lados medindo 7 cm, 10 cm e 18 cm.

_____

4 (Saresp) Marcos tem varetas de madeira de vários tamanhos. Com elas pretende construir triângulos para a apresentação de um trabalho na escola. Ele separou as varetas em quatro grupos de 3, mediu cada uma delas e anotou os resultados nesta tabela:

	Vareta A	Vareta B	Vareta C
Grupo 1	30 cm	12 cm	12 cm
Grupo 2	30 cm	30 cm	30 cm
Grupo 3	25 cm	26 cm	27 cm
Grupo 4	28 cm	15 cm	15 cm

Ao começar a colar as varetas na cartolina para construir os triângulos, descobriu que não seria possível fazê-lo com as varetas do:

a) Grupo 1   c) Grupo 3

b) Grupo 2   d) Grupo 4

5 Qual dos segmentos abaixo representa a mediana relativa ao lado $\overline{AB}$ do $\triangle ABC$?

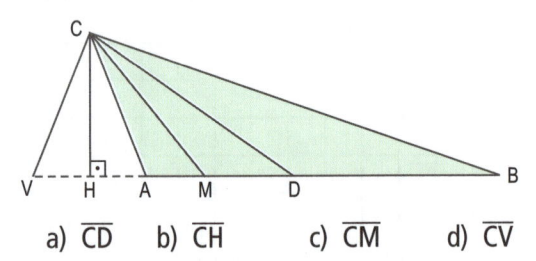

a) $\overline{CD}$ b) $\overline{CH}$ c) $\overline{CM}$ d) $\overline{CV}$

6 (Saresp) Observe as figuras abaixo:

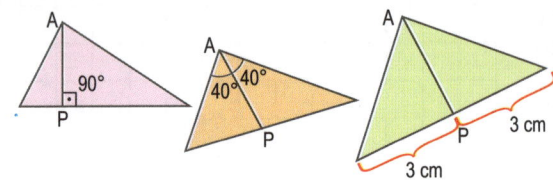

Figura I   Figura II   Figura III

Pode-se afirmar que:

a) $\overline{AP}$ é bissetriz, na Figura I.

b) $\overline{AP}$ é altura, na Figura II.

c) $\overline{AP}$ é mediana, na Figura II.

d) $\overline{AP}$ é mediana, na Figura III.

7 Sendo: $\triangle CAT \cong \triangle ODG$, identifique os seis pares de elementos congruentes correspondentes.

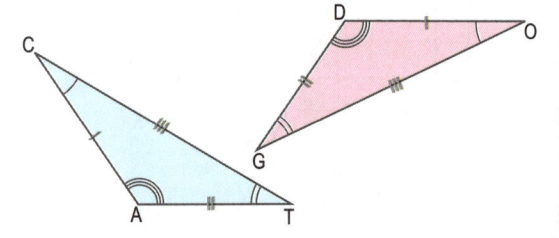

8 Calcule x e y, sabendo que △ ABC ≅ △ RST.

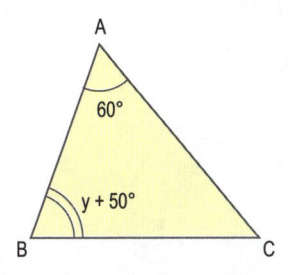

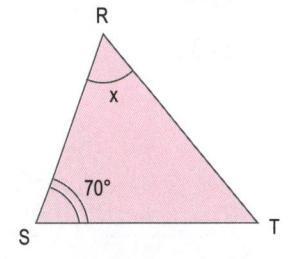

9 Identifique o caso de congruência e calcule o valor de x e y.

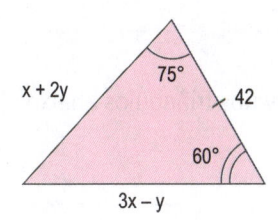

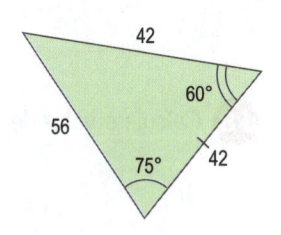

10 (Saresp) No triângulo ABC foram marcados os pontos médios de cada lado (M, N, P) e traçado o triângulo MNP. O número de triângulos congruentes obtidos é:

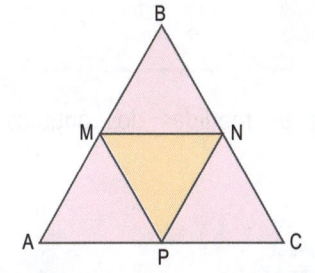

a) 2   c) 4
b) 3   d) 5

11 (Saresp) Na figura abaixo, o triângulo ABC é isósceles e $\overline{BD} = \overline{DE} = \overline{EC}$.

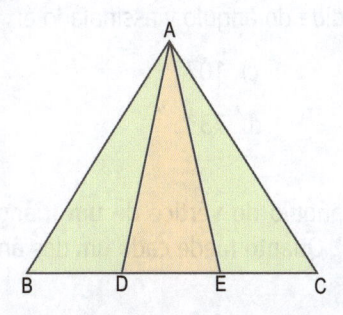

Nestas condições, os triângulos:

a) ABD e ADE são congruentes.

b) ABD e AEC são congruentes.

c) ADE e AEC são congruentes.

d) ABD e ABC são equivalentes.

12 (Saresp) No triângulo ABC, $\overline{AD}$ é a altura desse triângulo, relativamente à base $\overline{BC}$, e os segmentos $\overline{BD}$ e $\overline{DC}$ têm a mesma medida. Se o lado $\overline{AB}$ mede 6 cm, é correto afirmar que:

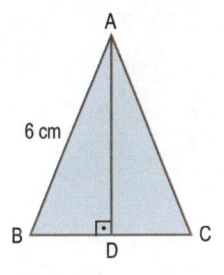

a) $\overline{AC} = 6$ cm

b) $\overline{AC} = 9$ cm

c) $\overline{BC} = 6$ cm

d) $\overline{BC} = 9$ cm

13 Nos triângulos CEM e SOM estão assinalados com tracinhos os lados que são congruentes. O ponto M pertence ao segmento $\overline{CS}$. As medidas x e y são, respectivamente:

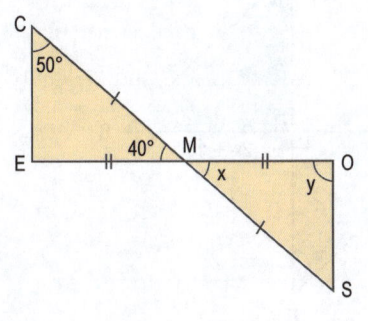

a) 40° e 50°

b) 40° e 90°

c) 50° e 60°

d) 60° e 90°

207

14 (Saresp) Nos triângulos LUA e AMO os elementos congruentes estão assinalados com marcas iguais. Sabendo que UA = 10 cm e LA = 8 cm, pode-se dizer que $\overline{AO}$ e $\overline{MO}$ medem, respectivamente:

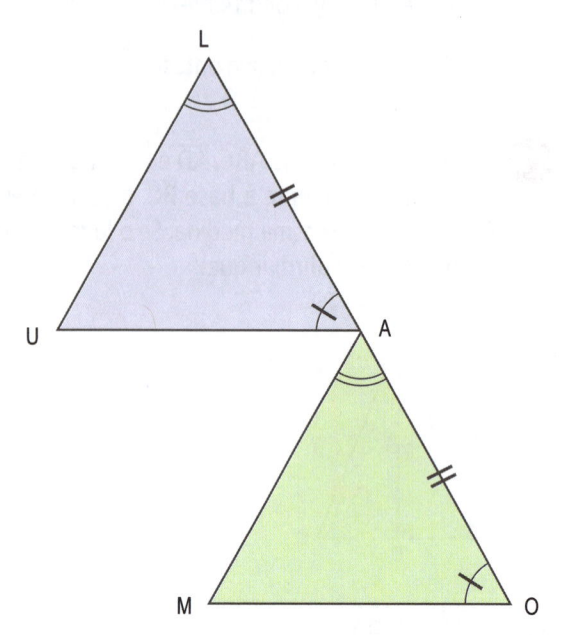

a) 10 cm e 10 cm;

b) 10 cm e 8 cm;

c) 8 cm e 10 cm;

d) 8 cm e 8 cm.

15 (Saresp) Na figura a seguir, os segmentos $\overline{AE}$ e $\overline{ED}$ têm a mesma medida. O valor de x é:

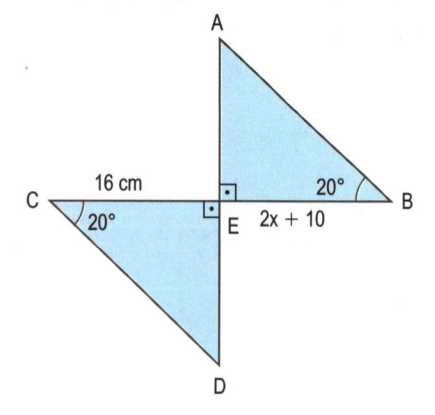

a) 5 cm

b) 1,5 cm

c) 6 cm

d) 3 cm

16 (Saresp) No triângulo ABC, a medida do ângulo $\widehat{A}$ é:

a) 40°   c) 20°

b) 30°   d) 10°

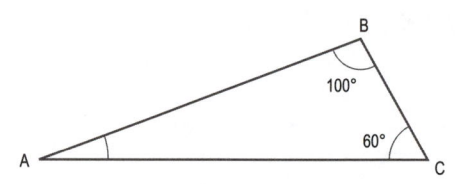

17 Os ângulos de um triângulo medem, respectivamente, 4x − 8°, 3x − 24° e 2x + 14°. Quanto mede cada um dos ângulos?

_____

18 Calcule o valor de x e y nos triângulos abaixo:

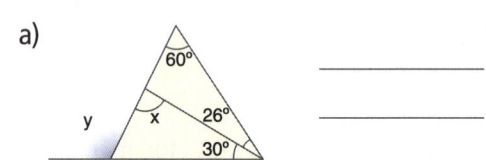

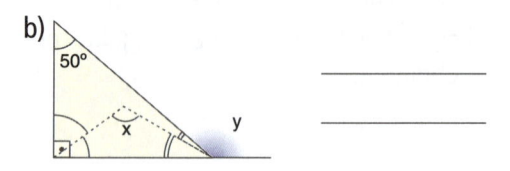

a)

_____
_____

b)

_____
_____

19 (Saresp) Observe as medidas dos ângulos do triângulo LUA.

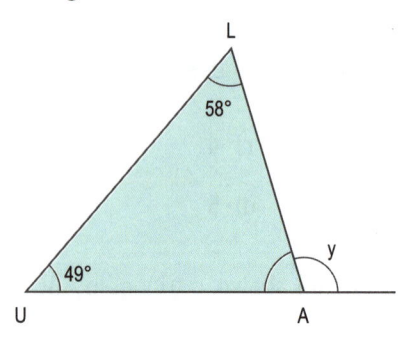

O valor da medida do ângulo y assinalado é:

a) 131°   c) 107°

b) 122°   d) 73°

20 A medida do ângulo do vértice de um triângulo isósceles é 30°. Quanto mede cada um dos ângulos da base? _____

208

21 (Saresp) Observe os dados do triângulo abaixo. É correto afirmar que:

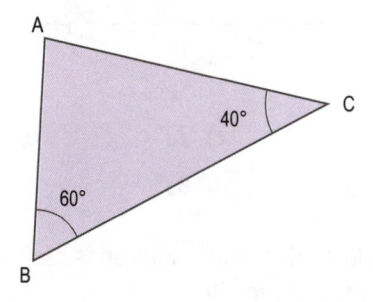

a) $\overline{AB}$ é o maior lado;
b) $\overline{AB} = \overline{AC}$;
c) $\overline{AC}$ é o menor lado;
d) $\overline{BC}$ é o maior lado.

22 Identifique as sentenças falsas e corrija-as.

( ) O ponto de encontro das medianas de um triângulo chama-se ortocentro.

_____

_____

( ) Num triângulo equilátero, a altura e a mediana relativas ao mesmo lado têm a mesma medida.

_____

_____

( ) Ao maior lado de um triângulo opõe-se o maior ângulo.

_____

_____

( ) A soma das medidas dos ângulos internos de um triângulo é igual a 360°.

_____

_____

( ) Em todo triângulo, a medida de qualquer ângulo externo é igual à soma das medidas dos ângulos internos não adjacentes.

_____

_____

23 (Saresp) O triângulo ABC é isósceles e $\overline{AB} = \overline{AC}$. Se x é a medida do ângulo $\hat{B}$ e y é a medida do ângulo $\hat{C}$, então:

a) x > y

b) x < y

c) x = 2y

d) x = y

Capítulo 8 – Quadriláteros

1 Observando o quadrilátero ABCD, indique:

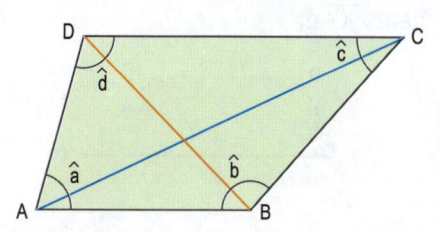

a) os ângulos internos _____

b) os vértices _____

c) os lados _____

d) as diagonais _____

2 As medidas dos ângulos internos de um quadrilátero são indicadas pelas expressões $5x - 20°$; $3x + 80°$; $2(x + 10)$ e $\dfrac{x}{3} + 125°$.

A medida do maior ângulo desse quadrilátero é:

a) 50°   c) 125°   e) 135°

b) 55°   d) 130°

3 A soma das medidas de um polígono convexo é 360°. Qual é esse polígono?

_____

209

4 Classifique as sentenças em verdadeiras ou falsas:

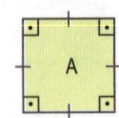

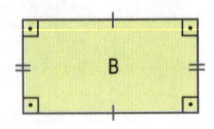

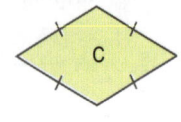

( ) A é um retângulo.

( ) B é um quadrado.

( ) B é um paralelogramo.

( ) A é um losango.

( ) C é um retângulo.

( ) C é um paralelogramo.

5 Qual das afirmações é falsa?

a) Os lados opostos de um paralelogramo são congruentes.

b) As diagonais de um paralelogramo se cortam ao meio.

c) Os ângulos internos opostos de um paralelogramo são congruentes.

d) A soma dos ângulos internos de um paralelogramo é igual a 180º.

6 Ao unirmos as extremidades de dois segmentos que se cortam no ponto médio de ambos, que quadrilátero desenhamos?

a) quadrado   c) losango

b) retângulo   d) trapézio

7 Sabendo que as diagonais de um retângulo formam um ângulo de 106º, calcule os valores de x e y.

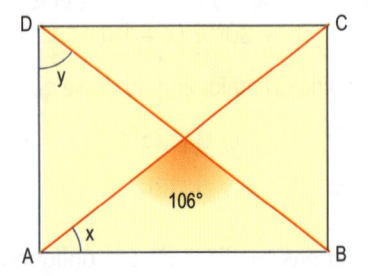

8 Um dos ângulos agudos de um losango mede 38º. Quais são as medidas dos outros ângulos internos desse losango?

9 O valor de x indicado nesta figura é:

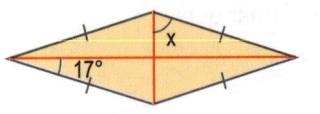

a) 53º   c) 73º   e) 93º

b) 63º   d) 83º

10 Os valores de x e de y indicados na figura abaixo são, respectivamente:

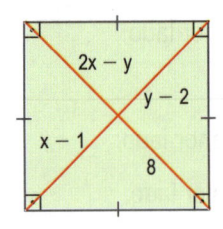

a) 9 e 10   c) 8 e 9

b) 10 e 9   d) 9 e 8

11 Um dos ângulos de um trapézio retângulo mede 54º. A medida do ângulo obtuso desse trapézio é

_____

12 Sabendo que o trapézio ABCD é isósceles e que x + y = 70º, determine as medidas de seus ângulos internos.

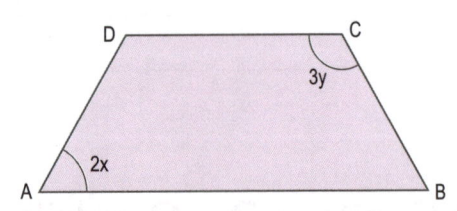

13 Na figura abaixo, o ponto médio de $\overline{AD}$ é X e o ponto médio de $\overline{BC}$ é Y. Então a medida do segmento $\overline{XY}$ é:

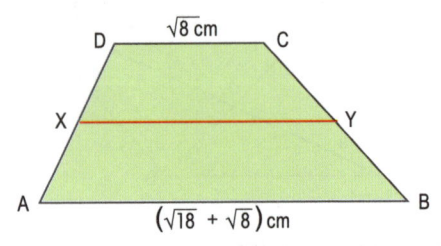

a) 2   c) $\dfrac{3\sqrt{2}}{2}$ e) $\dfrac{7\sqrt{2}}{2}$

b) $2\sqrt{2}$ d) $\dfrac{5\sqrt{2}}{2}$

14 O segmento que une os pontos médios dos lados não paralelos de um trapézio mede 6 cm. A base maior tem 10 cm. Determine a medida de sua base menor.

_____
_____

15 O segmento que une os pontos médios dos lados não paralelos de um trapézio mede 8,4 cm e a base maior, 12,2 cm. A base menor desse trapézio mede:

a) 8,6 cm   c) 6,6 cm   e) 4,6 cm

b) 7,6 cm   d) 5,6 cm

▶ Capítulo 9 – Circunferência e círculo

1 Dos segmentos indicados na figura, identifique:

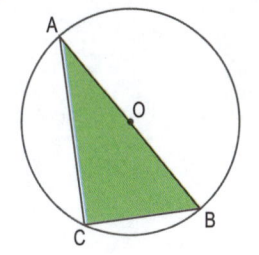

a) os raios _____

b) as cordas _____

c) o diâmetro _____

2 Qual dos segmentos abaixo representa uma corda da circunferência?

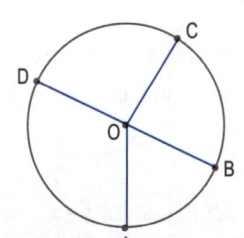

a) $\overline{OA}$

b) $\overline{OB}$

c) $\overline{OC}$

d) $\overline{BD}$

e) $\overline{OD}$

3 Marque um ponto A em uma folha de caderno. Quantas circunferências passam pelo ponto A?

_____

4 O diâmetro de um pneu é 90 cm. Quanto mede o raio desse pneu?

_____

5 A imagem mostra o fundo de uma caixa de lápis de cor. Sabendo que o retângulo tem 18,2 cm de perímetro, calcule a medida do diâmetro de cada lápis.

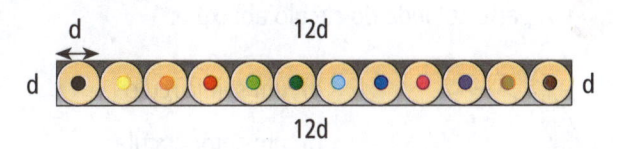

6 Na figura, a distância do ponto O à reta r é:

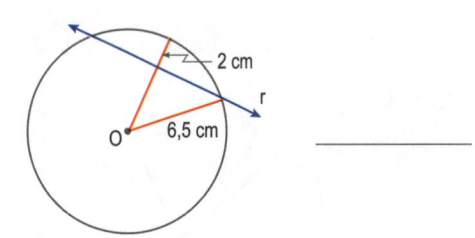

_____

7 O triângulo indicado na figura é equilátero.

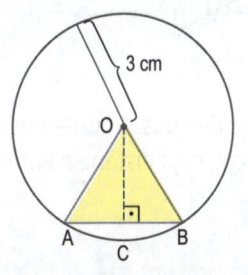

Determine:

a) a medida de cada lado do triângulo OAB _____

b) a medida do segmento $\overline{BC}$ _____

c) o perímetro do triângulo OAB _____

8 Qual dos pontos é interno à circunferência abaixo?

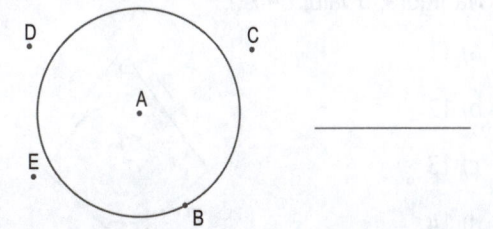

_____

9 Nesta circunferência, classifique os pontos como: internos, externos ou pontos da circunferência.

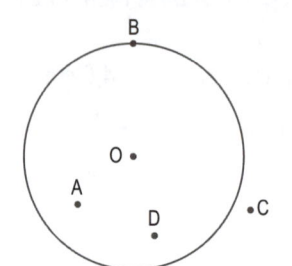

a) A _____
b) B _____
c) C _____
d) D _____

10 A parte colorida do círculo abaixo é:

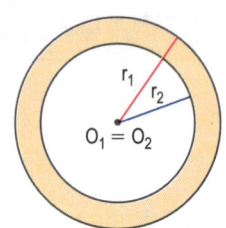

a) um semicírculo
b) um setor circular
c) um segmento circular
d) uma coroa circular

11 Qual das retas da figura abaixo é secante à circunferência C? _____

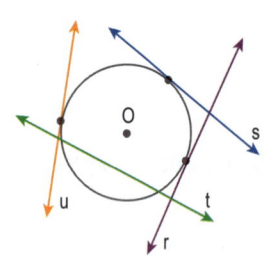

12 Qual é a posição relativa de duas circunferências de raios $r_1 = 7$ cm e $r_2 = 4$ cm, cuja distância entre seus centros é 3 cm?

a) externas
b) tangentes internas
c) tangentes externas
d) secantes
e) internas

13 Na figura, o valor de x é:

a) 11
b) 12
c) 13
d) 14

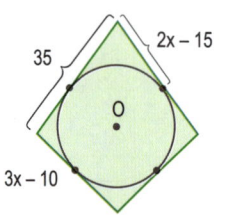

14 Sabendo que o trapézio ABCD é isósceles, determine:

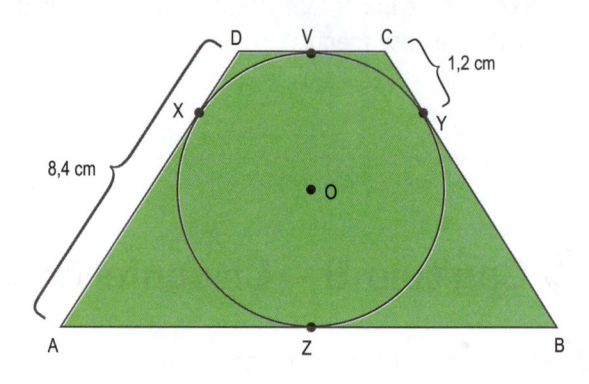

a) m($\overline{CV}$) _____
b) m($\overline{VD}$) _____
c) m($\overline{BY}$) _____
d) m($\overline{AB}$) _____
e) o perímetro do trapézio _____

15 Qual das sentenças abaixo é verdadeira?

( ) As medidas dos segmentos tangentes traçados de um mesmo ponto exterior a uma circunferência são iguais.

( ) A medida do ângulo inscrito em uma circunferência é igual à medida do ângulo central compreendido pelos seus lados.

16 Nas figuras a seguir, calcule o valor de x.

a)

b)

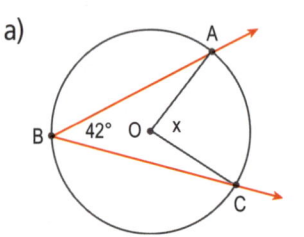

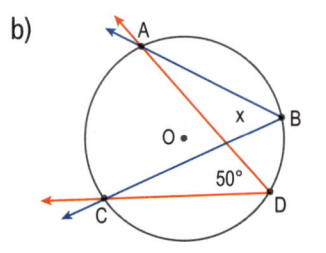

17 Calcule o valor de x e y.

a) [figura: círculo com ângulo central y e ângulo inscrito x, ângulo externo 68°]

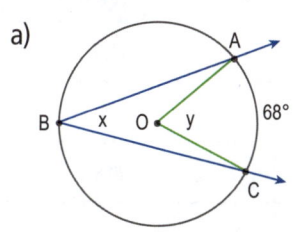

b) [figura: quadrilátero inscrito DCBA com ângulos 30°, x, 45°, y, 130°]

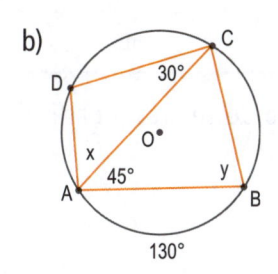

18 Qual é o valor de x na figura?

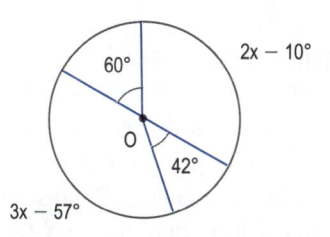

[figura com ângulos 60°, 2x − 10°, 42°, 3x − 57°]

a) 110°   c) 65°   e) 210°
b) 138°   d) 55°

19 Encontre o valor de x.

[figura: triângulo com vértice O centro, ângulo 126° e ângulo x]

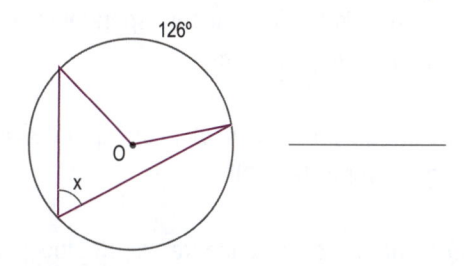

20 Na figura, encontre os valores de x e y.

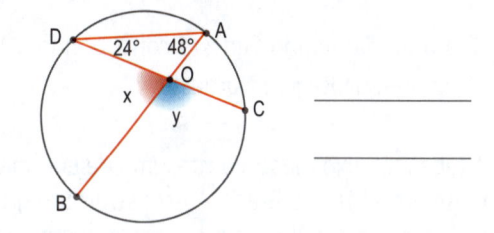

[figura: círculo com D, A, B, C e ângulos 24°, 48°, x, y]

21 Na figura, qual é o valor de x?

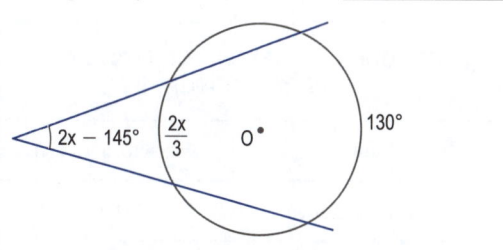

[figura: duas secantes com ângulos $2x - 145°$, $\dfrac{2x}{3}$, 130°]

Capítulo 10 – Estatística e probabilidade

1 Existem dois sistemas de TV: o aberto, com captação de sinal gratuito, e o de TV por assinatura. Nesse sistema existem três "tipos" de tecnologia: o de distribuição de Sinais Multipontos Multicanais (MMDS), o via satélite e o por assinatura a cabo. O gráfico abaixo mostra a quantidade de assinantes de cada uma dessas tecnologias. Com base nos dados apresentados, podemos dizer que a porcentagem do número de assinantes do sistema a cabo em relação ao total é aproximadamente igual a:

Assinantes de TV paga por tecnologia 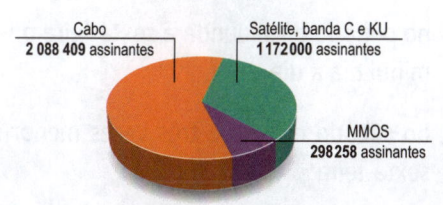
- Cabo: 2 088 409 assinantes
- Satélite, banda C e KU: 1 172 000 assinantes
- MMDS: 298 258 assinantes

a) 8%   c) 35%   e) 60%
b) 33%   d) 59%

2 (UFGO) Este gráfico ilustra a área de cada região do Brasil. Juntas, essas áreas somam aproximadamente 8,5 milhões de quilômetros quadrados.

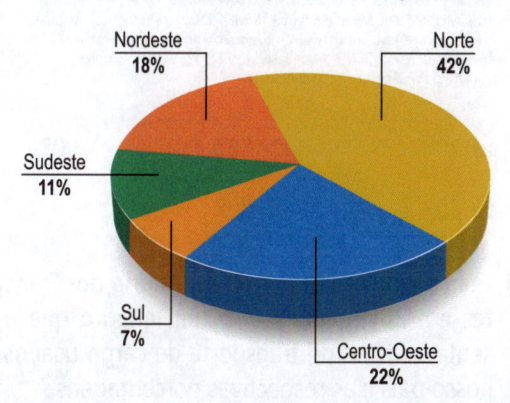

- Nordeste: 18%
- Norte: 42%
- Sudeste: 11%
- Sul: 7%
- Centro-Oeste: 22%

213

Analisando o gráfico, é correto afirmar que:

a) a área da Região Sul correspondente a $\frac{1}{6}$ da área da Região Norte

b) o ângulo do setor circular correspondente à Região Nordeste é 20°

c) a área correspondente à Região Centro-Oeste é de aproximadamente 1,87 milhão de quilômetros quadrados

d) a área da Região Sudeste corresponde a 50% da área da Região Nordeste

3 A tabela abaixo mostra o consumo de energia por fonte em 2010, no Brasil. Ao construir um gráfico de setores, o ângulo central correspondente ao setor do álcool etílico será aproximadamente:

CONSUMO DE ENERGIA POR FONTE NO BRASIL (2010)	
Fonte	Porcentagem (%)
Derivados de petróleo	41,9
Eletricidade	16,3
Bagaço de cana	12,9
Gás natural	7,2
Lenha	7,1
Álcool etílico	5,5
Coque de carvão mineral	2,6
Outros	6,6

Fonte: Ministério de Minas e Energia. (MME). Balanço energético nacional 2011. Disponível em: <http://www.mme.gov.br/mme/galerias/arquivos/publicacoes/BEN/2_-_BEN_-_Ano_Base/1_-_BEN_Portugues_-_Inglxs_-_Completo.pdf>. Acesso em: 19 jun. 2012.

a) 20°   c) 50°   e) 90°

b) 30°   d) 70°

4 Com os dados obtidos do Ministério dos Transportes em 2002, elaborou-se um quadro que apresenta os tipos de transporte de carga usados em nosso país e as respectivas porcentagens.

Tipo de transporte	Carga transportada no país (%)
Aquaviário	13,9
Dutoviário	4,5
Ferroviário	20,8
Rodoviário	60,5
Aéreo	0,3

Construa um gráfico de setores a partir desses dados.

5 (Saresp) O organismo responsável pelo controle do trânsito de automóveis de uma grande cidade realizou uma estatística de acompanhamento do fluxo de veículos que passam por uma ponte sobre um rio que cruza a cidade. Depois de efetuarem contagens diárias durante uma semana inteira, fizeram o gráfico:

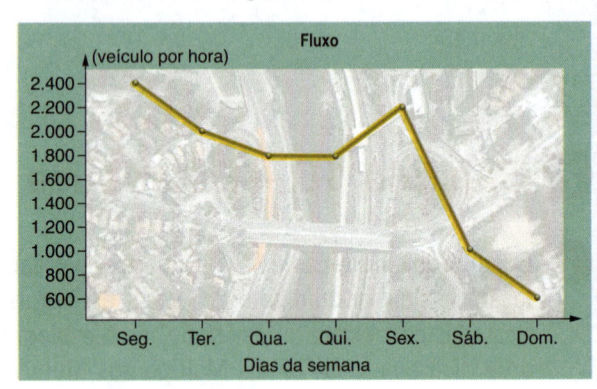

Analisando esse gráfico, podemos concluir corretamente que:

a) o fluxo de automóveis praticamente não se altera no período de segunda a domingo

b) nos fins de semana o fluxo cai mais da metade em relação ao fluxo do início da semana

c) no período de segunda a sexta-feira o fluxo diminui dia a dia

d) no sábado o fluxo é três vezes menor que na sexta-feira

6 O gráfico mostra a evolução da expectativa de vida da população brasileira ao nascer, no período de 2000 a 2009.

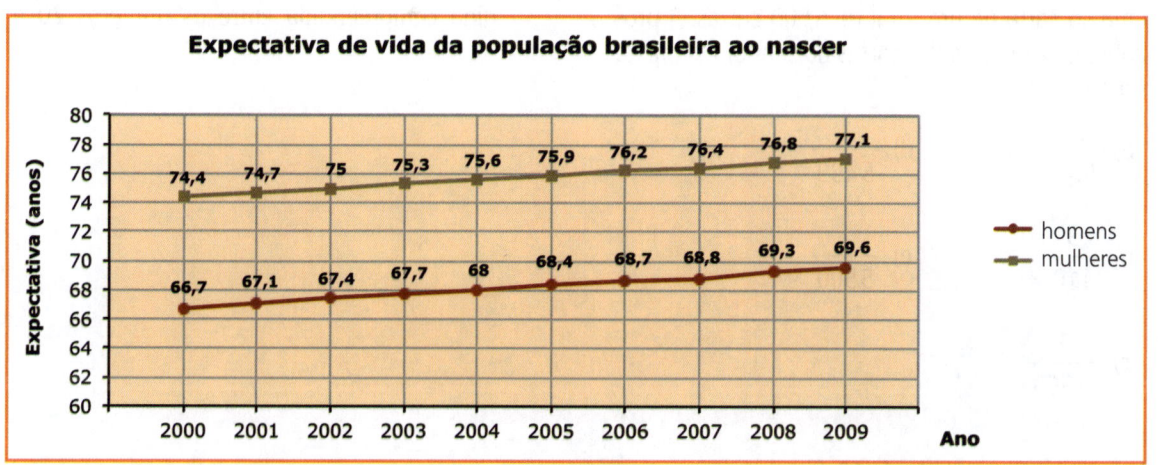

Expectativa de vida da população brasileira ao nascer

Mulheres: 74,4 (2000); 74,7 (2001); 75 (2002); 75,3 (2003); 75,6 (2004); 75,9 (2005); 76,2 (2006); 76,4 (2007); 76,8 (2008); 77,1 (2009).

Homens: 66,7 (2000); 67,1 (2001); 67,4 (2002); 67,7 (2003); 68 (2004); 68,4 (2005); 68,7 (2006); 68,8 (2007); 69,3 (2008); 69,6 (2009).

Fonte: IBGE. Disponível em: <http://tabnet.datasus.gov.br/cgi/idb2010/a11.htm>. Acesso em: 19 jun. 2012.

Com base nos dados do gráfico, responda às questões:

a) Qual era a diferença entre a expectativa de vida dos homens e das mulheres em 2006?

b) A expectativa de vida das mulheres era maior ou menor que a dos homens?

c) Essa expectativa cresceu ou decresceu durante o período mencionado?

7 De acordo com o gráfico abaixo, em 2000, a quantidade de alunos de 7 a 24 anos que frequentavam a escola era:

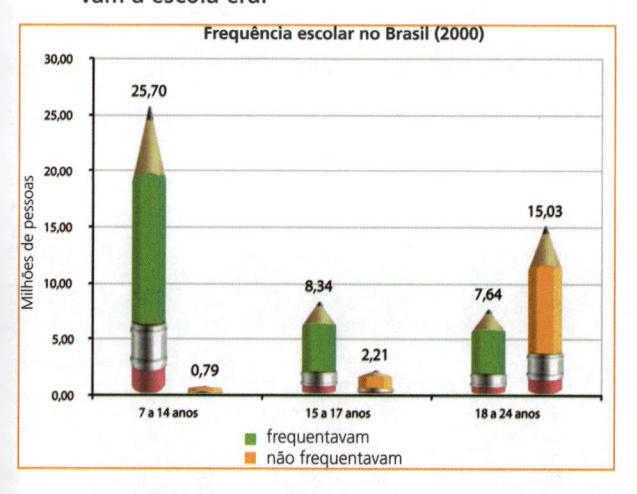

Frequência escolar no Brasil (2000)

7 a 14 anos: frequentavam 25,70; não frequentavam 0,79.
15 a 17 anos: frequentavam 8,34; não frequentavam 2,21.
18 a 24 anos: frequentavam 7,64; não frequentavam 15,03.
(Milhões de pessoas)

a) 25 700 000

b) 8 340 000

c) 41 680 000

d) 15 980 000

8 (UFPE) Qual das roletas oferece a maior chance de acertar o número 3?

a) roleta dividida em 4 partes iguais com números 1, 3, 2, 1

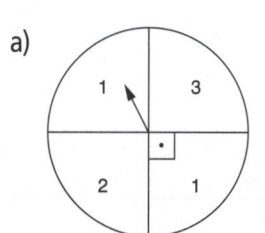

b) roleta dividida em 6 partes com números 1, 3, 1, 3, 2, 1

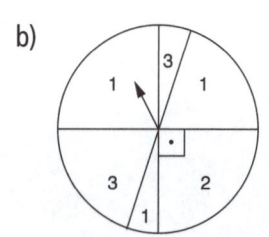

c) roleta dividida em 6 partes com números 1, 2, 3, 3, 2, 1

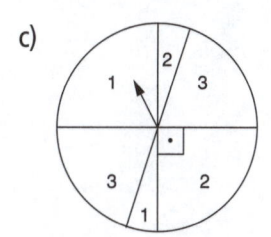

d) roleta dividida em 6 partes com números 2, 1, 2, 3, 1, 3

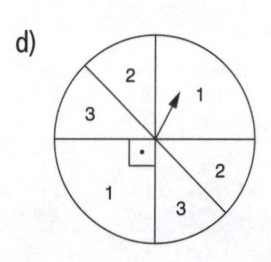

9 (U. São Francisco) O senhor O. Timista enviou 150 cartas para um concurso, no qual seria sorteada uma só carta de um total de 5 500 cartas. A probabilidade de uma das cartas do senhor O. Timista ser sorteada é:

a) $\dfrac{3}{55}$

b) $\dfrac{3}{110}$

c) $\dfrac{1}{5350}$

d) $\dfrac{1}{5499}$

e) $\dfrac{1}{5500}$

10 Lançando-se um dado de 12 faces, como o mostrado na foto, qual é a probabilidade de sair um número maior que 5?

11 Se você abrir um livro com 350 páginas, qual será a probabilidade de que ele seja aberto numa página compreendida entre os números 20 e 35?

12 No sorteio de um número natural de 1 a 40, calcule a probabilidade de ocorrer:

a) um número ímpar

b) um número primo

c) um múltiplo de 6

d) um divisor de 11